大学生心理素质训练

主　编　汪艳丽　李　斌　晏　宁

电子工业出版社
Publishing House of Electronics Industry
北京·BEIJING

内 容 简 介

本书从大学生的心理需求出发，针对大学生关心和迫切希望解决的成长心理问题，通过幸福、适应、自我探索、自我管理、学习、创新、人际交往、恋爱、情绪管理等主题的知识和训练提升方法，引导学生建立积极心态，提升心理素质。

本书适合普通高等学校本科及专科学生使用。

图书在版编目（CIP）数据

大学生心理素质训练 / 汪艳丽，李斌，晏宁主编. —北京：电子工业出版社，2016.8（2025.8 重印）
ISBN 978-7-121-29480-8

Ⅰ. ①大… Ⅱ. ①汪… ②李… ③晏… Ⅲ. ①大学生－心理素质－素质教育－高等学校－教材 Ⅳ. ①B844.2

中国版本图书馆 CIP 数据核字（2016）第 173642 号

策划编辑：祁玉芹
责任编辑：张瑞喜
印　　刷：中国电影出版社印刷厂
装　　订：中国电影出版社印刷厂
出版发行：电子工业出版社
　　　　　北京市海淀区万寿路 173 信箱　邮编　100036
开　　本：787×1092　1/16　印张：20.5　字数：499 千字
版　　次：2010 年 9 月第 1 版
　　　　　2016 年 8 月第 3 版
印　　次：2025 年 8 月第 19 次印刷
定　　价：46.00 元

凡所购买电子工业出版社图书有缺损问题，请向购买书店调换。若书店售缺，请与本社发行部联系，联系及邮购电话：（010）88254888。

质量投诉请发邮件至 zlts@phei.com.cn，盗版侵权举报请发邮件至 dbqq@phei.com.cn。

服务热线：（010）88258888。

《大学生心理素质训练》编委会

主　编　　汪艳丽　李　斌　晏　宁

副主编　　卢丹蕾　宋广荣　张菊玲

编　委　　孙惠君　秦　明　王　昕

　　　　　张德兰　李凤英　刘学惠

　　　　　黄大庆

第三版前言

《大学生心理素质训练》第二版与读者见面后，面对着新的发展形势，我们及时进行了第三次的修订工作。

第三版较前两版而言，在以下几个方面有较大的创新：

一、理念上的创新

加大积极心理学的研究模式。本书的核心理念是正能量的传递。正能量指的是一切予人向上的希望，促使人不断追求、让生活变得圆满幸福的动力和感情。每个人的心里都潜藏着巨大的正能量，正确使用这种能量，足以成就丰功伟业。相反，如果正能量不足，就会产生巨大的负能量，足以让你一事无成。每个人都应积极积蓄正能量，疏导负能量。因此，新一版更换了前两版的大量案例，不再过于关注大学生的不快乐、狭隘、愤怒、嫉妒、恐惧、焦虑等消极心态，而是主要揭示大学生们怎样走进一个洋溢积极的精神、充满乐观的希望和散发着春天活力的心灵状态？助力大学生们如何超越自身，以更积极的、建设性的情绪来面对生活的挑战。

更加关注互联网技术背景下大学生身心的健康发展发生的变化。毋庸置疑，互联网给人类带来了巨大的利益与享受，生活在信息时代的大学生是幸运的，互联网的使用成为当代大学生必须掌握的一种技能。然而科学技术发展史不断证明，科学技术像一把双刃剑，互联网技术的使用对大学生的发展也会产生一些消极的影响。因此，本书第三版更加注重研究和分析互联网技术对大学生心理健康教育产生的重要影响及引导。

二、内容上的创新

更新教材内容是教材修订的一项基本任务。我们适当补充和增加了新的知识、删除某些相对陈旧的知识。我们保留了第一版中大学生们较为关注的专题，如适应能力、自我认知能力、交往能力、恋爱能力、情绪管理能力、学习与创新能力、生命价值能力的提升，增加了倾听、观察、共情能力培养及沟通技巧等教学内容，继续保留了第二版积极心理学领域中最新的研究成果：幸福感受能力训练等。但是在教学过程中，我们发现由于各学校采用此教材的基本上是没有心理学学科基础理论的一年级新生，为了使学生们了解心理学流派和基础理论，在未来方法训练中兼容并蓄，举一反三，灵活应用，而不是只见树木不

见森林，我们特别增加了心理学基础理论一章。第三版教材更好地反映了本学科国内外科学研究和教学研究的先进成果，完整地表达本课程应包含的知识，反映其相互联系及发展规律，结构更加严谨。

三、学生自主学习模式的创新

在第二版中，我们注重引入了北京市第七届教学成果奖的成果，在教学方式方面大胆创新，构建了"课内和课外双体验"的课程模式，受到了大学生的普遍欢迎。然而面对互联网+技术的冲击，特别是高校正在加大的 VR 虚拟实境平台建设，新维学习空间站等，给传统的学习模式带来了挑战，传统的教师讲授，学生课上课下体验已不能满足大学生心理成长的需要，因此，我们加大学生自主学习的研究，在教材的设计上，增加必练和选练的容量，使教材具有更丰富的内涵与可选自由度。

汪艳丽、李斌、晏宁对本书的修改进行了总体设计及定稿，卢丹蕾、宋广荣、张菊玲参与了部分章节的统稿。张德兰、王昕、李凤英、黄大庆、秦明、孙惠君、刘学惠等参与了章节的修改。

在这里，我们感谢北京联合大学各级领导和教务处、学生处等职能部门、各相关学院的领导和同事们，他们为我们的学术研究提供了良好的氛围和温暖的人文环境，将此书的修订列为校级"十三五"规划教材；我们还要特别感谢北京联合大学师范学院应用心理学专业 2011 级 2 班的全体同学，特别是姜雨欣、耿雅倩等同学，他们为本书提供了心灵启航——大学生自我探索成长团体心理辅导计划方案；特别感谢电子工业出版社在本书再版时给予的鼎力协助；也感谢读者们的厚爱。

另外，本书在修订过程中，参考和引用了国内外一些文献著作，在此向原作者一并表示由衷的感谢。由于作者水平和时间所限，书中纰漏之处恐难避免，敬请专家、同行和广大读者批评指正。

教育部心理学教学指导委员会委员

中国教育学会家庭教育分会理事

汪艳丽

2016 年 7 月 31 日

第二版前言

《大学生心理素质训练》于2010年8月由高等教育出版社正式出版以来，目前已印刷六次，发行量达到20 000余册，涉及北京、上海、天津、湖北、江苏、山西、福建、浙江、广东、吉林、重庆、安徽十二个省市的高校。为适应新时期大学生的心理特点，编者对内容做了全面修订，以更贴近大学生活、更适应教学要求。第二版较第一版而言，在以下几个方面有较大的创新：

一、理念上的创新

更加突出积极心理学的研究模式。"积极心理学是心理学领域的一场革命，也是人类社会发展史中的一个新里程碑，是一门从积极角度研究传统心理学研究对象的新兴科学。积极心理学作为一个研究领域的形成，以Seligman和Csikzentmihalyi 2000年1月发表的论文《积极心理学导论》为标志。它采用科学的原则和方法来研究幸福，倡导心理学的积极取向，以研究人类的积极心理品质、关注人类的健康幸福与和谐发展。"本书的核心理念不再关注大学生的不快乐、狭隘、愤怒、嫉妒、恐惧、焦虑等消极心态，而是主要揭示大学生如何保持积极的精神、充满乐观的希望和散发着春天活力的心灵状态、助力大学生们超越自身，以更积极的、建设性的情绪来面对生活的挑战。

二、内容上的创新

精减了教材章节，将在其他课程中有可能重复的教学内容舍去（如职业生涯规划能力发展训练等），以当前大学生最关心、最迫切希望得到提升的心理素质为依据，形成有所侧重的心理素质训练主题。除保留了第一版中大学生们较为关注的专题，如适应能力、自我认知能力、交往能力、恋爱能力、情绪管理能力、学习与创新能力、生命价值能力的提升，增加了倾听、观察、共情能力培养及沟通技巧等教学内容，特别增加了积极心理学领域中最新的研究成果：幸福感受能力训练等。使教材更好地反映本学科国内外科学研究和教学研究的先进成果，完整地表达本课程应包含的知识，反映其相互联系及发展规律，结构更加严谨。

三、教学模式上的创新

本书结构采用"理论基点—心理行为分析—训练与反思"的"三段法"的逻辑编排方

式，将基本理论、基本方法与基本训练恰到好处地结合起来，既有适合大学生们课堂积极参与的训练活动，又有能满足大学生课外的拓展训练设计。本教材有利于构建"课内和课外双体验"教学方式的课程模式，课内体验指从心理理论引入，针对问题进行归因分析，设计训练活动，引导学生体验。并在部分课程中组织高年级学生对低年级学生开展朋辈辅导。课外体验指组织学生阅读教材推荐的心理名著、心理自测、小组拓展训练，组织学生参加社区服务和爱心基地实践活动等。在体验方面，将教学体验活动从课内延伸到课外，在课外体验中拓展了社区服务、爱心基地等教学形式；在评价方面，既有认知的评价，也有情感和技能的评价，既有教师考核，又有学生自评、朋辈评价。在课程短讲、小组作业、成长日志等体验活动中均设置相应的赋分点和评定等级。构建课内、外"双体验"教学方式将极大促进学生认知提升、情感内化和技能迁移，解决了大学生心理成长方面"知"与"行"不统一、教学形式单一、实效性不强的问题。作者单位经过五年的探索已取得丰硕的教学成果，获北京市第七届教学成果二等奖。

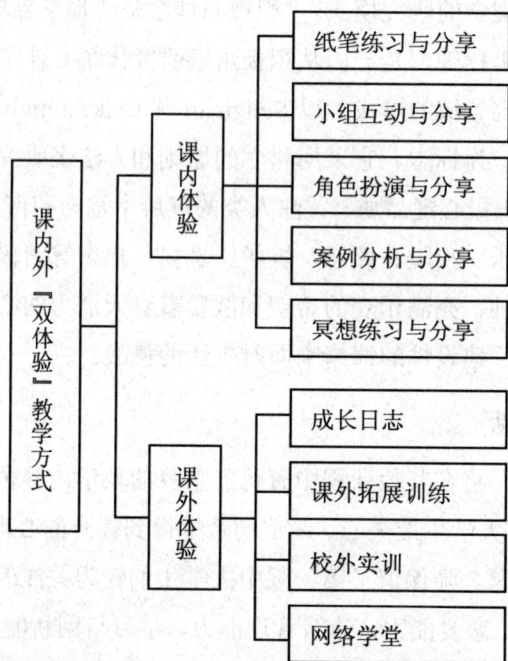

图1　课内外结合"双体验"教学方式示意图

汪艳丽、晏宁、李斌对本书的修改进行了总体设计及定稿，卢丹蕾、宋广荣、张菊玲参与了部分章节的统稿。张德兰、王昕、李凤英、黄大庆、张小菊、孙惠君、刘学惠等参与了章节的修改。

在这里，我们感谢北京联合大学各级领导和教务处、学生处等职能部门、各相关学院的领导和同事们，他们为我们的学术研究提供了良好的氛围和温暖的人文环境，将此书列为校级"十二五"规划教材；我们还要特别感谢北京联合大学师范学院应用心理学专业 2011 级 2 班的全体同学，特别是姜雨欣、耿雅倩等同学，他们为本书提供了心灵启航——大学生自我探索成长团体心理辅导计划方案；特别感谢高等教育出版社的鼎力协助；也感谢读者们的厚爱。

另外，本书在修订过程中，参考和引用了国内外一些文献著作，在此向原作者一并表示由衷的感谢。由于水平和时间所限，书中纰漏之处恐难避免，敬请专家、同行和广大读者批评指正。

教育部心理学教学指导委员会委员

中国教育学会家庭教育分会理事

汪艳丽

2015 年 1 月 31 日

第一版前言

一个蜜蜂的启示：在春天的清晨，窗外的花丛里总有一团彩虹似的东西在忽闪忽闪地盘旋。一只蜜蜂把它那细长的尖嘴扎入花蕊中美美地进食早餐，但它却没有伤及花瓣。它只吮吸了它所需要的营养一会儿，并给花授粉后就飞走了。那么精确、有效率、灵活而让人崇敬。这就是我们的榜样。可是这个世界，真正睿智的天才不多，绝大多数的人都有一两种或更多的缺陷，不少人往往因一些微不足道的事情处理不当而导致自己一生的失败。

国内外专家在讨论 21 世纪人才应该具备什么素质的问题时，曾提出的素质要求大部分属于心理素质范畴，如进取意识、自主精神、社会适应能力、高度的责任感、自信心、善于学习、合作精神、多样化的个性特长和专长。

社会心理学家鲁鸣在《软能力——在竞争中胜出》一书的自序中，以大量的调研结果和成功案例说明了一个重要的论点：社会的选择和评价与学校里以考试、分数为主的标准完全不同。那些心智健全、自信开朗、具有良好的口头表达能力和文字表达能力、善于与人相处、有责任感的学生，哪怕他当年的学习成绩并不太好，也往往能取得更大的社会成就。孩子从来不会输在分数的起跑线上，在社会中真正竞争的，归根结底是做人的能力，是诚信、善良、自立、认真、爱学习、不拒绝做小事，是人情练达，善于交往与表达，是专业技能之外的"软能力"，这就是我们常说的：情商比智商更重要。努力去做一个身心健康、快乐、有教养的人吧，那才是真正的成功之路！美国教育家戴尔·卡耐基调查了各界许多名人之后，认为一个人事业上的成功只有15%是跟他们的学识和专业技术有关，而85%是靠良好的心理素质和善于处理人际关系的能力。

心理素质教育在我国大陆地区开始全面实施只有近二十年的历史，大多数高校虽意识到大学生心理素质培养的重要性，但在不少管理者头脑中仍认为心理教育模式属障碍性辅助模式，心理教育的对象只是少数人；加之师资匮乏及主观上的侥幸心理，不少高校只是像医院一样开设一个心理门诊室，外加几场心理讲座。有的高校虽然也开设了大学生心理健康教育课，但其教学内容、教学方式都没有跳出传统教育"传授—接受"的模式，使心理健康教育课成为"小型讲座"。这只是解决了听众一些认知层面的问题，很难有情感的体验、潜能的挖掘及技能的提升。这是由于传统的心理研究比较注重对人类自身出现的各种各样的心理现象作出阐释和分析，这些理论主要是由大量的信息、数据或推测组成，偏重于理论问题的探讨。这些理论用于描绘人类极为复杂的心理和行为难免有抽象之嫌。许多人对这些理论知之不少，但却不会从中寻找改善自己心理素质的技巧与策略，不知道如何进行自我训练以调适自己的心理状态。

美学家朱光潜说："凡是美都必须经过心灵的创造。"随着高校心理素质教育理论和实践的不断深入，越来越多的理论者和实践者认识到开设心理素质训练课，对培养大学生良好的心理素质和实施心理素质教育的重要意义。有意识、有目的地进行心理训练，是形成良好心理素质、完善和发展自我的必要手段。

心理素质作为人在先天基础上，在个体与客体环境相互作用过程中产生、发展起来的比较稳定的心理特征、属性和品质，既影响着生理素质的发展，也影响着社会文化的沉淀。德国物理学家马克斯·冯·劳厄（Max Von Laue）曾说："重要的不是获得知识，而是发展能力。教育无非是一切学过的东西都被遗忘的时候，所剩下来的东西。"这最后"剩下来的东西"正是我们所强调的"素质教育"的真正内涵。由于人们的先天基础各不相同，后天客体环境大相径庭，因此，每个人的心理素质状况都必然存在着很大的差异。但是，人的心理素质并不是一成不变的，而是会随着年龄的增长以及阅历、知识、经验的丰富而逐渐增强、完善起来的，只不过这种增强、完善不是全方位、尽善尽美的，往往仅是在某些方面、某种程度的提高和完善，并且这种提高和完善往往需要经历较长的过程，可能还要走许多弯路，在挫折和失败中逐渐形成。因此，这种完善和提高，耗费的时间多，取得的效果慢；有些方面即使最后得到了提高，但由于是事后的经验和收获，往往时过境迁，于事无补。心理学家的研究表明，心理素质可以通过训练实现短期提高之目的。

发现并正视个性中的优良特征，把它巩固、发展下去；发现并正视个性中的弱势，给予一个最佳的调整支点，增加力量，使其强壮起来。比如性格脆弱，有意识锻炼一种坚毅品质；自信心不足，有意识在众人面前表现自我；固执己见，听不进别人意见，有意识做学会倾听练习；人缘总是不太好，有意识做一做学会赞扬他人、学会微笑等。在训练过程中，当了解到实际中的自己比想象中的自己能够更精明强干、更美好更强大时，就会变得更加积极、进取、开朗和热情，从而使心灵轻松和愉悦，精神奔放与洒脱，潜能极致发挥。

目前，以班级团体辅导为形式的心理素质训练课正逐渐成为学校开展心理素质教育工作的重要载体。一方面，班级心理素质训练课符合现代学校心理素质教育的发展型和教育型模式。著名心理辅导专家林孟平女士这样说过："心理辅导之所以进入学校，是由于一些富于热情的教师看到学校资源分配不公平，要么用于天才儿童，要么用于爱打骂学生的人。而中间人口（80%），却未受到重视。教育专家为此提出，不能因这80%学生不引人注重而忽略对他们的教育。因而心理辅导是在民主思潮的影响下，使得所有的学生都在成长，成长的过程都需要辅导。"而班级心理素质训练课正是面向80%的学生，以提高学生良好的适应能力、开发学生潜能、培养学生健康的心态为主要目标，是一种注重心理问题和心理疾病预防的好形式；另外，这种形式也弥补了学校缺乏心理学和心理咨询专业人员的不足。班级团体心理训练较个别心理咨询相比，信息源更加广泛，效率更高。在团体活动中，特别是班级团体更具有志同道合、同辈人相处的特征。大学生可以获得安全感、归属感、自信心，可以满足社会交往的需要，而且通过团队目标的实现来获取自尊和成就感。即使团队活动遇到挫折或团队目标未能实现，成员之间也可以相互安慰，从而降低心理压力、缓解情绪紧张等。所以，班级团体本身有促进成员心理发展之功效，因此，班级团体训练对教师心理专业背景的要求不像个别心理咨询那么高，班主任、辅导员甚至心理社团成员经过一些专业训练即可实施。

然而，高校在开展心理素质训练课的过程中，首先遇到的一个难题就是缺乏科学性和可操作性强的教材。有一些团体心理辅导的教材虽然也涉及心理素质训练的内容，但大多是理论的探讨或障碍性辅导的介绍，主要适合专业人员或少数心理问题突出的大学生阅读，而并不适合开展班级心理素质训练课程的需要。本书的编写体现以下四大特色：

第一，在编写指导思想上，体现了"以人为本，全面发展"的价值理念。即一切从大学生的心理需求出发，一切为了提高大学生的心理素质，一切服务于大学生心理潜能的开发，一切着眼于大学生的全面发展。

第二，在编写内容上，坚持"以实为本，突出主题"的原则。我们以当前大学生最关心、最迫切希望解决的心理问题为依据，体现"学会生存、学会认知、学会做事、学会共同生活"的育人理念，形成有所侧重的心理素质训练主题，如适应能力、耐挫能力、自我探索能力、学习能力、创新能力、自我管理能力、人际交往能力、恋爱能力、情绪管理能力、生涯规划能力、生命价值提升能力的训练等。

第三，在编写结构上，采用"逻辑建构，科学运作"的方式。即根据当代大学生的心理特点和年级特征，采用"理论基点—心理行为分析—训练与反思"的"三段法"的逻辑编排方式，将基本理论、基本分析与基本训练恰到好处地结合起来，既有适合大学生课堂积极参与的训练活动，又有能满足大学生课外活动需要的拓展训练设计。

第四，在编写组织上，采取"集思广益，互相碰撞"的策略。首先，精心设计框架和写作风格后，各章人员拿出初稿，定期召开说稿会，相互启发、相互学习、相互补充，起到相互支持与鼓励的作用，使得写作的过程成为成员分享收获与成长的过程。作者们在团队创作的氛围中无数次感受到了团队的力量与快乐，使写稿的过程溢满苦并乐着的感受。

在编写过程中，我们研究了大量新经验、新文献、新论著，尽可能汲取大学生心理素质训练的理论和实践研究的先进成果。在体系结构上，分为（画龙点睛的）图片—名人名言—本章导论—学习与行为目标—正文—本章小结—复习思考题—拓展训练—推荐阅读—参考文献。在正文写作上，分为两节：第一节，介绍心理素质专题训练的基本原理和基本分析；第二节，针对第一节分析的心理问题进行主题性训练。

汪艳丽承担了本书的总体设计、部分活动方案的设计及编纂定稿。李斌、晏宁参与了本书的体例设计，并负责初审和编辑工作。各章作者为：前言、第一章，汪艳丽；第二章，李斌；第三章，宋广荣；第四章，张菊玲、李斌；第五章、王昕、晏宁；第六章，宋广荣、张德兰；第七章，赵凌燕；第八章，晏宁；第九章，孙惠君；第十章，卢丹蕾；第十一章，张小菊；第十二章，李凤英、晏宁；附录，晏宁、李斌。

本书的原型源于主编六年前的教学讲义，然而在一个富有生气的心理学教育团队组成后，集大家智慧，写出一本有更高质量教材的动机便油然而生。大家六易其稿，不惜将成稿推倒重来，大有一种"六年磨一剑"的精神。尽管如此，由于能力和精力有限，书中纰漏之处恐难避免。我们在本书即将面对大学生读者朋友时，还是做好了接受批评的心理准备！

本书的编写得到了作者的单位——北京联合大学各级领导和教务处、学生处等职能部门的大力支持。特别要提及的是给予了我们极大创作动力和精心指导的高等教育出版社的相关编辑，以及在编写过程中参考和引用的国内外文献著作的原作者们。我谨代表全体作者对上述领导、专家、编辑及同行们的鼎力支持表示由衷的感谢！

汪艳丽

2010 年 8 月于北京

目　录

第一章 绪 论

世界巨富沃伦·巴菲特在有人问他为什么比上帝还富有时说："这个问题很简单，就像聪明人会做一些阻碍自己发挥全部工效的事情，原因不在智商，而在于心理素质"[1]。

心理素质是一个人成功的基础，更是一个人富有一生的资本。心理素质，对于一个人终身成就和幸福水平的重要性，远远超过了知识和文化素质。心理素质训练已经渗透到了生活中的每个角落，在日常生活中引入心理素质训练，是现代社会发展的必然趋势，也是现代人的一种积极的生活方式。那么什么是心理素质？为什么要训练心理素质？怎样才能提高心理素质，这是本书开篇要问答的。

民族是人们在历史上形成的一个有共同语言、共同地域、共同经济生活以及表现在共同文化上的共同心理素质的稳定的共同体。

——斯大林

一个健全的心态，比一百种智慧更有力量。

——狄更斯

---

1 成牧. 心理素质决定成败. 海潮出版社［M］，前言1~3.

1

学习与行为目标

1. 了解心理、心理健康及心理素质的内涵。
2. 建立科学的心理素质训练观。
3. 掌握心理素质训练的技术方法。

第一节　心理素质训练概述

　　发展心理学中有一个经典的心理实验，称为"延迟满足"实验：实验人员给一些 4 岁小孩子每人一颗非常好吃的软糖，同时告诉孩子们如果马上吃，只能吃一颗；如果等 20 分钟，则能吃两颗。有些孩子急不可待，马上把糖吃掉了。另一些孩子却能等待对他们来说是无尽期的 20 分钟，为了使自己耐住性子，他们闭上眼睛不看糖，或头枕双臂、自言自语、唱歌，有的甚至睡着了，他们终于吃到了两颗糖。研究人员进行了跟踪观察，发现那些以坚韧的毅力获得两颗糖的孩子，长到中学时表现出适应性、自信心和独立自主精神；而那些经不住软糖诱惑的孩子往往屈服于压力而逃避挑战。在后来几十年的观察中，也证明那些能够为获得更多的软糖而等待得更久的孩子，要比那些缺乏耐心的孩子在事业更容易获得成功。

　　人与其他动物不同之处应在于人类有理性，而理性产生的一个重要特征就是能够识别与控制自己的行为。具有良好行为的人必有良好的品质，具有伟大人格的人必有伟大的心性。

一、心理素质的内涵

（一）什么是心理素质

1. 素质

　　关于素质（Quality）的最基本解释是事物本来的性质。《管子·势》："正静不争，动作不贰，素质不留，与地同极。"晋张华《励志诗》之四："如彼梓材，弗勤丹漆，虽劳朴斲，终负素质。"素质一词本是生理学概念，《词海》对素质一词的定义为：①人的生理上的原来的特点；②事物本来的性质；③完成某种活动所必需的基本条件。前苏联心理学家斯米尔诺夫主编的心理学书中说"形成人们之间的天生差异的解剖生理特点，叫做素质"；[俄]

彼得罗夫斯基编的《心理学辞典》亦认为"素质是神经系统和脑的先天的解剖生理特点"。

然而，周冠生教授在《素质心理学》中，从历史与现实对话的视角出发，引出"素质之谜"的探讨。他认为，日月星辰、风花雪月、猪马牛羊、狮虎鹰犬不存在素质问题，素质只属于"万物之灵"的人类。他不同意把人的素质与能力作截然的对立，并把素质的内涵局限于人的先天造成的解剖生理特点。为了突破前人在素质概念中的精神桎梏，提出了"广义的素质概念"（哲学的素质观）与"狭义的素质概念"（心理学的素质定义）。前者包括以下三个方面的内容：第一，素质显示于最稳定的人性品质，如灵巧的双手、精致的发音器官以及具有一般的与局部的高级神经活动类型；第二，素质显示于较为稳定的个性品质，如感受力、观察力、记忆力、形象思维力、逻辑思维力、情感授课韧性（意志力），这些素质特点是在教育或社会生活中逐渐形成起来的个性特质；第三，素质显示于较不稳定的人的社会历史品德，如人的阶级性、民族性、职业性、地域性、宗教性以及世界观、人生观、价值观、理想、信念、道德习惯、组织纪律性等。

我们认为周冠生的观点是有依据的，前苏联著名心理学家列昂捷夫在《活动、意识、个性》一书中指出："我们很容易地将对人的研究划分出不同的水平：生物的水平，在这一水平上是一个肉体的自然生物；心理的水平，这时人是一个生机活泼的主体；最后是一个社会的水平，此时他表现为一个实现客观的社会关系、社会历史过程的人，这些水平的存在，就提出了使心理水平与生物水平、社会水平联系起来的内容关系"。正是在这个意义上，说明心理素质是人的素质结构的核心因素，是使人的素质各部分"联系起来"成为能动发展的内容根据。

2. 心理素质

心理学界为心理素质概念所下的定义多种多样，但并没有一个公认的明确定义。在许多书籍中，往往是把许多学者关于心理素质的理论主张并列地介绍。概括起来可以分为以下两个方面。

第一，从产生的机制方面下定义。张大均认为：心理素质是以生理条件为基础的，将外在获得的东西内化成稳定的、基本的、衍生性的，并与人的社会适应行为和创造行为密切联系的心理品质，它由认知因素、个性因素和适应性因素三个方面构成。刘岸英认为：心理素质是个体整体素质的基础。它是个体在遗传素质的基础上，通过自身努力和外界环境与教育的作用下，所形成的比较稳定的心理特征、品质和能力等心理因素的总和。

第二，从心理素质结构方面下定义。肖汉仕认为：心理素质是指人的心理过程及个性心理结构中所具有的状态，品质与能力之总和，其中包括智力因素与非智力因素，在智力方面是指获得知识的多少，也指先天遗传的智力潜能，但我们主要强调心理潜能的自我开发与有效的利用，在非智力方面，主要指心理健康状况的好坏，个性心理品质的优劣，心理能力的大小以及所体现出的行为习惯与社会适应状况。

综上所述，所谓心理素质是指在先天与后天共同作用下形成的人的心理倾向和心理发展水平。心理素质作为一个普遍概念，具有丰富的内涵和外延。就其内涵而言，心理素质所反映的是人在某一时期内的心理倾向和达到的心理发展水平，是人进一步发展和从事活动的心理条件和心理保证。就其外延而言，心理素质包括人们所有的心理活动过程和心理活动结果。

人们在对心理素质进行概括、分析和评价时常常使用人格、个性、心理品质等概念，这些概念同心理素质具有相同或相近的含义。可以这样认为，这些概念是从不同角度，在不同层次、不同范围内对心理素质的不同表达方式。其实它们之间具有明显的区别，不能等同或替代。

3. 心理素质与心理健康

心理素质与心理健康关系密切，但不等同。心理素质是指个体心理结构及其机能特点的总和，包括心理过程、心理状态、个性心理和个性心理倾向及其特征，是内在的。心理健康则是一种持续的、积极的心理状态，是外显的。一方面，一个人能够正确地认识和评价自己，正确地对待生活中的挫折，思想开放，无论身处顺境还是逆境，都能以乐观态度、进取精神正视现实、正视自己，以社会的道德、法律规范来约束自己，就能表现出积极、和谐、乐观的健康状态，反之，则会表现出精神不佳、自卑、忧郁、苦闷与悲观等不健康状态；另一方面，拥有健康心理的人更有利于个人对外界信息进行分析和接收，同时也利于自己思想和行为的表达，使个人的心理潜能达到极致，在事业、生活、爱情等多方面取得成功。因此，我们说，心理素质是心理健康的基础，心理健康是心理素质的表现形态[2]。

（二）心理素质的内容与特征

1. 心理素质的内容

（1）非智力因素：包括人的动机、兴趣、信念、性格、人生观、价值观、世界观等因素。正确的信念追求、积极乐观的人生态度等是人们心理素质的重要内容。

（2）智力与能力因素：其中智力因素主要表现为思维。在观察、注意、想象、记忆的基础上，发挥思维的核心作用。能力因素主要是创造力，在组织能力、定向能力、动手操作能力、适应能力的基础上发挥创造能力的作用，体现一个人的健康心理素质。

（3）心理现状因素：社会生活中，如何自信、自爱、自尊、自立，如何自我评价、自我认识，以达到正确接纳自我；不断取得心理平衡，提高心理承受能力，以达到良好的心理状态。

（4）社会适应因素：一个人的社会化的程度，决定了他的人际关系以及能动地适应社会环境的水平。在此基础上，学习、竞争、责任、角色和事业心理都可能有所提高。

2. 心理素质的特征

（1）先天性与再造性。人的智力在一定程度上来自于遗传，这说明心理素质有先天性。同时，在现实生活中，通过改变人的认知方式改变其心态，同时改变其审视问题的视角现象也非常普遍，因此，心理素质是可以改变和提高的，换句话说，心理素质具有再造性。

（2）共同性与差异性。一位心理学家用一句话概括了心理素质的共同性与差异性。他说，每个人就其某一方面来说，①就像其他所有人一样；②像其他某些人一样；③不像其他任何人。这就是说，人的心理素质是由某些与别人共同的，或相似的特征以及完全不同的特征错综复杂地交织在一起的，其中既有个人所独有的，也有与别人相似的或共同的。

（3）稳定性与可发展性。心理素质是个人的心理特质，不是人的个别心理或行为表

---

2 樊富珉等. 大学生心理素质教程［M］. 北京：北京出版社，2002：7.

现，更不是一个人一时一地的心理与行为表现，心理素质一经形成，在一定时期内便相对稳定，也正是心理素质具有稳定性的特征，我们才能把一个人与另外一个人的心理素质优劣区别出来。但是，人的心理素质又始终处于发展之中，具有自我延伸的功能。

（4）基础性与可评价性。心理素质不是大学生在特定领域中获得的某一专门知识和技能，应是那些对大学生学习、生活、社会适应性和创造性等活动效果产生重要影响的心理品质的综合，具有基础的特征。同时，心理素质对人的活动成效有影响，因而具有社会评价意义，其品质具有优劣高低之分。人的某些个性心理品质，如内向与外向，一般不对人的行为成效产生影响，因此不应将它纳入心理素质之列。

3. 良好心理素质的标准

美国心理学家马斯洛（Abraham H. Maslow）认为良好的心理素质表现在以下几个方面：

（1）具有充分的适应力；

（2）能充分地了解自己，并对自己的能力做出适度的评价；

（3）生活的目标切合实际；

（4）不脱离现实环境；

（5）能保持人格的完整与和谐；

（6）善于从经验中学习；

（7）能保持良好的人际关系；

（8）能适度地发泄情绪和控制情绪；

（9）在不违背集体利益的前提下，能有限度地发挥个性；

（10）在不违背社会规范的前提下，能恰当地满足个人的基本需求。

二、大学生心理素质分析

案例 1：世界著名汽车制造商杜兰特手下的总裁叫卡·洛·道尼斯。他曾只是杜兰特手下的一个小职员。当他谈到自己的成功时说了这样一段话："当我刚刚到杜兰特先生那儿工作时，我就注意到，每天下班后，所有的人都回家了，但杜兰特先生仍留在办公室里，一直呆到很晚，我想应该有人留下来为他提供一些工作上的必要协助，于是我就留下来了……他随时都能发现我……后来他就养成了召唤我的习惯。"

案例 2：2008 年，中国图书市场杀出了一匹黑马——《杜拉拉升职记》，小说的主人公杜拉拉，是一个"姿色中上"、"受过良好教育"的普通女孩。毋庸置疑，《杜拉拉升职记》的成功绝不是一个偶然，它契合了大量中国年轻职业女性的心理特点。那个没有身份背景，没有名牌大学的学历，埋头苦干、辛苦打拼的杜拉拉的形象得到了很多和她有同样经历的职业女性的青睐。杜拉拉的成功正是源于她的勇敢追求，认真对待，理智的分析，智慧的应对，加上良好的心理素质。杜拉拉经常说的一句话是："我的忍耐力超过了我自己的想象，这可能是我唯一的优点"。

案例 3：中国科学院心理研究所的专家从心理学的角度出发，对近几年全国各地考入北京大学的高考状元中的 32 人进行了调查，总结他们高考夺魁的经验，被调查的高考状元们普遍认为高考就是两种检查：一是基础知识的掌握及其应用能力；二是心理素质。据此，专家认为：“心理素质提高了，学习成绩也会提高”[3]。

　　上述 3 个案例给我们的启迪：智商虽然是成功极其重要的因素，但是影响一个人一生的更多的还是他的世界观、耐心、信心、毅力、洞察力、情绪、情感、执着等良好的心理素质。然而我们当代大学生却难以回避下述因素所带来的种种心理上的困惑与异常。

1. 竞争加剧所带来的心理问题

　　现代社会的发展给人类社会带来新生活的同时，也产生了许多新的问题。如工业化的迅猛发展使得人们的生活和工作节奏加快、社会竞争加剧，竞争上岗，竞争择业，整个社会始终处在竞争中。人们会由此产生诸如焦虑、孤独、恐惧等心理疾病的状态。加之，许多家长因忙于承担家庭责任，在外奔走、搏杀，与子女之间尽管可以借助现代化的交通和通信工具毫不困难地跨越地理上的障碍，却往往不能跨越心与心之间的距离。造成了社会上公认的“80后”、“90后”的大学生们虽然远比其长辈们在物质上富裕了很多，然而却不及长辈们年少时与家长、邻里、朋友沟通的多。一些大学生临近毕业了，面对激烈竞争的社会，无所适从，甚至选择了逃避。如在国内外日益庞大的“啃老族”现象的出现，其主要原因就是儿时父母过于溺爱。大多数啃老族们因为从小依赖父母习惯了，失去了在生活中和社会上参与竞争的能力，而且也养成了懒惰和只接受别人的劳动果实的习惯，因而长大了还只会在父母的羽翼下生活。

专栏 1-1　“竞争”试验

　　心理学家多伊奇等人（Deutsch，1960）曾做过一个经典的实验，该实验要求两两成对，两人分别充当两家运输公司的经理，两人的任务都是使自己的车辆以最快的速度从起点到达终点，如果速度越快，则赚钱越多，要求尽可能多赚钱。每人都有两条路线可选，一条是个人专用线，另一条是两人共同的近道线，但道近路窄，一次只能通行一辆车，因此使用这条近而窄的道路只有一种办法：双方合作交替使用。研究的设计明确告诉被试，即使交替使用单行线，也必须要有一点等待时间，但走单行道远比启用个人专线经济、有效。实验最后以被试起点至终点的运营速度记分，分数越高越好。实验的结果表明，双方都不愿意合作，狭路相逢，僵持不下的情况时有发生，虽然在实验中也会偶有合作，但大多数都是竞争的结果。当实验者要求被试阐明宁可投入竞争也不愿选择合作的理由时，大多数被试表示自己希望战胜其他竞争者，他们并不重视自己在实验中的得分多少，即使得分少也宁可去竞争，胜过他人，实现自我价值。这一实验证实了人们心理上倾向竞争的论断。

　　研究还表明个体之间的竞争与群体之间的竞争有很大区别。在群体竞争的条件下，群体内成员的工作是相互支持的，共同活动的目的指向性很强，彼此交流及时，相互理解和友好，提高单位时间内的效率。在个人竞争的条件下，多数人只关心自己的工作，相互不够支持。

---

3 成牧. 心理素质决定成败 [M]. 海潮出版社，前言 1-3.

2. 选择太多所带来的心理问题

选择是人生成功路上的航标，只有量力而行的睿智选择才会拥有更辉煌的成功，放弃是智者面对生活的明智选择，只有懂得何时放弃的人才会事事如鱼得水。造成自己心理障碍，影响一个人的幸福的，有时并不是物质的贫乏和丰裕，而是一个人选择与放弃的心境。钱钟书在《围城》中讲过一个十分有趣的故事。天下有两种人，譬如一串葡萄到手后，一种人挑最好的先吃，一种人把最好的留在最后吃，但两种人都不快乐。先吃最好的葡萄的人认为他的每一颗葡萄越来越差，第二种人认为他每吃一颗都是吃剩下的葡萄中最坏的，这就是选择所带来的烦恼。选择只有一个，当然不好，当选择很多时，如果不会放弃，也同样不好。现在的大学生，上大学实行的是平行志愿，择业时面临的是双向选择，加之，经济条件的改观，出国留学深造又成为多数人可以选择的机会。于是，一些大学生面对众多的选择不知如何下决心。经常听到有些大学生抱怨："我都大三了，是考研？出国？考公务员？自主创业？想起来都头痛，这些选择已折磨得我寝食难安了，我该何去何从……"大学生由于选择太多产生的心理问题最主要的原因之一是，缺乏自我认知和自我判断能力，容易受环境和他人左右，人云亦云，从众心理过强。

专栏 1-2 阿希"从众"试验

"阿希实验"是研究从众现象的经典心理学实验，它是由美国心理学家所罗门·阿希在 40 多年前设计实施的。所谓从众，是指个体受到群体的影响而怀疑、改变自己的观点、判断和行为等，以和他人保持一致。阿希实验就是研究人们会在多大程度上受到他人的影响，而违心地进行明显错误的判断。

阿希请大学生们自愿做他的被试，告诉他们这个实验的目的是研究人的视觉情况的。当某个来参加实验的大学生走进实验室的时候，他发现已经有 5 个人先坐在那里了，他只能坐在第 6 个位置上。事实上他不知道，其他 5 个人是跟阿希串通好了的假被试（即所谓的"托儿"）。

阿希要大家做一个非常容易的判断，比较线段的长度。他拿出一张画有一条竖线的卡片，然后让大家比较这条线和另一张卡片上的 3 条线中的哪一条线等长。判断共进行了 18 次。事实上这些线条的长短差异很明显，正常人是很容易作出正确判断的。

然而，在两次正常判断之后，5 个假被试故意异口同声地说出一个错误答案。于是许多人真被试开始迷惑了，他是坚定地相信自己的眼力呢，还是说出一个和其他人一样、但自己心里认为不正确的答案呢？

结果当然是不同的人有不同程度的从众倾向，但从总体结果看，平均有 33% 的人判断是从众的，有 76% 的人至少做了一次从众的判断，而在正常的情况下，人们判断错的可能性还不到 1%。当然，还有 24% 的人一直没有从众，他们按照自己的正确判断来回答。一般认为，女性的从众倾向要高于男性，但从实验结果来看，并没有显著的区别。

---

3. 失衡比较所带来的心理问题

社会需要和谐，人们的自身同样需要和谐。心性修养的最高境界是实现自己的心理平衡"宠辱不惊，看庭前花开花落；去留无意，望天上云卷云舒"。这是古人的大气，我们应该肯定并效法这种大气，让自己的人生尽快回到人性最原始的状态。然而，国外心理学家有个"社会比较理论"。这个理论告诉我们，人们在现实生活中评价自己的能力或成就时，往往不是以纯粹客观的标准为依据，而是通过与周围的人，通过与自己职业、年龄、背景近似或相同的人的比较中得出结论。在大学里，考试分数并不是衡量人的最重要的指标，人们更看重的是综合能力的培养和全面素质的提高，人的成功除了自身努力，还有原有的基础，甚至机遇等。然而，从应试教育走出来的大学生们有的依然停留在昔日学习成绩拔尖的光环中难以跳出来，当他们不再有以往因成绩好而成为焦点人物的感受时，当他们发现同样的付出未必有同样的回报时，嫉妒、怨恨、不公平等心理问题就抑制不住地产生了，笔者接待的来访学生中，经常听到这样的话："相同的基础，有时候别人甚至比我差，得到的却比我好，别人有的我却没有，我就是想不通！凭什么他有的，我没有？……"心理学家吕波米尔斯基所做的一组关于快乐的实验，或许可以帮我们了解如何寻找快乐。他们先对参与者进行问卷调查，把他们分为相对快乐和不快乐。接着让他们和同伴（实际上是研究人员）一起解字谜、给学龄前儿童上课，研究发现，那些快乐的人对自己的评价几乎不受周围同伴好坏的影响，而不快乐的人非常在意自己与他人的比较。

4. 信息轰炸所带来的心理问题

科学技术的日益发达，世界范围内的交通日益便利，通信日益便捷、廉价，计算机及其软件的普及，互联网络与新闻媒体的广泛覆盖，使得人们几乎每天、每时、每刻都可以触及到世界的每一个角落，"地球村"早已不再是一个概念，而是已成为一个事实。在知识经济时代，全球化和知识化将是它的两个主要特点。日本全国科技政策研究所关于"2000年的科技预测"报告曾指出：从1993—2003年的10年内，人类知识将有"爆炸性"突破。从2011—2020年的10年内，人类的知识将比现在增加3~4倍。有人戏称，现在站在大城市中心一个小时见到的人比过去一辈子见到的人还要多。1992年，《北京人在纽约》电视剧风靡一时，人们一方面惊叹着北京人在纽约淘金的艰辛与代价，同时对生活在美国的中国人，对远方投奔来的亲人只是安置到地下室后一走了之很不解。然而，生活在今天都市的人们却在一次次上演着20年前美国纽约的一幕。真的是人们失去了温暖与关爱吗？不是，从某种意义上说，这是信息轰炸的年代，迫使越来越多的中国人告别了田园时代的生存方式，并正深刻地改变着广大中国人的观念。武汉大学法学院院长肖永平谈到"90后"大学生有如下特点："学习外语的时间远远超过用中文学习的时间，外语水平提高很快，但中文表达能力普遍较弱；课外的人机交流时间远远超过人际交流时间，与人合作及沟通的能力普遍不强；物质生活条件的极大改善与因学业带来的精神压力形成越来越明显的反差，这容易导致'90后'学习动力不足、学习兴趣丧失，严重时可能将影响他们的精神健康。"[4]

---

4 90后大学生调查报告：热爱读书抗挫能力弱［N］，中国青年报，2008年11月12日.

专栏 1-3　"信息超载"试验

心理学家们曾做过一个试验：在一家制造积木的工厂装配线上，操作工人的任务是每当传送带上有一块红色积木在他面前经过时，就按一下按纽。只要传送带以合理的速度运行，操作工就不会有工作困难。然而，如果速度过慢，操作工的思想就会"开小差"，就会变得懒散。如果传递带运动得过快，他就会畏缩、遗漏、慌乱、不协调。他很可能变得紧张、烦躁。后来，心理学家又进行新的试验，即在某一种颜色的积木出现时才按按钮，于是操作工所接受的信息多了，试验不断地增加信息，最后终于使操作工无法准确地完成工作。

三、大学生心理素质训练的内容

何卓恩在《素质学》一书中提出：21 世纪人类面临的十大挑战：（1）智慧决定财富；（2）职业的大改组；（3）知识更新呈加速度；（4）消费理财智能化；（5）个人价值空前强化；（6）自由有时不堪承受；（7）竞争在全世界范围内进行；（8）生活质量有新标准；（9）和平的常规秩序；（10）市场不相信眼泪。

上述巨变，向我们提出了素质再造问题。谁都希望自己能够适应新的变化，能够成为新时期的强者，得心应手地生存、发展。那么就不能满足于既有的素质，而要着力于素质的改造和培养，培养的途径就是有计划的训练，因此，本书将从以下 10 个方面对大学生进行有目的、有设计、有程序的训练。

（1）训练大学生的环境适应能力。大学生面临的心理适应问题主要包括：独立生活困扰、资源利用困扰、人际关系困扰、学习能力困扰、职业目标困扰。因此，第三章"适应能力发展训练"着重于大学生如何确立目标、善用资源、树立自信等方面的训练。

（2）训练大学生的自我探索能力。大学生常见的自我意识偏差包括：自负、自卑、自私、自恋、从众。因此，第四章"自我探索能力发展训练"着重于合理认识自我、积极悦纳自我和勇于超越自我等方面的训练。

（3）训练大学生的自我管理能力。大学生自我管理常见问题主要包括：学习目标不明确，缺乏对时间、情绪、生活及消费的管理等，因此，第五章"自我管理能力发展训练"着重于时间管理、金钱管理及健康管理的训练。

（4）训练大学生的人际交往能力。大学生的人际交往呈现出如下误区：人际关系理想化、过分苛求自己和他人、自我中心倾向等。因此，第六章"人际交往能力发展训练"着重于人际认知、人际情绪控制及人际沟通能力等方面的训练。

（5）训练大学生的恋爱能力。大学生常见的恋爱心理偏差有：恋爱动机不纯、恋爱选择不慎、恋爱行为不当、恋爱道德不足等。因此，第七章"恋爱能力发展训练"着重从树立科学的恋爱观，提高迎接爱的能力、表达爱的能力、拒绝爱的能力、鉴别爱的能力、恋爱受挫能力、经营爱的能力等方面进行训练。

（6）训练大学生的情绪管理能力。大学生常见的情绪问题包括：焦虑、抑郁、愤怒、孤独感、嫉妒。因此，第八章"情绪管理能力发展训练"着重于认识情绪的多样性、情绪的积极认知、情绪的合理表达、情绪的合理渲泄等方面的训练。

（7）训练大学生的学习能力。大学生常见学习问题包括：学习动机不足、学习独立性不强、畏惧学习和考试、读书缺乏策略等。因此，第九章"学习能力发展训练"侧重于培养专业思想、增强学习动机、掌握学习技巧、学会放松、向生活学习、学会聆听表达、学会做事等方面的训练。

（8）训练大学生的创新能力。妨碍大学生的创新的思维方式主要有：习惯性思维方式、直线型思维方式、权威型思维方式、从众型思维方式、自我中心型思维方式等。因此第十章"创新能力发展训练"着重于对大学生提升创新思维和提升创新技能的训练。

（9）训练大学生的生命价值提升能力。大学生最常见问题是缺乏对生命尊严的认识、不珍爱生命。因此，第十一章"生命价值提升训练"着重于思考生命、感恩情怀、学会宽恕、活出精彩等方面的训练。

（10）训练大学生的幸福感知能力。大学生对幸福的体验、感知能力直接决定了其心理健康的水平。因此，第十二章"幸福感受能力训练"着重于感知幸福能力等的训练。

四、大学生心理素质训练的理论基础

（一）精神分析理论

精神分析理论是现代心理学、社会心理学的主要理论之一。该理论是在治疗精神障碍的实践中产生的，强调无意识过程的心理学理论。理论的创立者是奥地利心理学家 S.弗洛伊德。精神分析理论强调人的本能和自然性，重视研究无意识的作用，重视人格的研究，重视心理学的应用。

在心理健康领域，1895 年弗洛伊德与布洛伊尔出版的《关于歇斯底里的研究》标志着精神分析法正式创立的标志，是指通过自由联想、移情、对梦和失误的解释等来治疗和克服婴儿期的动机冲突带来的影响的一种方法。精神分析法主要是把来访者所不知晓的症状产生的真正原因和意义，通过挖掘潜意识的心理过程将其招架到意识范围内，使来访者真正了解症状的真实意义，便可使症状消失。心理辅导的目标是使潜意识意识化，使潜意识冲突表面化从而帮助来访者重新认识自己或重建人格；帮助来访者克服潜意识冲突。

（二）行为主义理论

行为主义是 20 世纪初在美国形成的一个心理学流派。它主张用客观方法研究动物和人的行为，基本公式是"S（刺激）—R（反应）"，即由客观刺激引起的肌肉和腺体的反应。理论的创始人是美国心理学家 J.B.华生。华生于 1913 年发表的论文《行为主义心目中的心理学》，被认为是行为主义心理学派诞生的标志。行为主义强调心理学的自然科学性质和实际应用价值，重视研究学习行为，认为学习是理解人类行为发展的关键所在，否认本能和遗传因素的作用。

在心理健康领域，行为主义认为心理学的任务就在于预测和控制人的行为。行为主义者在研究方法上采用客观观察法、条件反射法、言语报告法和测验法。行为主义心理学家斯金纳提出"操作性条件反射"的概念，提出了操作性行为，强调塑造、强化与消退、及时强化等原则，根据操作强化原理设计教学机器。行为主义心理学家班杜拉研究了观察学习、攻击性、性别化、自我强化和亲社会等行为，提出儿童在观察中形成自我评价的标准，进而调整自己的观念，改变自己的行为方式，进而提出社会成员都受一种社会标准的引导。

（三）人本主义理论

人本主义心理学是美国当代心理学主要流派之一，兴起于 20 世纪 50 至 60 年代。人本主义反对将人的心理动物化的倾向，被称为心理学中的第三思潮。人本主义主要代表人物是马斯洛（1908—1970）和罗杰斯（1902—）。马斯洛对人类的基本需要进行了研究和分类，提出人的需要分层次发展的理论。罗杰斯提出人类有"自我实现"的动机，即一个人发展、成熟的趋动力，期待充分地实现自身各种潜能。

在心理健康领域，人本主义主张心理学从人的本性出发研究人的心理，强调人的尊严、价值、创造力和自我实现，把人的本性的自我实现归结为潜能的发挥。在心理治疗实践和心理学理论研究中发展出人格的自我理论，倡导"来访者中心疗法"。该疗法将无条件积极关注、真诚、共情作为治疗的基础。重视与来访者建立良好的治疗关系，治疗的目标是帮助案主完全体验自身，坦诚地对待自己的经历，生活在现实的空间，敏感地体会自己的情感，相信自己的感觉，达到心理和谐。

（四）认知理论

1967 年美国心理学家奈瑟《认知心理学》一书的出版，标志着认知心理学派的形成。该理论把人看成信息传递器和信息加工系统。该理论认为人按事物的各种性状将其分成声码、形码、意码，分别贮存在三个不同的位置，而后可以用声、形、意三种不同的途径来检索这一记忆。

在心理健康领域，该理论强调整体并不等于部分的总和，整体乃是先于部分而存在并制约着部分的性质和意义。进行了大量有关知觉的规律知识，例如似动现象、知觉过程中图形和背景的关系的意义。

//

第二节 心理素质训练的技术方法

//

一、大学生心理素质训练的目标

心理素质训练的基本目标在于培养学生健全的心理素质，包含两个层次的目标：一是促进学生积极适应，维护心理健康，这是心理素质教育的初级目标。积极适应即学生能够合理应对学习、生活、交往和身体发育中的种种变化，能够表现出与学习、生活、交往活动的变化和身体发育相一致的心理行为。二是促进学生主动发展，形成健全的心理素质，这是心理素质教育的高级目标。

作为心理素质教育主渠道的心理素质训练课的教学目标，必须符合心理素质教育的总目标，这也成为"心理素质训练课"的教学总目标。当然，教学目标符合具体教育对象的心理发展水平、规律和特征是教育取得成功的关键。不同年级的学生有不同的心理特征。针对不同年级的学生，心理素质训练课的教学目标设计应有所不同。要求教师要根据学生心理发展水平、规律和特征，把心理素质训练的总目标分解到不同的学段和年级，采用螺旋上升的教学目标制定方式，体现由简单到复杂，由易到难，由现象到本质的原则；针对不同年龄阶段学生在成长中所遇到的常见心理问题，确定适当的教学目标，安排训练重点，尽量做到所确立的教学目标符合学生的心理特征和心理需要，使其落实在学生的"最近发展区"内。

二、心理素质训练课的原则

（一）活动性原则

心理素质训练课是以现代活动课程理论为依据，以群体动力学理论为基础的一种集体辅导模式，是通过师生、生生之间民主、平等的多向交流活动来实现的寓心理素质教育于训练活动之中的课程。人的心理发展是在人与人的相互交往、人与环境的活动过程中实现的，活动将是心理学知识转化为心理品质的中介环节。心理学家皮亚杰也曾提出活动决定人的发展的观点，认为在人与环境、人与教育、人与遗传这三对关系中，活动是最关键的因素，一切影响都只能通过活动对人的发展产生作用。因此，活动性是心理素质训练课的突出特征，表现为教师根据心理知识并围绕学生生活组织相应的活动，使学生在活动中获得心理体验，提高心理素质。心理素质训练课是以学生活动为主要形式，以提高学生心理素质为主要目的，不同于以普及知识为主的心理健康教育的教学课程。

（二）系统性原则

马克思主义理论正确揭示了人的活动的本质特点，认为人的活动具有客观现实性、社会历史性和主观能动性，这为我们科学地设计训练课程提供了理论依据。因此，我们在设计心理素质训练课时，要把社会需要和学生的心理素质的全面协调发展统一起来，要有明确的活动目的，不能为活动而活动；活动的内容应该丰富多彩，形式多种多样、生动活泼，以适应学生发展的多样性要求。心理素质训练课是一种有计划、有组织、有系统地安排与实施的课程，其内容是由许多主题按一定结构组合而成的，活动时间也是事先安排好的，具有系统性和组织性。从这个意义上讲，它有明确的活动目的和系统的活动内容，且有教师指导，不同于临时组织的班级活动以及学生自发组织的活动。

（三）主体性原则

心理素质训练课不同于一般课程，它突出强调了以学生为主体的思想，更有利于学生主体性的发挥。从课程的设计与组织来说，学科课程是以学科的逻辑体系和知识结构中心进行组织和设计的；而心理素质训练课是以大学生的发展水平与规律、兴趣、需要和动机来设计和组织的。从课程的目标来看，学科课程强调知识等间接经验的掌握；而心理素质训练课则重视直接经验在学生发展中的作用，重视学生的主动参与、主动体验、主动发展。从课程实施中的师生关系角度看，学科课程实施中由于传授间接经验的客观要求，教师扮演主导地位，学生主体作用的发挥在较大范围内和较深程度上受到一定的限制；而心理素质训练课学生占主导地位，教师起到的是一个协助者和引导者的作用，更强调和要求学生积极主动地参与，在这一过程中充分发挥主体作用。因此，充分发挥学生的主动性是心理素质训练课的优势所在。

三、心理素质训练课的教学模式

教学模式构建的最终目的是形成教与学活动中各要素之间稳定的关系和活动进程结构。学科课程的结构多以"传导—接受"模式为主。而心理素质课的教学模式主要为"体验—互助"，其教学模式的基本结构为"虚拟假设情境的创设—角色体验—理论融入—师生互助—真实情境的运用"。它强调两点：学生的体验和实践；教师的创设和引导。它把教学看成是一个支架，教学过程是学生攀登支架的由低到高的过程，教师是组装设计支架的人，学生是手脚抓住支架、奋力攀登的人。它注重形成性评估诊断，融理论、技巧、评估为一体，能使学生将所学知识技能应用于课堂之外，并视为终生的历程。

"体验—互助"模式较"传导—接受"模式相比，有以下四个方面的变化：第一，教师的角色由原来的知识讲解员、传授者转变为学生学习的指导者、学生主动建构的促进者。第二，学生地位的变化。学生地位由原来的被动地位上升为主动参与，学生成为知识的探索者和学习过程中真正的主体者。第三，教学过程的变化。教学过程由原来的知识归纳型或逻辑演绎型的讲解式教学过程转变为创造情境、协作学习、会谈商讨、意义建构等新的教学过程。第四，媒体作用的变化。教学媒体由原来作为教师讲解的演示工具转变为学生学习的认知工具。

四、心理素质训练课的教学方法

心理素质课堂是开放性的课堂，可以在室内举行，也可在室外举行；可以在课堂上举行，还可以作为家庭作业由学生在课下自我训练。因而教学方法灵活多样，教学活动形式新颖，下面列举常用的教学方法或训练活动形式。

（一）认知法

教学形式主要采取多媒体教学、专题讲座等。将大学生心理素质教育的案例及心理健康知识等制作成幻灯片、光盘等，也可以在课堂中穿插播放一些心理电影等，通过直观教学及专题讲座、讲故事等，改变学生的消极认知为积极认知。认知法主要适用于后面各章能力训练中有关澄清认知误区的环节上。

训练 1-1　过小木桥

设计理念：任何一种语言都有其产生的效果和作用，故事便是语言中的一个特殊团队，通过好的故事，了解心态对行为到底会产生什么样的影响。

活动目的：从故事中感悟出积极心态对于成功的意义。

道具准备：无。

活动时间：20分钟。

活动方法：讲故事。

一位心理学家想知道人的心态对行为到底会产生什么样的影响，于是他苦思冥想，决心做一个独具匠心的实验。首先，他让10个人跟随自己穿过一间黑暗的房子，在他的引导下，这10个人全部顺利穿过，然后，心理学家轻轻地打开房内的一盏灯。在昏黄的灯光下，这些人看清了房内的一切，全都惊出一身冷汗——这间房子里有一个大水池，里面有十几条大鳄鱼，水池上方搭着一座窄窄的小木桥，没想到刚才他们正是从独木桥上走过去的！

心理学家此时问："现在，你们当中还有谁愿意再次穿过这间房子呢？"沉默一片，过了好一会儿，有三个胆大的站了出来。其中一个小心翼翼地走了过去，速度比第一次慢了许多；另一个颤巍巍地踏上小木桥，走到一半时，竟然趴在小桥上，爬了过去；第三个刚走几步就一下子趴下了，再也不敢向前移动半步。

屋内有十盏灯，心理学家又打开其余的九盏。顿时亮如白昼。这时，人们方才看见小木桥下方装有一张安全网，只是由于网线的颜色极浅，所以他们刚才根本没有看见。

"现在，谁愿意通过这座小木桥呢？"心理学家问道。这次有五个人很快地站了出来。

"你们为何不愿意呢？"心理学家问剩下的两个人。

"这张安全网牢固吗？"这两个人异口同声地反问。

注意事项：无须多推测故事情节是否可信，关键是要从中获取尽可能多的启示。

创新建议：可以 5～6 人组成一个小组，请一个学生讲故事，其他成员聆听，然后大家讨论故事的意义，并从故事中获取积极认知。

很多时候，成功就像通过这座小木桥，失败的原因往往不是能力低下，力量薄弱，而是信心不足，还没有上场，就被脑子里负面的念头吓得退缩不前。积极的心态能够让你战胜恐惧，成功地通过一座座小木桥。

（二）测验法

测验法是凭借标准化工具——心理测验对学生的心理和行为比较客观的测定的一种方法。课堂中，使用心理测验，即可以调动学生参与的积极性，也使学生通过自测、自评，提高自我认识。

心理测验的种类繁多，适合大学生心理素质教育的主要是人格测验。主要包括 SCL-90、16PF 多相人格测验、UPI 等。但真正适用于课堂教学的往往是一些非正式的心理小测试。虽结果不够科学，但简捷、快速、趣味感强是其优势。这种方法可以应用于后面各项能力训练前的自我判断，一方面可以帮助大学生了解自我，同时也有助于激发大学生加强心理素质训练的动机。

（三）讨论法

讨论法是课堂心理素质训练最常用的方法，适用于各章训练活动的设计。常用的讨论法有座谈法、辩论赛、配对讨论法及头脑风暴法等。

（1）座谈法。最常见的就是分组讨论每个人充分发表自己的看法，小组长汇总后登台向全班汇报。

（2）辩论赛。将学生分为正反两方，每一方一般有四名辩手组成，分为一辩、二辩、三辩、四辩等。

（3）配对讨论法。指就某一主题做 2 人一组的讨论，然后由两组 4 人作第 2 次讨论，最后又由两组 8 人作第 3 次讨论。其优点是经 3 次讨论，分析问题比较充分，且每人都有发表意见的机会。

（4）头脑风暴法（也叫脑力激荡法或热座）。是指集体或个人开动脑筋，使"思想火花"闪烁，以打开思路、活跃思想的方法。简称 BS 法。集体 BS 法的参加人员应遵循以下基本原则：禁止批评，不准反对他人的意见；自由奔放，尽情地想象，自由地发言；多多益善，鼓励畅所欲言；欢迎对他人意见做综合改进；自始自终保持轻松自由的心态等。

训练 1-2 秘密大会串

设计理念： 人们通常所运用的语言大多经过深思熟虑，小心谨慎的言辞固然能明哲保身，但长此以往会使人封闭、保守、思想禁锢。此方法能够使大家在最短的题意内表达出大量的想法。

活动目的： 帮助成员面对与处理当前的困扰。

道具准备： 纸、笔。

活动时间： 45 分钟。

活动方法：

第一步，提出问题：请每位成员想一想目前最困扰自己的事是什么，最想解决的问题是什么？

第二步，要求每位成员将问题写在纸上，不署名。写完折叠好，放在团体中央。

第三步，指导者随机抽出一张，大声念纸上的内容，请团体成员共同思考，帮助提问题的人解决问题。

因为匿名，可减少成员的担忧，大胆提出问题，全体共同出主意想办法，帮助别人也帮助自己。必要时可以通过角色扮演方法来表现具体情境。讨论完一张，再讨论另一张，直至所有纸条上的问题都逐一解决。

注意事项：减轻学生的顾虑，引导学生从他人解决问题的思路或方法中寻找对自身有益之处。

创新建议：可以迁移到生活中任一种新方案的设计之中。

（四）行为训练

行为训练是指以行为学习理论为指导，对学生的各种行为训练提出具体的指导。行为训练可安排在课堂上进行，如自信心训练等，但更适宜于作为课外作业，要求学生自我训练，如镜子技巧、系统脱敏性训练、放松性训练等。

（1）自信心训练。在现实生活中，许多大学生表现出不自信。如谈话时不敢正视他人的眼睛；不敢与陌生人交谈，尤其是见到关键人物就脸红；说话声音很小，含糊不清；不敢提出自己的合理性要求，更不敢对别人说"不"；与同学发生矛盾时不敢正面解决问题，而只会哭等。这些都是因为不自信的表现。可以借助于自信训练，促进在人际关系中公开表达自己的真实情感，维护自己的权益并提高人际交往能力，勇于表现自己。

训练1-3 "我对自己面试有把握"

设计理念：自信是一个人成功的基础，通过适当的训练，建立自信心。

活动目的：通过语言的暗示，提升成员自信心。

活动时间：5分钟。

道具准备：无。

活动方法：第一步，两人相距1米左右面对面站着注视对方1分钟；第二步，每人注视对方大声地做自我肯定一分钟，如我是一个很有实力的人，我曾获得一等奖学金，我……；第三步，大声地重复说三遍："我对自己面试很有把握"。

注意事项：一定要敢于直视对方，眼睛不能游离。

创新建议：可以尝试着自己先对着镜子练习，再逐渐向自己心目中的重要人物挑战。

（2）镜子技巧。镜子技巧是由美国心理学家布里斯托总结而成的，这一方法简单、有效，可以使学生增加信心、强化激情。眼睛作为心灵的窗户，它们不仅泄露人们内心的思想活动，而且比想象的更能表达人的内心世界。人们一旦开始实践镜子技巧，眼睛就会产生一种从未想到的力量，迟早会把信念的强度真切地表露出来，以赢得人们的赞赏。眼睛能反映出一个人在现实生活中所属的阶层、所处的位置。而训练人的眼睛，使之充满信心，镜子是最好的道具。

训练 1-4 "镜子前的我"

设计理念： 眼睛是心灵的窗户，敢于直视别人眼睛说话的人是一种自信的表现。

活动目的： 借助于镜子，从直视自我向敢于直视他人过渡，从而帮助成员提高自信力。

活动时间： 10 分钟。

道具准备： 镜子。

活动方法： 第一步，站在镜子前，看到身体的上半部分。笔直站立，后跟靠拢，收腹、挺胸、昂首、再做三四次深呼吸，直到对自己的能力和决心有了一种感受。

第二步，凝视眼睛深处，告诉自己会得到所要的东西，大声说出它的名字。每天至少早晚做两次，还可以用肥皂将喜欢的口号，精彩的格言写在镜面上，只要它们确实表达了你曾设想并希望实现的某些事情即可。

注意事项： 自主原则、自愿参加原则。

创新建议： 可以把一个同伴当一面镜子。

如果你准备去访问一位极其固执的人，或拜见一位使你感到害怕的上级，那么请运用镜子技巧，直到你相信能够不慌不忙。如果邀请你去演讲，那么务必对着镜子作一番练习，用拳手敲另一只手掌，或其他自然洒脱的手势来使观众接受你的观点。当你在镜子前站好，就反复对自己说，你会获得巨大成功，世界上没有任何东西能够阻止。这样做并不可笑，因为，任何渗入潜意识的设想，都可以在生活中变成现实。

（五）自我意象训练法

自我意象训练法主要适用于自我探索训练、自我管理能力训练等章节的活动设计上。你或许很难相信人的思想是一个具体的实物。思想绝对不是抽象的、形式上的概念，它是一个具有能量且具体的东西。当一个人思想与一种强烈的一定要达成目标的炙热愿望和坚持不懈的耐力相结合，开始产生行动力时，便会开始发挥出一种强大的能量，这种能量可以与宇宙的能量相通，而协助你达成你人生所想要达成的目标与理想。我们来做一个实验：叫你"不要"想蓝色，"不要"想蓝色——千万不要想蓝色——你头脑中第一个想到的颜色是什么？是蓝色，对吧？因此你必须努力排除消极性的资讯，只让积极性的资讯输入你的潜意识，同时，别告诉它你"不要"什么，只告诉它你的愿望是"想要"达成什么。下面是自我意象训练法的一个实例。

美国《研究季刊》报道了一个证明心理练习对改进投篮技巧的效果的实验：将被试分为三组，第一组学生在 20 天内每天练习实际投篮，把第一天和最后一天的成绩记录下来。第二组学生也记录下第一天和最后一天的成绩，但在此期间不做任何练习。第三组学生也记录下第一天的成绩，然后每天花 20 分钟做想象中的投篮。如果投篮不中时，他们便在想象中做出相应的纠正。实验结果是，第一组每天实际练习 20 分钟，进球增加了 24%。第二组因为没有练习，也就毫无进步。第三组每天想象练习投篮 20 分钟，进球增加 26%。

古人说：欲得其中，必求其上；欲得其上，必求上上。表达的同样也是这个意识。拿破仑·希尔的《心理致富法》一书里面，首次提示出以下六个自我激励的"黄金"步骤。

（1）你要在心里，确定你希望拥有的财富数字——散漫地说："我需要很多、很多的钱"是没有用的；你必须确定你要求的财富具体数额。

（2）确确实实地决定，你将会付出什么努力与多少代价去换取你所需要的钱——世界上是没有不劳而获这回事的。

（3）规定一个固定的日期，一定要在这日期之前把你要求的钱赚到手——没有时间表，你的船永远不会"泊岸"。

（4）拟定一个实现你理想的可行性计划，并马上进行……你要习惯"行动"，不能够再耽于"空想"。

（5）将以上4点清楚地写下——不可以单靠记忆，一定要白纸黑字。

（6）不妨每天两次，大声朗诵你写下的计划的内容。一次在晚上就寝之前，另一次在早上起床之后——当你朗诵的时候，你必须看到、感觉到和深信你已经拥有这些钱！

（六）游戏法

游戏至少有两点意义：第一，游戏可以满足人自由活动的需要。自由是一切活动的最终目的，是人类价值体系的最高价值追求，游戏活动使规则与自由达到高度的统一。第二，游戏有益于人的"主体性"的张扬与发展。游戏中的"忘我"（如角色扮演）貌视对"主体性"的背叛，而实质上正是游戏者"主体性"的展现。因为这种"忘我"既不是病态的，也不是被迫的，而是游戏者自愿自觉的"我忘"。[5]毕淑敏在《心灵七游戏》的开篇中写道："书中的这些游戏，曾经帮助过我，沉浸其中落下的泪水，已化作我的钻石；游戏完成时欢畅的笑声，已成为我生活中最新的习惯；游戏之后绵长的思索，更是多次帮助我在纷杂的世事中廓清方向\轻装向前。"因此，游戏法在我们后面各章的训练中都是很适宜的。最常用的游戏法有以下三大类。

（1）角色扮演。这是一种人为设置一种情境，让大学生扮演一定角色，练习某种行为方式，再将其运用于实际生活的方法。其作用是：便于发挥大学生的主动性、自发性、创造性；在扮演角色过程中可以显露大学生行为、个性上的弱点与矛盾之处；给当事人宣泄压抑的情绪提供了机会；使其学会合理而有效的行为方式。此外，作为观众的大学生虽不扮演角色，也可能对扮演者发生认同作用。角色扮演法适用于各章的综合训练及对学生训练后的考核之中。角色扮演有几种形式：集体的角色扮演，即心理剧；个别形式的角色扮演。让学生扮演生活中的自己，教师扮演他的父母、同学、朋友等；固定角色扮演。让学生按照教师为他撰写的草稿，扮演与自己原来性格不同的角色。

下面是一个集体角色扮演的实例。（选自笔者在大学生心理辅导活动课上学生自我设计的一个实例）

训练1-5　"找凳子"

设计理念：通过经常发生在大学生身边的小事，使大学生意识到人与人的交流是需要掌握技巧的。

活动目的：帮助大学生提高沟通技巧。

活动时间：30分钟。

---

5 王小英. 哲学视角下儿童游戏的意义 [J]. 河北师范大学学报（教育科学版），2004（3）.

道具准备: 六张凳子,每两张凳子放在一起,分成三组。

活动步骤:

第一步,主持人:大学校园里洋溢的不仅仅是友情,也有不尽人意的地方,下面我们将向各位同学表演的小品是发生在我们502宿舍的一件真人真事。昨天,我们宿舍丢了一张凳子。我们宿舍的一位女同学去找,结果遇到了不同的的礼遇,请七位同学上台配合我们演示一下好吗?

第二步,七名志愿者上台,主持人给他们分配了角色:一人(称A)扮演找凳者,另六名两两一组:BC、DE、FG,坐在台上的凳子上分别扮演不同宿舍(1号、2号、3号)的同学。

第三步,A先做叩门状(嘟、嘟、嘟):我可以进来吗?

BC:进来(不耐烦),你有什么事(语气生硬)?

A:我的凳子丢了,想问问你们宿舍捡到了吗?

BC:你的凳子丢了,我们怎么会捡到,没有,没有(语气很不友好)。

A:那就算了,对不起,打扰了(退出)。

BC:真烦人!

第四步,A同学又去敲另一扇门。

A:又做叩门状(嘟、嘟、嘟):我可以进来吗?

DE:门没锁,你进来吧!(不冷不热)

A:我的凳子丢了,想问问你们宿舍捡到了吗?

DE:不知道,你自己看看吧!(仍然很冷淡)

A:(环视一圈,发现没有)对不起,打扰了。

DE:没什么。(淡淡地应付一句)

第五步,A同学又去敲第三扇门。

A:又做叩门状(嘟、嘟、嘟):我可以进来吗?

FG:请进(热情地将门打开),你有什么事吗?(友好地)

A:(有点感动了)真对不起,打扰你们一下,我的凳子放在走廊上,我想问问你们帮我收起来了吗?

FG:噢,别着急,不会丢的,你的凳子是什么颜色?

A:红色,990001号。

FG:真抱歉,我们这里没有,你再到别的宿舍看看,好吗?

A:好!(很感动了),谢谢,谢谢!

FG:不用客气,有时间过来坐坐。

第六步,主持人:请A同学谈谈他的感受好吗?

第七步,A谈个人感受:每进一扇门,我的内心感受很不相同,1号宿舍的同学对我很不友好,使我本来焦急的心情变得更坏;2号宿舍的同学很冷漠,摆出事不关已,高高挂起状,使人有一种孤立无助的感受;3号宿舍的同学和若春风,使我几乎忘却了烦恼,我真希望大学校园里到处都是这样的同学呀!……

注意事项: 用心去摸拟,就会有身临其境的感受。学会换位思考,真诚待人,就会赢得人缘。

创新建议：可以推广到各类需要与人交流的活动之中。

（2）团队游戏。古人云"人心齐，泰山移"。团队精神是高绩效团队的灵魂，团队精神的形成并不是要求团队成员牺牲自我，相反，挥洒个性、表现特长保证了成员共同完成任务目标，而明确协作意愿和协作方式则产生了真正的核心动力。因此，利用游戏的意义则可以使成员懂得团他之间协作的重要性，在游戏中体验团队成员彼此信任所产生的巨大能量。

训练 1-6 "戴高帽子"

设计理念：人是需要不断获得支持的，如果不断得到鼓励，就会产生积极心态。

活动目的：借助成员的力量，获取个人的信心。

活动时间：10分钟。

道具准备：无。

活动方法：第一步，分组后围成圆圈；第二步，一位同学站在团体的中央，其他成员围着他转动，每个成员面向中央的同学时，由衷地说出一句赞美的话。

注意事项：只说站在中央的同学的优点，不可说缺点或忠告之类的话，也不要重复他人说过的话。

创新建议：感情轰炸可以表现在日常生活中，要学会用积极的语言评价他人的行为。

（3）空椅技术。是格式塔流派常用的一种技术。这种技术设计的理念是：运用两张椅子，要求大学生坐在其中的一张，扮演一个"胜利者"，然后再换到另一张椅子上，扮演一个"失败者"，以此让大学生所扮演的两方进行对话。通过这种方法，可使大学生充分地体验冲突，由于大学生在角色扮演中能从不同的角度接纳和整合"胜利者"与"失败者"，因此冲突可得到解决。在大学生心理素质训练中，空椅子技术适宜于大学生的个人课后的拓展训练或个人自我训练。

最后，需要特别强调一点：上面我们分别介绍了心理素质训练课中一些常用的活动，在大学生心理素质训练课中，我们经常根据课程训练目标的要求，综合运用各种活动，才能最大限度地发挥心理训练的功能。

本章提要

1. 心理素质：指在先天与后天共同作用下形成的人的心理倾向和心理发展水平。心理素质作为一个普遍概念，具有丰富的内涵和外延。就其内涵而言，心理素质所反映的是人在某一时期内的心理倾向和达到的心理发展水平，是人进一步发展和从事活动的心理条件和心理保证。就其外延而言，心理素质包括人们所有的心理活动过程和心理活动结果。

2. 心理素质的特征：先天性与再造性、共同性与差异性、稳定性与发展性、基础性与可评价性。

3. 心理素质训练的基本目标在于培养学生健全的心理素质，包含两个层次的目标：一是促进学生积极适应，维护心理健康，这是心理素质教育的初级目标；二是促进学生主动发展，形成健全的心理素质，这是心理素质教育的高级目标。

4. 心理素质训练的原则：活动性原则、系统性原则、主体性原则。

5. 心理素质训练的常用方法包括：认知法、测验法、讨论法、行为训练、自我意想训练、角色扮演、空椅子技术等。

复习思考题

1. 什么是心理健康？大学生心理健康的标准是什么？

2. 什么是心理素质？谈谈心理素质训练对大学生成才的意义？

3. 结合实际谈如何加强个人心理素质的训练？

拓展训练

读下面的一篇短文后，写出 1000 字的感悟。

1965 年，一位韩国学生到剑桥大学主修心理学。在喝下午茶的时候，他常到学校的咖啡厅或茶座听一些成功人士聊天。这些成功人士包括诺贝尔奖获得者，某一些领域的学术权威和一些创造了经济神话的人，这些人幽默风趣，举重若轻，把自己的成功都看得非常自然和顺理成章。时间长了，他发现，在国内时，他被一些成功人士欺骗了。那些人为了让正在创业的人知难而退，普遍把自己的创业艰辛夸大了，也就是说，他们在用自己的成功经历吓唬那些还没有取得成功的人。

作为心理系的学生，他认为很有必要对韩国成功人士的心态加以研究。1970 年，他把《成功并不像你想象的那么难》作为毕业论文，提交给现代经济心理学的创始人威尔布雷登教授。布雷登教授读后，大为惊喜，他认为这是个新发现，这种现象虽然在东方甚至在世界各地普遍存在，但此前还没有一个人大胆地提出来并加以研究。惊喜之余，他写信给他的剑桥校友——当时正坐在韩国政坛第一把交椅上的人——朴正熙。他在信中说，"我不敢说这部著作对你有多大的帮助，但我敢肯定它比你的任何一个政令都能产生震动。"

后来这本书果然伴随着韩国的经济起飞了。这本书鼓舞了许多人，因为他们从一个新的角度告诉人们，成功与"劳其筋骨，饿其体肤"、"三更灯火五更鸡"、"头悬梁，锥刺股"没有必然的联系。只要你对某一事业感兴趣，长久地坚持下去就会成功，因为上帝赋予你的时间和智慧足够你圆满做完一件事情。后来，这位青年也获得了成功，他成了韩国泛业汽车公司的总裁。

推荐阅读

1. 毕淑敏：《心灵七游戏》。书中七个游戏都直指人生重大问题。深入浅出，梳理过去，指导现在，昭示未来。人生非游戏，游戏却可以改变人生。阅读这本书你会发现：爱玩游戏是人类的天性。在游戏中，我们心灵放松，情感流动，灵魂的思考会从蛰伏的冬眠中缓缓苏醒，兴奋地发出响亮的声音。我们和自己的内心有了直接而坦率的接触，你因此会发现一个真实到有些陌生的自我，存在于你已经很熟悉的躯壳之中。

2. 岳晓东：《登天的感觉》。岳晓东博士写的这本书通过作者在哈佛大学所做的 10 个心理个案，深入浅出地介绍了充满神秘色彩的学科——咨询心理学的基本理论与方法。每个案例都描写细腻，重点突出，着重描述了来询者和作者的内心体验变化过程。文字富有可读性，感情充盈，字里行间洋溢着东方哲学文字的魅力。精心的注解和背景知识使读者在欣赏一个一个成长故事的同时，潜移默化接受心理咨询的相关理念和知识。

3. 樊富珉：《团体心理咨询》。本书最突出的特点是理论与操作结合、研究与实践并重。全书共十章。包括了团体心理咨询的基础知识、发展脉络、主要理论、团体过程、影响机制、操作技术、常用练习、方案设计、效果评估以及应用实例。本书是作者 15 年研究心得、理论探讨、实践积累和培训经验的集合。

4. 心理电影：《美丽的心灵》。电影《美丽的心灵》讲述的是美国普林斯顿大学的一个天才数学家的真实故事，剧中主角的原型为约翰·纳什。富有天分却性格内向的纳什在年轻时就作出了惊人的数学发现——博弈论，声誉骤响，并得到同行的赞赏。不幸的是，纳什的思维受到了精神分裂症的困扰，幻觉扰乱着他的生活，这严重影响了他的进步。当得知丈夫罹患精神疾病后，作为其妻子的爱丽莎·罗莲依然对其不离不弃，使纳什正视自己的疾病，毫不畏惧，坚强地生活下去。经过几十年的努力，他战胜了这个不幸，并于 1994 年荣获诺贝尔经济学奖。

参考文献

［1］［美］Roger R．Hock 著．改变心理学的 40 项研究［M］．北京：中国轻工业出版社，2004．

［2］樊富珉等．大学生心理素质教程［M］．北京：北京出版社，2003．

［3］何卓恩．素质学［M］．海拉尔：内蒙古文化出版社，2000．

［4］朱敬先．健康心理学［M］．北京：教育科学出版社，2002．

［5］聂振伟．大学生心理健康教程［M］．西安：陕西科学技术出版社，2005．

［6］贺淑曼，蔺桂瑞等．健康心理与人才发展［M］．北京：世界图书出版公司，1999．

［7］邢群麟，李敏．哈佛教授给学生讲的 200 个心理健康故事［M］．北京：中央编译出版社，2007．

［8］桑志芹，邓旭阳．大学生心理素质训练［M］．上海：上海教育出版社，2006．

第二章　心理技能训练的理论与方法

心理技能训练有助于提升我们处理危机和应对挑战的能力。

在日常的生活、工作、学习实践过程中，每个人都储备了相当数量的心理技能和策略。但对大部分人来说，这些技能和策略储备仅够应对一般生活事件的挑战，一旦遭遇到更大挑战时，现有技能和策略储备则不一定能够应付。因此，每个人都有不断提升心理技能和策略有效性、增加技能和策略储备的需求。本章将重点讨论心理技能训练的基本思想，并介绍三组常用的心理技能训练方法。

工欲善其事，必先利其器。

——《论语·卫灵公》

学习与行为目标

1. 了解心理技能训练的基本思想。
2. 掌握常用心理技能训练的方法。
3. 通过训练提升基本心理技能，为心理技能的综合运用打好基础。

第一节　心理技能训练概述

　　"瓦伦达心态"是心理学上的一个著名论断，它缘自一个真实的事件。瓦伦达是美国一个著名的钢索表演艺术家，以精彩而稳健的高超演技闻名。他从来没有出过事故，因此，一次当演技团要为重要的客人献技时，决定派他上场。瓦伦达知道这一次上场的重要性：全场都是美国知名的人物，这一次成功不仅仅将奠定自己在演技界的地位，还会给演技团带来前所未有的支持和利益。因而他从前一天开始就一直在仔细琢磨，每一个动作、每一个细节都想了无数次。演出开始了，这一次他没有用保险绳。因为许多年以来他没有出过错误，他有百分之百的把握不会出错。但是，意想不到的事情发生了，当他刚刚走到钢索中间，仅仅做了两个难度并不大的动作之后，就从10米高的空中摔了下来，一命呜呼。

　　事后，他的妻子说："我知道这次一定要出事。因为他在出场前就不断地说，'这次太重要了，不能失败'。在以前每次成功的表演中，他只是想着走好钢丝这件事的本身，不去管这件事可能带来的一切。"

　　"瓦伦达心态"表明这样一个事实：心理状态在一定程度上影响行为表现。接下来的问题是：什么是心理状态？如何调整心理状态？

一、心理状态

（一）心理状态的概念

　　心理状态是心理学实务工作者关注的重要概念。他们在探索个体行为表现影响因素的过程中，逐渐意识到，个体心理过程和个性特征对行为表现的影响总是离不开特定的情景、事件和时间，正是这种特定情景、事件和时间条件下的心理过程和个性特征的共同作用，对个体的行为表现具有重要影响。

　　由此，可将心理状态界定为：特定时间内个性特征和心理过程的综合体现，是与一定的心理过程及生理功能相联系的，是个体对内外环境因素作用的反映。从上述概念可知：首先，状态是一种整体的综合的东西，如：由动机的冲突而引起的状态，虽然常是归属于意志一类，但它常包含有认识和情感的成份。其次，心理状态具有时间上的特征。在谈到具体的心理状态时，必然要联系到某一特定的时间，或者与时间关联的某种活动的条件，离开时间这一维度来谈心理活动的特点是没有意义的。

（二）心理状态与心理过程、个性特征的关系

我们知道心理学是研究心理现象的科学。一般来说，心理现象包括：心理过程和个性特征两大部分。那心理状态与心理过程和个性特征二者是何关系呢？

心理过程是在某种心理状态下产生和发展的，这个过程以个性特征为背景。如个体面临一场重要的考试，难免产生紧张、焦虑等心理状态，在这种心理状态下，比较容易出现"脑子一片空白"现象，也就是原本已经掌握的知识，却无法及时、准确提取。而这种情况对于高特质焦虑的人来说，则更容易出现。

心理过程也不同于个性特征。如多血质的人，更容易表现出活泼、活跃的心理状态；但在遭遇重大挫折时，也会表现出消沉、冷漠的心理状态。

（三）心理状态的特点

王新胜，顾玉飞（2004）总结了心理状态的三个特性：时间上的短暂性和相对稳定性；空间上的情境性和活动性；内容上的现实性和具体性。

时间上的短暂性和相对稳定性。即某种心理状态出现之后只保持一个短暂的时间，但也不是出现之后立即消失，总还要稳定地持续一段时间。不同的心理状态持续时间会有很大的差异，持续时间短的可能只有几分钟、几小时，持续时间长的可达几个月。如注意集中只有数分钟或几十分钟，而心境状态可达几个月。

空间上的情境性和活动性。心理状态与其他心理活动现象一样，是人脑的机能，是客观现实的反映。客观环境的现象和人这个主体是离不开的。如有的人口才很好，但公开演讲时就会有胆怯、害羞等过分紧张的心理活动。这种害羞、紧张的心理状态与当前活动密切联系。

内容上的现实性和具体性。心理状态作为特定时间内心理活动的特点，总是针对着现实中具体的活动对象而产生的。也就是说，个体当前心理活动状态的具体内容，取决于客观事物对个体心理的影响程度。因此，心理状态从内容上说具有现实性和具体性。例如，"迷恋"、"惊讶"、"好奇"是三种不同的心理状态，它们从内容上说，总是要与现实中的具体活动对象联系着。迷恋什么？对什么惊讶？是现实中的什么事物引起个体的好奇？因此，心理状态的内容反映个体的兴趣、需要、目标和决策等，而这些都是现实的和具体的。

专栏 2-1 讲述了著名数学家高斯年轻时候的一个经历。请认真阅读，并对照前文所述，理解何为心理状态，体会心理状态对行为表现的作用。

专栏 2-1　高斯的故事

1796 年的一天，在德国哥廷根大学，一个 19 岁的青年吃完晚饭，开始做导师单独布置给他的每天例行的两道数学题。

青年很有数学天赋，正常情况下，他总是在两个小时内完成这项特殊作业。

"咦，怎么今天导师给我多布置了一道？"青年一边打开写着题目的纸，一边咕哝着。他也没多想，就做了起来。

像往常一样，前两道题目在两个小时内顺利地完成了。第三道题写在一张小纸条上，是要求只用圆规和一把没有刻度的直尺做出正 17 边形。青年没有在意，像做前两道题一样开始做起来。然而，做着做着，青年感到越来越吃力。开始，他还想，也许导师见我每天的题目都做得很顺利，这次特意给我增加难度吧。但是，随着时间一分一秒地过去，第三道题竟毫无进展。青年绞尽脑汁，也想不出现有的数学知识对解开这道题有什么帮助。

困难激起了青年的斗志：我一定要把它做出来！他拿着圆规和直尺，在纸上画着，尝试着用一些超常规的思路去解这道题……终于，当窗口露出一丝亮色时，青年长舒了一口气，他终于做出了这道难题。

见到导师时，青年感到有些内疚和自责。他对导师说："您给我布置的第三道题我做了整整一个通宵，我辜负了您对我的栽培……"

导师接过青年的作业一看，当即惊呆了。他用颤抖的声音对青年说："这真是你自己做出来的？"青年有些疑惑地看着激动不已的导师，回答道："当然，但是，我很笨，竟然花了整整一个通宵才做出来。"导师请青年坐下，取出圆规和直尺，在书桌上铺开纸，让青年当着他的面做一个正 17 边形。

青年很快做出了一个正 17 边形。导师激动地对青年说："你知不知道，你解开了一道有两千多年历史的数学悬案？阿基米德没有解出来，牛顿也没有解出来，你竟然一个晚上就解出来了，你真是天才！我最近正在研究这道题，昨天给你布置题目时，不小心把写有这道题目的小纸条夹在了给你的题目里。"

多年以后，这个青年回忆起这一幕时，总是说："如果有人告诉我，这是一道有着两千多年历史的数学难题，我不可能在一个晚上解决它。"

这个青年就是数学王子高斯。

引自：曾美英，晏宁等，《心理学实验与生活》，2011.

二、心理技能训练

（一）心理技能与心理技能训练

技能（skill）是通过练习熟练掌握某种技术而形成的属于个体的一种身体和智力的操作系统。心理技能（psychological skill），是通过练习形成的能影响个体心理过程和心理状态的心理操作系统，是一种与人类的生活、学习、工作、劳动、身心健康以及调节与提高人体身心潜能相关的，在人脑内部进行与形成的内隐技能。除了在性质和形成过程方面与其他技能相同之外，心理技能强调个体对自身的能动作用。心理技能作为一种特殊的技能，通过有计划的训练是可以提高的。

广义的心理技能训练（mental skill training/psychological skill training）是指有目的、有计划地对训练者的心理过程和个性心理特征施加影响的过程。狭义的心理技能训练是采用特殊的方法和手段使训练者学会和控制自己的心理状态并进而调节和控制自己的行为的过程。

（二）心理技能训练的分类

根据不同的分类标准，心理技能训练可以分为不同的类型。

（1）根据心理技能训练的理论基础，心理技能训练的方法可分为：行为主义理论与方法（如放松训练、生物反馈训练和系统脱敏训练等）、认知理论与方法（如表象训练、认知训练等）和体育心理技能训练专用的方法（如模拟训练等）。

（2）根据心理技能实施的复杂程度，心理技能训练的方法又可以分为单一的心理技能训练方法（如渐进放松训练法、生物反馈法）和成套的心理技能训练方法（如系统脱敏训练、应激接种训练等）。

（3）根据心理技能训练的内容与任务需要的关系，可将心理技能训练分为一般心理技能训练（如人际交往技能、记忆、注意、目标设置）和专门心理技能训练（如航天员在失重状态下的睡眠训练、篮球运动员的球感训练、不同学科专业的思维方式训练）。

（4）根据心理技能所处理信息的来源，心理技能训练可分为个体技能训练和人际技能训练。本章内容主要依据该分类法展开。

人际技能是处理人际信息为主的技能，主要指人际互动、建立和谐人际关系的技能。本书第六章，将专门讨论人际技能的训练。

个体技能是个人内部信息加工为主的技能，主要包括认知技能和自我调节技能。认知技能是指借助于内部言语在头脑中进行的动作方式或智力活动方式，包括感知、记忆、注意、想象和思维。认知技能的培养与训练主要依赖于各学科专业的学习过程。自我调节技能指个体灵活调整自己的心理状态，使其与任务情境要求相适应的能力，表现为急性压力下由焦虑状态向平静状态的调节，也表现为由内在虚弱状态向充满自信状态的调节。这是本章重点讨论的内容。

三、为什么要在大学生群体开展心理技能训练

（1）心理技能训练的目的之一在于增加个人有效应对策略和技能的储备。

每个人一生中都会遭遇"事与愿违"的生活事件，或者是个人的理想、愿望不能实现，要求得不到满足，而产生心理应激或心理危机。对身处困境者而言，度过难关，恢复心理平衡，重新适应生活是其最大诉求。通常，个体对于求助对象的选择顺序依次为：自己、求助于亲朋好友、求助于专业人士。首先并且主要的是靠自己解决问题：或者改变客观环境来适应自己的要求（如另谋职业，重组家庭），或者改变自己原来的主观愿望来适应坚冰、硬铁般的现实环境；其次，是寻求社会支持，与配偶、父母、兄弟姐妹、亲戚、老师、同

学、同事、好朋友商量，谈心，倾听他们的意见，接受他们对问题处理的指导意见，同时获得他们的同情、关怀和鼓励；最后，在上述各种尝试与措施均不能解决根本问题的时候，少数人通过热线电话，网络服务，或登门求诊于心理咨询医师，使问题获得进一步的较为恰当的解决。此外，每个人的一生中还会遇到"需要良好表现"的事件，如比赛、竞争上岗、演讲等。足够多且有效的自我调节策略和技能的储备，必将助你一臂之力。

（2）概括来说，心理技能训练既可以通过改善自我调节和控制能力，实现卓越表现；又可以提升应对生活挑战的能力，实现个人成长和发展。

心理技能训练一方面可以帮助受训者在高应激条件下实现卓越表现，竞技运动领域最早认识到这一点，随后在特定行业也展示了心理技能训练的魅力，如对特警、航天员、飞行员、消防员、演员等其他很多行业和领域进行相应的心理技能训练来满足其工作的需要。另一方面，心理技能训练追求迁移效果，即不但使训练者对某种情境中的某个问题的心理调节能力得到提高，而且对其他情境中的其他问题的应对能力也得到提高，使他们将来能够更加从容地应付工作和生活中的各种挑战。从这个意义上讲，心理技能的提升是每个个体成长和发展的客观需要，而对心理技能进行的有计划的、针对性的训练则是满足其需要的必由之路。

（3）心理技能训练是填补"知道"与"做到"之间鸿沟的有效途径。

青少年群体在成长过程中普遍存在"知行不一"以及认知、情感和技能不能协调发展的问题。具体表现为：在个体的成长过程中，教育者做得最多的是知识的传授，然后通过一定的手段来评估学生对知识的掌握程度和能力的发展水平。这种做法的潜在逻辑是：把认识与结果简单等同，潜意识地认为只要传授了知识，个体就应该必然地知道如何行动。只要传授了知识，个体的能力就必然地成长起来。但是，个体的行动与其所学的知识并不是简单而直接的联系，更为重要的是，个体所掌握的和所能运用的知识并不是其所接触的全部知识。因为其中有遗忘，还有个体在活动过程中的信息加工等因素的作用。而技能训练的意义就在于使个体学会如何进行信息加工，规划正确的行动。

四、心理技能训练的原则

（一）系统训练原则

心理技能的训练遵循一般技能学习的规律，必须长期地、系统地进行。心理技能训练不是魔术，指望心理技能训练的方法一学就会、一会就用、一用就灵、立竿见影，是不切实际的。

（二）预防性原则

进行心理技能训练，要以预防为主，防患于未然，要有计划地进行并长期坚持，积极主动进行训练。结合学习、工作、生活实际，增加训练的针对性，并设法用量化指标评定心理技能训练的效果。只有这样，心理技能训练才有可能产生实效。

（三）迁移性原则

心理技能训练追求迁移效果，即不但使训练者对某种情境中的某个问题的心理调解能力得到提高，而且对其他情境中的其他问题的应付能力也得到提高；不但使训练者在特定心理发展阶段中受益，而且使其终身受益。其最终目的是使训练者勇敢地、从容地、理智地、巧妙地面对一切困难，使他们对待困难的态度就如同一个战士对待敌人的态度一样：我可能被打倒，但永远不会被征服！

第二节　心理技能训练方法

心理技能训练是一门科学，也是一门艺术。现在心理技能训练方法大概有几大类百余种之多，而且不同种类的方法又有其相应的理论基础。虽然心理技能训练有诸多的分类及相应的具体方法，但是法无定法，它不是各种方法的简单堆积，而是方法的创造性使用。我们要针对自身的具体需求，创造性地应用具体方法，坚持练习，不断强化、丰富自身的应对技能和策略。本节将重点介绍几组基本心理技能的训练方法及训练手段。

一、以表象技能为核心的训练

（一）放松技能及其训练

1. 放松训练的概念

放松训练（relaxation training）是以暗示语集中注意，调节呼吸，使肌肉得到充分放松，从而调节中枢神经系统兴奋性的过程。目前普遍采用的是美国芝加哥生理学家雅克布森（Jacobson，1938）首创的渐进性放松方法、奥地利精神病学家舒尔兹提出的自生放松方法和中国传统的以深呼吸和意守丹田为特点的松静气功等三种放松方法。各种放松练习方法的共同点是：注意高度集中于自我暗示语或他人暗示语、深沉的腹式呼吸、全身肌肉的完全放松。

2. 放松训练的作用

我们在日常生活中常有这样的体验：心里紧张时，骨骼肌也不由自主地紧张，如肌肉发抖僵硬，说话哆嗦，全身有发冷的感觉等。而当心理放松时，骨骼肌也自然放松。由此看出，大脑与骨骼肌具有双向联系，即信号不仅从大脑传至肌肉，也从肌肉传往电脑。从运动器官向大脑传递的神经冲动，不仅向大脑报告身体情况，而且也是引起大脑兴奋的刺激。因此，肌肉活动积极，从肌肉向大脑传递的冲动就多，大脑就更兴奋，例如我们平时做的准备活动就能起这种作用。反之肌肉越放松，向大脑传递的冲动就减少，大脑的兴奋性就降低，心理上便感到不那么紧张了。

放松练习后，大脑呈现一种特殊的松静状态。这种状态有别于日常的清醒状态、做梦状态或无梦睡眠状态，我们可以通俗地称它为半醒的意识状态。此时，人的受暗示性极强，对言语及其相应形象特别敏感，容易产生符合言语暗示内容的行为意向。总的来说，放松练习的作用主要有：

第一，降低中枢神经系统的兴奋性；

第二，降低由情绪紧张而产生的过多能量消耗，使身心得到适当休息并加速疲劳的恢复；

第三，为进行其他心理技能训练打下基础。

全身各部位肌肉放松、中枢神经系统处于适宜的兴奋状态、注意力高度集中是众多心理技能训练方法的基础。这种放松状态是放松训练主要的和直接的目的。

3. 常用的放松方法

（1）自生放松法。

预备姿势：舒适地坐在一张椅子上，胳膊和手放在椅子的扶手或自己的腿上，双腿和脚呈舒适的姿势，脚尖略向外，闭上双眼，或者仰面躺下，头舒适地靠在枕头上，两臂微微弯曲，手心向下放在身体两侧，两腿放松，稍分开，脚尖略朝外，闭上双眼。

准备动作：想象自己戴上一副放松面罩，这幅神奇的面罩把脸上紧锁的双眉和紧张的皱纹舒展开来，放松了脸上的全部肌肉，眼睛向下盯着鼻尖，闭上眼睛，下巴放松，嘴略微张开，舌尖贴在上齿龈，慢慢地、柔和地、放松地做深呼吸。当空气吸入时，会感到腹部隆起，然后慢慢地呼出，呼出的时间是吸入的两倍，每一次呼吸的时间都比上一次更长一些。第一次呼吸可以是一拍，最后达到六拍左右。然后再把刚才的过程反过来，吸入六拍，呼出十二拍，吸入五拍，呼出十拍，一直降到吸入一拍为止。做2～3分钟这种准备动作后，接着开始做以下六种放松练习。

① 沉重感练习。

首先，学习在身体里引起一种美妙的沉重感。闭上双眼，从右手开始做起（如果是左利手，则从左手做起）。一边默默地重复下面的句子，一边想着他们的含义：

我的右臂变得麻痹和沉重　　6～8次
我的右臂越来越沉重　　6～8次
我的右臂沉重极了　　6～8次
我感到极度平静　　1次

现在睁开眼睛，抛掉这种沉重感，弯曲几下胳膊，做几次深呼吸，重新摆好适当的姿势，设想自己又戴上放松的面罩，重复前面的动作，包括准备动作。每天做2～3次这种沉重感练习，每次7～10分钟。要逐字地重复前面的句子，用适当的语调对自己重复，同时设想自己的手臂正在变得越来越沉重。做这个练习时，不要过分用力，主要全神贯注于这些词句和沉重的感觉就行了。如果想象不出这种沉重感就在两次练习之间举个重东西，体会这种感觉，并对自己大声说："我的胳膊越来越沉重。"用右臂做3天这种沉重感练习，然后用完全相同的方法再用左臂做3天这个练习，最后按照下面的程序做这个练习：

双臂变得麻痹和沉重　　3天
右腿变得麻痹和沉重　　3天
左腿变得麻痹和沉重　　3天

| 双腿变得麻痹和沉重 | 3 天 |
| 四肢变得麻痹和沉重 | 3 天 |

这种沉重练习（exercise of heaviness perception）共需要 21 天，如果在 21 天之前就已经产生沉重感，也可以提前做第二种练习。一般来说有必要用全部 21 天的时间打下坚实的基础，有规律地进行，才能最快地获得效果。

② 热感练习。

学习随心所欲地在身体内引起一种发热的感觉。先做两分钟准备活动，然后再扼要地重复前面做过的练习，重复一遍最后一次臂部和腿部的沉重练习，只需 45 秒到 1 分钟的时间，然后就可以开始做热感练习，它的一般程序如下：

我的右臂正变得麻痹和燥热	6～8 次
我的右臂越来越热	6～8 次
我的右臂热极了	6～8 次
我感到极度平静	1 次

在重复上面这个程序时，要同时想象句子所表达的意思。按照这个程序做 3 天右臂练习，3 天左臂练习，3 天双臂练习，然后是练习右腿、左腿、双腿、四肢各 3 天。最后把第一种和第二种练习的最后部分合起来做一遍：

我的四肢变得麻痹、沉重和燥热	6～8 次
我的四肢越来越沉重和燥热	6～8 次
我的四肢沉重和燥热极了	6～8 次
我感到极度平静	1 次

做完一遍后，睁开眼睛，活动一下，抛掉沉重和燥热的感觉，然后再重复。在默读上面的句子时，想一想过去手臂真正感到热的情况，可以想象手臂正浸在盛满热水的澡盆里，或者想象夏天炎热的阳光晒着自己手臂时的感觉，如果有必要，可以在两次练习之间把手臂放在热水盆里，然后大声对自己说"我的手臂正变得越来越热"，以此来获得这种热的感觉。也可以想象正在把躯干内的热量输送到四肢去。请注意，当上肢产生沉重感时，再开始做上肢的热感练习。

③ 心脏练习。

做这种练习会使自己的心跳平缓而稳定。首先做准备活动，简短地重复一下沉重感和热感练习，把每个短句念 3～4 遍，开始要仰面躺着感觉自己的心跳。在胸部、脖子或其他地方用手感觉心跳，也可以将右手放在左手腕动脉处感觉心跳。通常，当身体放松后可以直接感觉到心脏跳动，这时就默默地重复：

我的胸部感到温暖舒适	6～8 次
我的心跳平缓稳定	6～8 次
我感到极度平静	1 次

这种练习要做两个星期，每天做 2～3 次，每天 10 分钟。

④ 呼吸练习。

这种练习的目的就是学会控制自己的呼吸节奏。先做准备活动，然后重复下列各项：

我的四肢变得麻痹、沉重和燥热	1～2 次
我的四肢越来越沉重和燥热	1～2 次
我的四肢沉重和燥热极了	1～2 次
我的心跳平缓而稳定	1～2 次
我的呼吸极为平稳	6～8 次
我感到极度平静	1 次

这种练习要做两个星期，每天做 2～3 次，每次 10 分钟。对自己的呼吸能成功地进行控制的标志是：进行一次轻体力活动，或者神经受到某种刺激后，仍能保持平缓有节奏的呼吸。在这个练习的末尾，把"我感到极度平静"改说成"平静渗透了我的身心"。

⑤ 胃部练习。

这种练习是训练在内脏神经丛，即腰以上、肋骨以下的胃部引起一种愉快的温暖感觉。先做准备活动，即简短重复沉重感、热感练习、心跳练习和呼吸练习，然后说：

我感到胃部柔软和温暖	6～8 次
我感到极度平静	1 次

做这个练习时可以将右手放在内脏神经丛的部位，就会逐渐清晰地感觉到这种温暖感。有的人不念上面的句子，而说"我的内脏神经丛正散发着热量"。如果这句话更容易帮助想象，也可以使用它。这个练习做两个星期，每天 2～3 次，每次 7～10 分钟。当确实体会到胃部有温暖感时，说明已经掌握了这个练习。

⑥ 额部练习。

练习目的是学习使自己的额头产生一种凉爽的感觉。先做准备活动，像前面一样简短重复沉重感、热感、心跳、呼吸和胃部练习，然后说：

我感到我的额头很凉爽	6～8 次
我感到极度平静	1 次

在做这种练习时，可以想象一阵轻风吹过自己的面颊，使额头和太阳穴感到凉爽。体会一下这种感觉，在初期练习时可站在空调器和电扇前，大声对自己说："我的额部感到很凉爽。"当确实能够感到这种凉爽感时，就说明掌握这个练习。此时练习进行两周，每天 2～3 次，每次 7～10 分钟。

【补充说明】

不要骤然中止练习，每做完一遍练习，睁开眼睛，逐渐地开始活动。伸展上下四肢，活动一下关节，抛掉沉重感，然后从事正常活动。

在重复前面的句子时，要精力集中和带有感情，使那些话融化到自己的意识中去，一边念句子，一边进行想象。沉重感和热感练习往往能使人处于舒服的昏昏欲睡的状态。这种方法能使人进入放松的机敏状态，当紧张消除后，人的头脑应当更加灵敏。下面是这几个练习的总公式：

> 我感到四肢沉重和燥热
>
> 我的心跳和呼吸非常平缓和稳定
>
> 我的胃部柔软而温暖
>
> 我感到前额很凉爽
>
> 我感到极度平静

到最后，大多数人只要重复一两次上面的句子，就能使自己进入愉快、沉浸的自然发生状态。不断地有规律地使用这些方法会使这种状态增强，在需要的时候使自己放松和处于最佳状态。为了巩固所掌握的这些技术，每天应该练习两次，每次5分钟，当充分掌握了这些技术后，人们只要简单地说"四肢沉重、燥热；心跳、呼吸平稳；胃部温暖、柔软；额头凉爽、平静"，就能进入"自然发生状态"。学会了这六个简单的练习，就掌握最基本的自生法，一般都能很快地体会到它的效果。每当需要的时候，就可以用这种方法使自己迅速进入平静状态。

（2）渐进放松法。

准备姿势：准备姿势可参照自生放松练习程序选择。

练习程序（20个项目。注意：一个"…"号代表5秒钟的停顿）。

① 请按照以下指示语进行，它们会有助于你提高放松能力。每次停顿时，继续做你刚才正在做的事。好，轻轻地闭上双眼并深呼吸3次……

② 左手紧握拳，握紧，注意有什么感觉。…现在放松……

③ 再次握紧你的左手，体会一下你感觉到的紧张状况。…再来一次，然后放松并想象紧张从手指上消失…

④ 右手紧紧握拳，全力紧握，注意你的手指…好，现在放松…

⑤ 再一次握紧右拳。…再来一次…，请放松…

⑥ 左手紧紧握拳，左手臂弯曲使二头肌拉紧不放松，感觉暖流沿二头肌流经前臂，流出手指……

⑦ 右手握紧拳头，抬起手，使二头肌发紧，紧紧坚持着，感觉这紧张状态。…好，放松，集中注意这感觉流过你的手臂…

⑧ 请立即握紧双拳，双臂弯曲，使双臂全部处于紧张状态，保持这姿势，想一下感觉到的紧张。…好，放松，感觉整个暖流流过肌肉。所有紧张流出手指……

⑨ 请皱眉头，并使双目尽量闭小（戴眼镜的人要摘掉眼镜）。要使劲眯眼睛，感觉到这种紧张通过额头和双眼。好，放松，注意放松的感觉流过双眼。好，继续放松……

⑩ 好了，上下颚紧合在一起，抬高下巴使颈部肌肉拉紧并闭紧嘴唇。…好，放松……

⑪ 现在、各部位一起做。皱上额头，紧闭双眼，使劲咬上下颚，抬高下巴，拉紧颈肌、紧闭双唇。保持全身姿势，并且感觉到紧张贯穿前额、双眼、上下颚、颈部和嘴唇。保持姿势。好，放松，请全部放松并体会到刺痛的感觉……

⑫ 现在，尽可能使劲地把双肩往前举，一直感觉到后背肌肉被拉很紧，特别是肩胛骨之间的地方。拉紧肌肉，保持姿势。好，放松…

⑬ 重复上述动作，同时把腹部尽可能往里收，拉紧腹部肌肉，感到整个腹部都被拉紧，

保持姿势。…好，放松…

⑭ 再一次把肩胛骨往前推，腹部尽可能往里吸。拉紧腹部肌肉，拉的感觉贯穿全身。好，放松……

⑮ 现在，我们要重复做过的所有肌肉系统的练习。首先，深呼吸3次。……准备好了吗？握紧双拳，双臂弯曲，把二头肌拉紧，紧皱眉头，紧闭双眼，咬紧上下颚，抬起下巴，紧闭双唇，双唇向前举，收腹，并用腹肌顶住。保持姿势，上述各部位感觉到强烈紧张。好，放松。深呼吸一次，感到紧张消失。想象一下所有的肌肉都放松——手臂、头部、肩部和腹部。放松……

⑯ 现在轮到腿部，左脚跟紧靠椅子，努力往下压，抬高脚趾，结果使小腿和大腿都绷得很紧。脚趾向上绷紧，使劲蹬紧后脚跟。好，放松……

⑰ 再一次，左脚跟紧靠椅子，努力往下压，抬高脚趾，结果使小腿和大腿都绷得很紧。脚趾上抬绷紧，使劲蹬紧后脚跟。好，放松……

⑱ 接着，右脚跟紧靠椅子，努力往下压，抬高脚趾，结果使小腿和大腿都绷得很紧。脚趾上抬绷紧，使劲蹬紧后脚跟。好，放松……

⑲ 双腿一起来，双脚后跟紧压椅子，压下双脚后跟，尽力使劲抬高双脚脚趾，保持姿势。好，放松……

⑳ 好，深呼吸3次。…正如你所练习的一样，把所有练习过的肌肉都拉紧，左拳和二头肌、右掌和二头肌、前额、眼睛、颚部、颈肌、嘴唇、肩膀、腹部、右腿、左腿、保持姿势。…好，放松。……深呼吸3次，然后从头到尾，接着全都放松。在你深呼吸以后，全都绷紧接着再放松。同时，注意全都放松后的感觉。好，拉紧，…放松。…接着，进行正常的呼吸，享受你身体和肌肉全无紧张的惬意之感……

（3）三线放松法。

"三线放松法"主要是有意识地结合默念"松"字，按次序调整身体的各个部位，使整个机体逐步放松，心情平静，停止思维，达到舒适、怡然自得的境地，其基本方法是：将身体分为两侧、前面和后面三条线，自上而下地依次进行放松。

第一条线（两侧）：从头部两侧——颈部两侧——肩部——上臂——肘关节——前臂——腕关节——两手——十个手指。

第二条线（前面）：从面部——颈部——胸部——腹部——两大腿——膝关节——两小腿——两脚——十个脚趾。

第三条线（后面）：从后脑部——后颈部——背部——腰部——两大腿后面——两膝窝——两小腿——两脚底。

先注意一个部位，然后静默"松"，再注意下一个部位，再静默"松"。从第一条线开始放松，待放松完第一条线后，再放松第二条线，然后再放松第三条线。每放松完一条线后，在一定部位的止息点上轻轻意守1～2分钟。第一条线的止息点是中指，第二条线止息点是脚拇趾，第三条线的止息点是脚心。当放松完三条线的一个循环以后，把注意力集中在脐部或指定的一个部位上，轻轻地意守该处，保持安静状态3～4分钟，再做下一个循环：一般每次练功做2～3个循环，安静一下，然后睁开眼睛结束。

【补充说明】

在默念"松"字时，呼吸要自然，肌肉骨骼逐步松弛，如果遇到一个部位没有松的感觉，或者体会不深时，不必急躁，可以任其自然，按照次序继续放松下去。默念"松"字时不要出声，快慢轻重要适当掌握，要自己多加体会，用意太快太重可引起头部紧张，太轻太慢则可引起昏沉欲睡。

意守困难时可以配合数数法，默数自己的呼吸数，逐步进入意守。最后意守的部位通常为脐部或丹田穴，也可以根据具体需要选用不同的穴位：练功时要环境安静，思想集中，情绪稳定，松衣解带，采用仰卧、靠坐位或平坐位均可。每次20～30分钟。也可以单独对身体的某一不适部位或某一紧张点默念"松"字20～30次，达到局部放松的目的。

待熟练掌握后，可以进行整体放松，即依照放松的三条线，从头到足笼统地、流水般地、不停顿地向下放松。

4. 放松训练注意事项

进行放松训练要有一个较好的训练环境。训练最好在一个单独的与周围环境隔离的房间中进行，室温适中，使被训练者在训练中不感到太热或太冷。若没有这种条件，也尽量保持安静，减少谈话和走动，以免外界对被训练者产生干扰。

进行放松训练时，除了多数人头脑清醒心情愉快和全身舒适外，少数人是会有肢体刺痛、震颤、漂浮感、麻木、抽动等特殊的自我感觉，甚至还可能会出现头晕、幻觉及不平衡感等。其原因有人认为这是由于内环境重新组合引起的由交感神经控制向副交感神经控制转化的表现。如果训练者被某些症状困扰并感到不安时，必须停止训练。

实践证明，那些自我控制能力较差的被训练者，或者过分焦虑紧张或对松弛疗法有疑惑感、神秘感的人，进行放松训练的难度较大，很难达到完全放松状态。各种放松训练成功与否的关键，主要在于人体对自身的紧张或放松的认识和对其强度的评价。因此，在进行放松训练前，训练者要对放松训练有正确的认识，训练过程中切勿强求。

放松训练有一定的适用范围。对于5岁以下儿童，精神发育滞迟者，精神分裂症的急性期或病因不明、不能做出明确诊断者，不宜进行上述训练。此外，一般认为心肌梗塞病史者，青光眼或训练过程中眼压增加者，在训练过程中血压增高、头痛头晕或出现妄想恶心者，失眠者，具有精神症状者也不宜用放松训练。

此外，需要强调的是，放松训练必须持之以恒，半途而废是无效的。同时，在放松训练前了解自己受暗示性高低很有必要，因为暗示性的高低与学会放松的速度有一定的关系。

（二）注意力调节技能及其训练

注意训练（attention training）指通过各种方法提高注意的稳定性、抗干扰性或提高注意集中程度的过程。在纷繁复杂的环境中，有多种多样的信息不断地作用于人。我们总是选择其中的一个或两个部分作为注意对象。把注意力持久地集中到所需要的对象上去，这是提高学习效率和工作质量的重要保证。集中注意力潜能开发时帮助学生为达到某一目标，不受杂念和客观条件变化的干扰，始终把心理活动集中和指向于当前的活动上，是指让学生学会调节自己的意识活动。意识本来就是支配人们一切行动和整个心理过程的，进行集中注意力潜能开发，主要是对意识本身进行调节，使意识随着人的意愿和要求发挥它的定向作用。

1. 秒表练习

注视手表秒针的转动，先看一分钟，假如一分钟内注意没有离开过秒针，再延长观察时间到 2 分、3 分，等到确定了注意力不离开秒针的最长时间后，再按此时间重复 3、4 次，每次间隔时间 10～15 秒。如果能持续注视 5 分钟而不转移注意，就是较好成绩。每天进行几次这样的练习，经过一段时间，注意集中的能力便会提高。

2. 穿梭练习

这是一种格式塔练习，旨在帮助练习者增强注意"切换"的能力，增强转换注意的灵活性。做这一练习时，最好有一搭档配合。先闭上眼睛，协调有关感觉、情绪或思维，关注自己的内部状态，如呼吸、心跳、念头等，并报告："现在我正注意我的呼吸（心跳）"，或"我想到了一件可笑的事儿"，诸如此类。然后张开眼睛，关注一个身外的事物，并报告："我现在正注意阳光"，或"我现在正注意你的眼睛"等。重复这一程序——先是注意一种内部状态，然后再是外部状态——每种状态持续几分钟，但在转换过程中不能有停顿。（如果你陷入"僵局"，你的搭档应及时提醒你，将你从"中间状态"中拉出来）接下去让你的搭档也这么做。如果要增加难度，可以试着始终睁开眼睛完成上述练习。

3. 悬锤念动训练

这是一种难度稍大的注意集中能力训练方法。该方法也可以帮助训练者在完成操作仪器或工具任务时，保持较高的注意集中度和稳定性。

具体方法是：找一个安静的房间，桌上平放一张圆形轨迹图。左臂平放在桌面上，右肘撑桌面，前臂悬起，右手提一悬锤。悬锤线长约 20 厘米，重约 10 克。悬锤呈圆锥形，锥尖向下。训练开始，请把悬锤锤尖稳定地对准圆形轨迹的圆心，然后通过脑中动作表象作用，使悬锤逐渐由左右晃动变为逆时方向的圆形运动，待圆锤尖与圆周轨迹完全重合后，逐步让悬锤停下来，并使之回复初始状态。自行记录练习完成的时间，当然你也可以请你的同学坐在对面，帮你用秒表记录练习时间。

悬锤训练的基本原理：在大脑运动中枢和骨骼肌之间存在着双向神经联系，人们可以主动地去想象某一动作，从而引起有关的运动中枢兴奋，兴奋经传出神经传至有关肌肉，往往会引起难以觉察的肌肉动作。这个练习正是靠这种难以觉察的肌肉动作完成的。注意集中和指向性强度与完成活动的时间成反比。即注意强度越大，完成活动所需要的时间越少。

悬锤训练要点在于两个具体注意对象。一个是锤尖，要双眼盯住锤尖；另一个是自己头脑中的动作表象，即在做悬锤练习时，不能直接去支配肌肉动作来完成悬锤的划圆运动。我们都知道，直接由肌肉动作划圆是熟练动作，不需要高度的注意力，不能提高注意集中性和指向性的强度。为完成这个练习，首要任务是在头脑中唤起建立清晰、稳定的动作表象，伴随这一过程，注意强度也会提升。

以上三种练习可以在有干扰的情景中进行，如在音乐、电视、训练场、汽车站等背景中进行，以提高在恶劣环境下的抗干扰能力。

（三）表象技能及其训练

1. 表象训练的概念

表象训练（imagery training）被视为心理技能训练的核心环节。在有关表象训练的理论与实践中，表象泛指以形象为表征的所有心理现象。有学者认为，表象是一种能够自我意识到的似感觉或似知觉经验，这种经验的存在不需要产生真实感觉或知觉的条件。也可以说是应用各种感觉创造或再造的一种有意识的心理经验。

在表象训练的理论与实践中，表象训练也被称作"视觉化"训练、意象演练或想象训练等。简而言之，表象训练就是以表象为内容，它不仅作为一种相对独立的心理训练方法被广泛地应用于实践中，而且在其他一些心理训练和心理干预的方法中也常以表象训练为主要内容。如视动行为演练法、5步策略等被实践证明行之有效的方法中，表象训练都是必不可少的重要内容。

2. 表象的分类

按照不同的感受器可分为：视觉表象、动觉表象、听觉表象、味觉表象、触觉表象等；表象训练中常用的有视觉表象和动觉表象两种。视觉表象（visual imagery）指视觉感受器感知过的客观事物重现在脑中的视觉形象。动觉表象（kinesthesia imagery）指动觉感受器感知过的肌肉动作重现在脑中的动作形象。

另一种重要的分类是内部表象与外部表象。内部表象（internal imagery）是以内心体验的形式，表象自己正在做各种动作。内部表象以内部知觉为基础，感受自己的动作，却"看不到"自己身体外部的变化。内部表象实质上是动觉表象或肌肉动作表象。外部表象（external imagery）指表象时从旁观者角度看到表象的内容，就好像摄影、摄像获得的结果一样。外部表象实质上是视觉表象，感受不到身体内部的变化。

3. 表象训练的要点

表象训练中，表象的清晰度和控制性是重点。

（1）表象的清晰度。

表象应该尽可能地清晰并使用尽可能多的感觉。这样可以使表象的内容最大限度地迁移到真实的情境中。下文中的"卧室练习"是训练表象清晰度的一个良好范例。

（2）表象的可控性。

对成功表象训练起着重要作用的另一个方面是对头脑中图像随心所欲的控制。下文中"比率练习"和"木块练习"是训练表象可控性的范例。

4. 常用表象技能训练方法

（1）卧室练习。

表象少年时期（如12岁）卧室中的陈设：站在门口观察你的卧室，窗户是玻璃窗吗？有几个窗格？窗户有多大？有没有窗帘？窗帘什么颜色？上面有什么花纹？窗台上有什么？你的床在什么位置？床单的颜色、花纹？书桌在什么位置？上面有些什么？摆放得整齐吗？椅子是什么材质的？有没有坐垫？坐在上面感觉如何？家具的外形和质地怎样？你听到了什么声音？卧室内是否有空气的流动？你闻到的气味是什么样的？动用你所有的感官，使各种感觉都融入你的表象当中……所有这些都要通过鲜明的形象来回答，要特别注意各个细节的清晰性。

当然，如果你愿意，可以将表象的内容替换为你能想到的任何事物。如你喜欢的水果、你随身佩戴的物件，甚至是你的小伙伴。但要求是同上，即调动所有感官，注意各个细节的清晰性。

（2）比率练习。

待上一个练习中所表象的内容比较清晰之后，可以增加难度。如果上一个练习中，你选择的是苹果。那么首先在你头脑中呈现苹果的形象，注意感知它的颜色、形状、重量、气味、温度等。然后，将苹果的视觉形象缩小一半，仔细体会它的颜色、形状、重量等属性……，再缩小一半，仔细体会其各种属性，以此类推……；然后逐级放大，仔细体会其各种属性……，反复练习。

（3）木块练习。

想象有一块四周涂了红漆的方木块，就像小孩玩的积木，有六个面。

① 用刀将它横切，一分为二，想一想，这时有了几个红面？几个木面？
② 再用刀纵切，二分为四，这时有了几个红面？几个木面？
③ 再在右边两块中间纵切一刀，四分为六，这时有了几个红面？几个木面？
④ 再在左边两块中间纵切一刀，六分为八，这时有了几个红面？几个木面？
⑤ 再在上部四块中间横切一刀，八分为十二，这时有了几个红面？几个木面？
⑥ 再在下部四块中间横切一刀，十二分为十六，这时有了几个红面？几个木面？

记录提出问题结束至做出正确回答之间的时间（秒）作为练习成绩。这种练习的目的是提高对物体形象的操作能力和分析能力。应注意不要用数学方法推导出答案，而只凭表象操作。

（四）小结

放松技能、注意调节技能、表象技能是自我调节能力训练的基本功，也是目前应用最广泛的训练手段。后续章节中有一些基于该部分内容的综合应用练习，基本功越扎实，综合应用训练效果越好。综合应用训练有：训练8-9：热气球之旅；训练12-1：在黄光中获得力量；训练12-8：爱与宽恕等。此外，上述所有训练均是手段，不是目的。找到适合自己的方法，坚持训练，直至熟练掌握。

二、以认知策略为核心的训练

（一）自我谈话

1. 什么是自我谈话

自信心对于每个人都是十分宝贵的，具有自信心的人与缺乏自信心的人在如何看待自己的习惯性思维方法以及相关行动上都是有区别的。在面临任务挑战时，个体想什么和对自己说什么对行为表现至关重要。我们常常有很多时间是在与自己谈话，即进行自我谈话（self talk），尽管这种内部谈话在很多时候未被自己意识到。语言和思维是密不可分的，思维影响人的情绪，最终影响人的行为。因此，通过特定形式的外部和内部谈话可以改变人的行为，并神奇性地促进人的行为表现。积极的自我谈话有利于提高自信心，从而提高行为表现水平。

自我谈话也可用于动作学习（motor learning），当任务是操作性的，如战士快速拆装枪械任务，通过自我谈话可以强化正确的动作反应，控制错误的动作反应。自我谈话还可以促进注意力集中和在困难时的坚持性。消极的自我谈话会导致消极的情绪状态，包括恐惧、焦虑和抑郁，从而使行为向消极的方向转化。因此，自我谈话应是与任务有关的、积极的和有针对性的。

2. 自我谈话的分类

（1）两种不同形式的自我谈话。

所有人的自我谈话都有一定的规律性。当然随着个体和情景的不同，在频率和内容上会有所变化。自我谈话可能会使注意分散，但是，它也可以成为解决注意分散的方法。这里说的自我谈话，主要是指思想，或者是对自己内在的或外露的陈述。虽然我们认为自我谈话只是个人的内心活动，但是它也可以外露，并且被他人听到。

（2）两种不同性质的自我谈话。

根据自我谈话的内容可把自我谈话分为是积极的（正面的自我谈话）和消极的（负面的自我谈话）。一般讲，积极的自我谈话是有益的，它可以加强自尊心、动机、注意集中和提高行为表现。通过应用一套专门的积极的言语暗示，个体可以将注意力及时地集中在与工作相关的暗示上。积极的自我谈话还可以使思想集中于现实而防止走神。积极的自我谈话可分为动机性的和指令性的两种。

动机性自我谈话主要是在可能失败或遭遇挫折时，帮助个体继续努力、坚持不懈，并且让其"头脑"投入到当前的任务中（特别是持续时间长、难度大的任务）。这样的一些对话例如："坚持""果断点""我能做到"或"保持注意"等。在动机性自我谈话中，没有特定的关于怎样完成任务或坚持下去的信息，而只是为自己打气。相反，指令性自我谈话则提供怎样更有效地完成任务的特定信息，如："放松点儿""深呼吸""手握紧"，可以根据当时的情景，选择决定动机性或指令性自我谈话。

自我谈话包括单一暗示词（如"呼吸""放松""注意"），短语（如"快点""前进""果断"）和短句（如"坚持住，我能行""保持平常心，正常发挥就行"）。在这三种形式中，短语部分是最常用的，因为自我谈话必须简短、扼要。

另外一种自我谈话的类型就是消极的自我谈话。它是各种自我谈话中常见的一种。可以认为，几乎在所有事例中，消极的自我谈话都伴随消极行为而产生。消极的自我谈话主要表现为批评式的、自贬的以及导致焦虑的，同时使自信心丧失和注意力下降。"笨死了""完蛋了""我扛不住了"等都是典型的消极自我谈话。

3. 如何提高自我谈话的质量

学习和形成一些提高自我谈话质量的方法和策略。

（1）停止想法。

处理消极的言语的一个"行之有效"的办法，就是在它们真正进入意识和影响发挥之前就设法使之停止。这种方法源于临床心理学，即在造成危害之前，停止消极的想法。

应用停止想法的方法：训练自己在听到"停止"时，无论在做什么都要停下来。"停止"一词是作为一种暗示信号或者触发器，用来停止注意不希望有的想法，并且重新集中注意力。这样会减少继续将消极事件带到后续任务的可能性。当然你也可以使用其他暗示方法来停止注意不希望的想法，比如打个响指，或用手拍击你的大腿。你可以选择任何起作用的方法。

虽然这个方法听起来简单，却很难做到。因为这不仅要了解自己的思维过程，而且要消除已经在很长时间里养成的消极自我谈话的坏习惯。许多人认为消除的坏习惯（包括思想上的）应该是很容易的，但事实远非如此。只有你自己知道用多长时间需要重复多少次，才能改掉行为上的坏习惯。所以不要期望立刻会获得成功。

为了更好地停止想法，要多次训练，并反复应用。首先，无论什么时候一有消极的想法（当然必须意识到它）就大声喊"停止"（或你用其他暗示的方法），并设法重新将注意拉回到当下的任务上。此时，你最好准备一个对你有用的暗示，以便在你停止有害的想法时、立即将思想集中到与任务相关的暗示上来。

大声喊出来"停止"是为了帮助你尽快掌握这一方法。当你熟练掌握了这个方法时，可以试着在心里想这个词，将"停止"指令由外部暗示转变为内部暗示，但这需要一些时间才能做到。当然，你也可以在某个特定情境下熟练掌握后，将这个技能迁移到其他场景中。

利用表象是另外一种练习停止有害想法的方法。这种方法的优点是不需要真的喊出来。用这种方法时，应该把你曾经因为消极的言语遇到麻烦的情景尝试用视觉表象（当然需要尽可能运用所有的适合的感觉），"视觉化"这种情景，包括你常用的消极言语，尽可能地生动鲜明，然后再应用"停止"的暗示打断这些想法。这个"停止"的暗示信号可以是在头脑中表象出来的一个红色"惊叹号"（或者其他你熟悉的符号），这样做的目的在于使"停止"暗示变得更加醒目。

（2）将消极的自我谈话转变为积极的自我谈话。

我们总是希望将消极的自我谈话全部消灭，但这几乎是不可能的。各种消极的想法会如影随形地常伴我们左右。所以，另一个备选方案是接受这些消极的想法的存在，并将其转变为积极的，同时引导注意力回到当下的任务中。消极言语常常在压力下出现，所以试着阻止这些消极的自我谈话时，同时做深呼吸，在呼气时试着放松，并重复适合的积极的言语。与此有异曲同工之妙的一个练习可见"训练 12-6：天无绝人之路。"

除此之外，暗示语也有积极（肯定）和消极（否定）之分。我们经常会用"别紧张"这样的暗示语，但往往事与愿违，越是这样讲，就越紧张。道理很简单，当告诉自己"别紧张"时，大脑加工的信息是"紧张"，如此，也只能适得其反。正确的做法是告诉自己"放松"，此时大脑加工的信息是"放松"，当然效果就好。表 2-1 中列出了常用的几个消极暗示和积极暗示的对比，你可以举一反三。

表 2-1　消极暗示语和积极暗示语的比较

消极提示语	转换	积极提示语
别紧张	转换为	放松
千万别失误	转换为	镇静
别想输赢	转换为	注意调节呼

(3) 克服不合理的信念。

多数消极自我谈话都有一个潜在的信念为核心。艾伯特·艾里斯（Albert Ellis）把这些信念界定为不合理的信念。其实这些信念或想法是起反作用的，因为它们可以降低你的信心、动机、自尊、乐趣和表现。艾里斯的情绪 ABC 理论及相关训练方法详见第八章。

（二）目标设置训练

目标设置是指对动机性活动将要到达的最后结果进行的规划。目标设置直接关系到动机的方向和强度。正确、有效的目标可以集中人的能量，激发、引导和组织人的活动，是行为的重要推动和指导力量。目标设置训练（goal setting training）是根据有效推动行为的原则设置合理目标的过程。

1. 目标设置中的 4 对重要关系

(1) 长期的目标与短期的目标。

每个人都有渴望实现的希望和梦想，但目标则与这些长期的、一般性的希望和梦想不同，它是相对较短时期的行动目的。希望与梦想可能使我们体验到生活的意义，保持生活的勇气，并使行为具有一定的方向，而目标则是将这种可能转变为现实的第一个重要环节：它将希望和梦想变为切实可行的计划。因此，相对而言，它更注重中、短期的问题，这也正是它之所以如此重要的原因。一般来说，我们都会有自己的长期的目标，但有相当一部分人不善于将长期目标化整为零，变为中期和短期的目标。而恰恰是这一将长期目标转化为短期目标的过程才是长时期维持高昂动机和自信心的关键。因为每实现一个小的子目标都可以使人相对较快地、较明显地看到自己的进步，看到自己的努力和成绩进步的因果关系，并产生不断克服困难以达到下一个子目标的欲望和动机。

一般说来，短期目标最有效，对人的行动最容易产生立竿见影的推动作用，但必须有长期目标的引导，行动才能更加自觉、坚持不懈。例如，"我大学毕业时，要拿到研究生的入学通知书"就是长期目标；"我每周要保证课余学习时间在 10 小时以上"，就是短期目标。

(2) 具体的目标和模糊的目标。

明确、具体、可进行数量分析的目标，是精确的目标，它对于激发动机最有效；模糊的、无法进行数量分析的目标则少有激发动机的作用。

诸多研究表明，设置具体的、可测量的目标会比仅仅设置一般性的目标（如"尽最大努力"）产生更大的动机推动作用并导致更好的成绩。如："我每周要保证课余学习时间在 10 小时以上"即为具体目标；"我要每天坚持学习，不放弃"即为模糊目标。上述具体目标不仅有助于导致明确而有效率的行为，而且，还有助于结果的评估，有助于定量化地检验是否达到了目标。这种反馈对于目标的动机功能具有极重要的意义。不可测量的目标很难起到促进动机的作用。

(3) 现实的目标和不现实的目标。

现实的目标是指通过艰苦努力仍可达到的目标。不现实的目标指不论通过多少努力也根本不可能实现的目标。在现实目标的指导下，通过一段时间的努力，获取一定的成功，自然会加强对任务的兴趣和自信心。富有挑战性的、困难的但经过努力完全可以达到的现实目标,对于激发动机更有效;超过现实可能性的过高目标会使人产生挫折感,怀疑自己,放弃努力;过易的目标又不可能充分动员、激发人的活动,挖掘人的潜力。

（4）任务定向的目标和自我定向的目标。

任务定向（task orientation）是强调纵向的自己与自己相比、注重个人努力,以掌握技能、完成任务为目标的心理定向,强调的重点是任务本身,不同他人做比较。它有助于内部动机的维持和提高。因此,只要自己全力以赴并刷新自己的个人记录,就会产生成功感。如:"我要在一年后通过大学英语四级考试"即为任务定向的目标。

自我定向（ego orientation）则是强调横向的自己与他人相比、注重社会参照,以超过他人为目标的心理定向。考虑的重点是个人的能力水平是否比别人强,因此,自我定向更有可能使人们产生能力不足之感,从而损害内部动机。如:"我要在一年后以全班最高分通过大学英语四级考试"即为自我定向的目标。

表 2-2 展示了目标设置中任务定向和自我定向的效果差异。显而易见,通常情况下,任务定向的目标是更合适的。

表 2-2　目标设置中任务定向与自我定向的效果差异

因　　素	高任务定向	高能力高自我定向	低能力高自我定向
努力程度	较高	较高	较低
选择任务的倾向	富有挑战性的	?	不具竞争优势时选择过易或过难的任务
自信心	容易提高	容易波动	容易受损
对待挫折和困难的态度	坚持不懈	?	
参与过程的乐趣感、满意感和兴趣	更强烈	更低	
对成功原因的解释	更相信努力	更相信能力	
对采用欺骗和不正当手段获取成功的态度	更不赞成	比较容易认可	
完成任务的方法	愿意做更多不同的尝试	不太愿意做更多不同的尝试	
对任务结果的关注	更少,焦虑水平更低	更多,焦虑水平更高	

2. 目标设置训练的注意事项

（1）对目标的接受和认同。

即便根据以上各项原则制定了极好的目标,也不等于这种目标设置过程就一定可以起到充分的作用。要使所设置的目标起到充分的作用,还必须有对目标的完全接受和认同,即全身心地投入到实现目标的过程中去。投入的程度越高,实现目标的可能性也就越大,从目标设置中的获益也就越大。如果认为所定目标是现实的,有价值的,那么,目标越难,操作成绩越好。如果认为所定目标不够现实,不能接受,那么,目标越难,操作成绩越差。

（2）及时反馈,了解结果。

经常将现状与既定的目标相比较,有利于目标的调整和动机的激发。这种比较呈现两个方面的信息:一方面,目标设置得是否合适,是否有必要进行修改;另一方面,对个人努力的程度进行评价,看是否达到了实现目标的要求。

（3）目标的公开化。

人人皆知的目标，有利于社会监督，造成社会推动力，促使目标制定者努力，有利于增加外部对实现目标的推动力。

（4）目标的多级化。

在一些形势复杂、竞争激烈的情况下，为减轻心理压力，人们常常设立多级目标。所谓"多级"，一般也不超过如下三级。最理想的目标：超水平发挥时应达到的目标；最现实的目标：正常发挥时应达到的目标；最低目标：无论出现什么意外情况，也应奋力达到的目标。

这样做避免了那种"不成功便成仁式"的单一目标所造成的心理负荷，更有利于现实目标的实现。但是，如果目标级数太多，目标本身也就失去了动机作用。

三、以适应能力为核心的训练

该组训练主要包括系统脱敏训练和模拟训练。二者的核心思想均是适应（adaptation）。所谓适应，是指个体为自身的生存和发展，在生理机能或心理结构上产生改变以便与环境保持平衡的过程。

（一）系统脱敏训练简介

1. 系统脱敏训练的概念

系统脱敏训练是行为主义理论的一个基本方法，其含义是，当个体对某事物、某环境产生敏感反应（害怕、焦虑、不安）时，可以通过在当事人身上发展一种不相容的反应，使对本来可引起敏感反应的事物，不再引发敏感反应。具体来说，就是让一个原可引起微弱焦虑的刺激，在训练者面前重复暴露，同时训练者以全身放松予以对抗，从而使这一刺激逐渐失去引起焦虑的作用。如一个人特别害怕蜘蛛，可以让他依次试着选看狗的图片，谈论狗，再让他远远地观看趴在蛛网上的蜘蛛；让他靠近一点儿观察；最后让他摸摸蛛网，逗一逗蜘蛛，最终消除对蜘蛛的惧怕反应。目的是使训练者在放松的状态下逐步减少对刺激的敏感性。

2. 系统脱敏训练的基本操作过程

（1）放松训练。

目的在于熟练掌握放松技能，以达到在实际生活中运用自如、随意放松的娴熟程度为好。

（2）建立恐怖或焦虑的等级层次。

这一步包含两项内容：第一，找出所有使训练者感到恐怖或焦虑的事件。第二，将恐怖或焦虑事件按其程度由小到大的顺序排列。采用五等和百分制来划分主观焦虑程度，每一等级刺激因素所引起的焦虑或恐怖应小到足以被全身松弛所抵消的程度。

（3）系统脱敏。

① 进入放松状态：选择一处安静适宜、光线柔和、气温适度的环境，舒适地坐在座椅上，让其随着音乐的起伏开始进行肌肉放松训练，按照熟练掌握的放松方法进入放松状态。

② 想象脱敏训练：试着想象着某一等级的刺激物或事件。若能清晰地想象并感到紧

张时停止想象并全身放松，之后反复重复以上过程，直到不再对这一等级想象感到焦虑或恐惧，那么该等级的脱敏就完成了。以此类推做下一个等级的脱敏训练。一次想象训练不超过 4 个等级，如果训练中某一等级出现强烈的情绪，则应降级重新训练，直到可适应时再往高等级进行。当通过全部等级时，可从模拟情境向现实情境转换，并继续进行脱敏训练。

③ 现实训练：这是系统脱敏训练最关键的地方，仍然从最低级开始至最高级，逐级放松、脱敏训练，以不引起强烈的情绪反应为止。

（二）模拟训练简介

模拟训练（simulation training）是以工作中的实际情况为基础，将实际工作中可利用的资源、约束条件和工作过程模拟化，训练者在假定的工作情境中参与活动，训练从事特定工作任务的行为和技能，提高其任务情境中的适应能力及完成任务的能力。模拟训练的内容和应用范围很广。高考前的模拟考试、演出前的彩排、军事领域的军事演习、校园的消防演习、法律学专业的模拟法庭、航天员的失重训练、奥运会代表队的前期适应性训练等都属于模拟训练的范畴。其基本思想是根据真实任务情境中可能出现的情况或问题进行模拟实战的反复练习，以适应真实任务情境中的各种状况，保证训练者在真实任务情境中的良好行为表现。

大体上，模拟训练可分为实景模拟和言语、图像模拟。实景模拟是在接近真实任务情境的环境和条件下进行训练。如军事演习、消防演习、高考的模拟考试等。言语、图像模拟是利用言语或图像描述任务情境，反复思考，以适应真实任务情境的各种可能状况。

四、现代化、信息化的仪器设备在心理技能训练领域的应用

随着现代科学技术的发展，现代化、信息化甚至智能化的仪器设备的出现，必将增强心理技能训练的科学性和实效性。

生物反馈（Biofeedback）技术的广泛推广和应用，使得人的心理现象已不再是看不见摸不着的。所谓生物反馈就是利用电子或数字仪器将与心理生理过程有关的机体生物信息，如肌电、皮肤电、皮肤温度、心率、血压、脑电等信号加以处理扩大，并以视觉或听觉信号等方式反馈给训练者，训练者通过对这些信息的识别，从而主动采取措施，有目的、有意识地调节控制自身的心理、生理活动，进而达到调控自身行为的目的。例如，当个体出现情绪过度紧张时，在生理上则表现为植物性神经系统控制的部分机体发生一系列变化，如心率加快、血压升高、皮肤电阻降低、手脚变凉等。采用生物反馈技术可以将这些变化通过视听信号显示出来，个体从而采取措施有目的地调节紧张情绪并将心理状态控制在适宜的程度上。对于大众而言，以放松技能为例，借助生物反馈技术，可以帮助自己确认现有放松策略中，哪些是有效的，哪些是无效的。对于有效的策略，可以加强训练，并反复应用，使之越来越有效。这个过程就是训练。这种训练同样适用于注意力调节技能训练。图 2-1 为生物反馈训练。

虚拟现实（virtual reality）、增强现实（augmented reality）和混合现实（mixed reality）技术的发展，将有助于降低心理技能训练的操作难度。第一，其将降低部分心理技能训练

方法对表象能力的依赖。以系统脱敏训练为例，其核心环节之一是借助表象能力进行的脱敏训练。如训练者的表象清晰度和可控性较差，则很难达到预期的训练目的。而虚拟现实、增强现实和混合现实技术，则可以带给训练者"身临其境"的真实感，从而增强训练效果。第二，可降低部分训练项目的危险性，对于恐高者的训练，如进行实景脱敏训练，其危险性是不言而喻的。第三，增加了训练条件的可获得性，如进行公开演讲的模拟训练，真实情境中的观众及其反应（如掌声、嘘声、交头接耳、起立、走动）在通常条件下是难以获得的，而通过上述技术手段，不仅可以提供观众，而且观众的反应也是可以控制的。第四，有可能为表象能

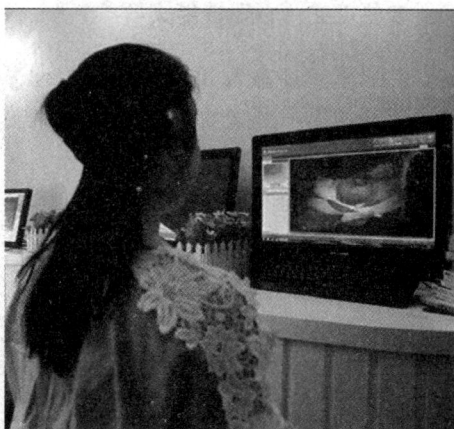

图 2-1　生物反馈训练
北京联合大学心理素质教育中心（2014 年）

力的提升和发展提供助力。注意力调节技能和放松技能的训练，有生物反馈技术作为辅助工具。而表象技能的训练一直以来没有很好的辅助手段。虚拟现实技术虽然目前还不能加入触觉、味觉和嗅觉，但毕竟该技术刚刚起步，我们可以预期，不久的将来，这些终将会实现。正如虚拟现实先驱，With.in 的创始人及执行总监 Chris Milk 所预言的那样："（虚拟现实）可以把人类的体验装在一个瓶子中。我们可以记录叙利亚难民营的生活，让全世界的人看到，并让人们真切体验那个人的生活，就好像你在现场一样。[6]"到那时，我们再也不用为了建立某种水果清晰的味觉表象，而四处奔走，去买水果了。图 2-2 为虚拟现实心理技能训练系统。

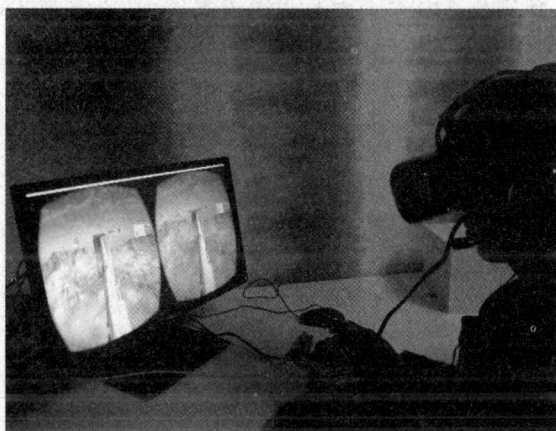

图 2-2　虚拟现实心理技能训练系统，北京联合大学心理素质教育中心（2015 年）

---

6 虚拟现实会不会成为其他媒介的终结呢？http://tech.163.com/16/0717/11/BS63MDLE00097U7U.html，2016 年 7 月 17 日.

专栏 2-2　　心理技能大赛

由北京市委教育工委宣教处、北京高教学会心理咨询研究会主办，北京联合大学策划并承办的第一届首都高校"最强大脑——心理技能比赛"于 2015 年 5 月 20 日圆满结束。现场图如图 2-3 所示。

图 2-3　北京高校心理技能比赛现场（2015 年 5 月）

比赛旨在在高校中推广心理机能训练。本次比赛分为团体赛和个人赛，并分别设置了初赛和决赛。比赛内容围绕两个方面，分别是基本认知技能（瞬时记忆力、空间想象力、观察力、推理能力）、心理调节技能（主要指自我放松技能，借助"梦幻草原"、"拔河"等电脑辅助程序实现）。其中，个人赛只围绕心理调节能力展开竞赛，团体赛则分别考察选手的基本认知技能和心理调节技能。

本次比赛共有 33 所高校 333 名大学生报名参赛，其中个人赛 168 人，团体赛 165 人。经过激烈角逐，35 名个人赛选手和 16 支团体赛代表队晋级决赛。

决赛当天，京内、外十余所高校代表，大洋、三星等业界知名公司代表以及北京市公安局相关部门代表来到现场观摩。为了保证比赛的公平、公正、公开，组委会设置了仲裁组，由首都体育学院教授、著名心理技能训练专家刘淑慧女士担任组长。决赛产生了个人赛的前 16 强和团体赛的 8 强。个人赛由北京农学院白丽莎同学拔得头筹，团体赛中对外经贸大学、北京联合大学和北京林业大学夺得三甲。

刘淑慧教授在点评中，高度评价了本次比赛。她认为，在心理素质教育实践过程中，对心理技能的训练工作还主要是自发的而不是自觉的，这次比赛必将在推动高校开展心理技能训练工作中产生良好的示范效应。她主张，应该从中、小学阶段开始系统的、有计划的心理技能训练。她以自身 30 多年在运动队开展心理技能训练的经历和鲜活的案例，向大家展示了心理技能的积极作用，并简要介绍了心理技能自我训练的步骤。

引自：北京市委教育工委宣教处门户网站，原标题：首都高校"最强大脑——心理技能比赛"圆满落幕。

http://xjc.bjedu.gov.cn/tabid/215/InfoID/17953/frtid/223/Default.aspx，2015 年 5 月 27 日。

本章提要

1. 心理状态是特定时间内个性特征和心理过程的综合体现，是与一定的心理过程及生理功能相联系的，是个体对内外环境因素作用的反映。

2. 心理状态具有时间上的短暂性和相对稳定性；空间上的情境性和活动性；内容上的现实性和具体性等三个特性。

3. 心理技能（psychological skill），是通过练习形成的能影响个体心理过程和心理状态的心理操作系统，是一种与人类的生活、学习、工作、劳动、身心健康以及调节与提高人体身心潜能相关的，在人脑内部进行与形成的内隐技能。作为一种特殊的技能，通过有计划的训练是可以提高的。

4. 广义的心理技能训练（mental skill training/psychological skill training）是指有目的、有计划地对训练者的心理过程和个性心理特征施加影响的过程。狭义的心理技能训练是采用特殊的方法和手段使训练者学会和控制自己的心理状态并进而调节和控制自己的行为的过程。

5. 心理技能训练遵循系统训练原则、预防性原则、迁移性原则。

6. 放松训练（relaxation training）是以暗示语集中注意，调节呼吸，使肌肉得到充分放松，从而调节中枢神经系统兴奋性的过程。自生放松练习的程序主要是使全身各主要肌肉群逐渐产生沉重感和温暖感，以达到自然放松的境地；渐进放松练习的程序主要是先使某肌群紧张，再使其充分放松，以建立肌肉紧张与放松程度的区分感觉。

7. 注意训练（attention training）指通过各种方法提高注意的稳定性、抗干扰性或提高注意集中程度的过程。

8. 表象训练（imagery training）被视为心理技能训练的核心环节。表象泛指以形象为表征的所有心理现象，是一种能够自我意识到的似感觉或似知觉经验，这种经验的存在不需要产生真实感觉或知觉的条件。

9. 视觉表象（visual imagery）指视觉感受器感知过的客观事物重现在脑中的视觉形象。动觉表象（kinesthesia imagery）指动觉感受器感知过的肌肉动作重现在脑中的动作形象。

10. 内部表象（internal imagery）是以内心体验的形式，表象自己正在做各种动作，实质上是动觉表象或肌肉动作表象；外部表象（external imagery）指表象时从旁观者角度看到表象的内容，就好像摄影、摄像获得的结果一样，实质上是视觉表象。

11. 自我谈话（self talk）技术的基本原理是语言和思维是密不可分的，思维影响人的情绪，最终影响人的行为。积极的自我谈话有利于提高自信心，从而提高行为表现水平。

12. 目标设置训练（goal setting training）是根据有效推动行为的原则设置合理目标的过程。目标设置过程中需要处理好 4 对重要的关系：长期的目标与短期的目标；具体的目标和模糊的目标；现实的目标和不现实的目标；任务定向的目标和自我定向的目标。

13. 任务定向（task orientation）是强调纵向的自己与自己相比、注重个人努力、以掌握技能、完成任务为目标的心理定向，强调的重点是任务本身，不同他人做比较。它有助于内部动机的维持和提高。自我定向（ego orientation）则是强调横向的自己与他人相比、注重社会参照，以超过他人为目标的心理定向。考虑的重点是个人的能力水平是否比别人强，常会损害内部动机。

14. 系统脱敏训练是当个体对某事物、某环境产生敏感反应（害怕、焦虑、不安）时，可以通过在当事人身上发展一种不相容的反应，使对本来可引起敏感反应的事物，不再引发敏感反应。

15. 模拟训练（simulation training）是以工作中的实际情况为基础，将实际工作中可利用的资源、约束条件和工作过程模拟化，训练者在假定的工作情境中参与活动，训练从事特定工作任务的行为和技能，提高其任务情境中的适应能力及完成任务的能力。其基本思想是根据真实任务情境中可能出现的情况或问题进行模拟实战的反复练习，以适应真实任务情境中的各种状况，保证训练者在真实任务情境中的良好行为表现。

复习思考题

1. 为什么说心理技能的训练要遵循一般技能学习的规律？
2. 回顾一项你曾经面对的挑战，列出你为应对这项挑战用到的技能和策略；如果再次遭遇同样的挑战，你的应对技能和策略会有何不同？
3. 以表象技能为核心的训练会帮助你应对哪些挑战？
4. 以认知策略为核心的训练会帮助你应对哪些挑战？
5. 以适应能力为核心的训练对你有何启发？

参考文献

［1］Collins D, Button A, Richards H. Performance psychology: a practitioner's guide[M]. Churchill Livingstone, Elsevier, 2011.

［2］胡瑜，刘欢. 虚拟现实技术：灾后心理创伤干预的新技术 [J]. 心理研究，2015（1）：15-19.

［3］王雪，王广新. 虚拟现实暴露疗法在心理治疗中的应用研究综述 [J]. 心理技术与应用，2014（12）：12-18.

［4］曾美英，晏宁等. 心理学实验与生活 [M]. 北京：教育科学出版社，2011.

［5］张力为，毛志雄. 运动心理学 [M]. 上海：华东师范大学出版社，2004.

［6］张力为. 运动员的心理训练理论与应用的联结 [J]. 中国运动医学杂志，2013，32(2):152-156.

［7］张忠秋. 优秀运动员心理训练适用指南 [M]. 北京：人民体育出版社，2007.

第三章　适应能力发展训练

"物竞天择，适者生存，不适者淘汰"。从本质上讲，我们每个人无时无刻不在经历着适应的过程，享受着适应的结果。

智慧的本质就是适应。

——皮亚杰

我来了，我看见，我征服。

——拿破仑

积极的适应就是发展。一位哲人曾经说过："生活的成功与否，要看适应能力与其内外机遇调剂熔合的难度是否相对应。"面对着当今我国剧烈变革着的社会，面对着无数的挑战和机遇，谁拥有良好的适应能力，谁就能够获取成功。同样，作为初入象牙塔的大学生，首先面临的问题就是适应。本章将重点探讨适应的基本理论、常见的适应性问题以及适应能力培养的途径。让我们一起，步入大学殿堂，走上成长之路……

学习与行为目标

1. 了解适应的基本概念、大学生常见的适应问题及其产生原因。
2. 明晰自己的适应能力。
3. 掌握心理训练方法，提升适应能力。

第一节　适应能力概述

在还没有发明鞋子以前，人们都赤着脚走路，不得不忍受着脚被扎被磨的痛苦。某个国家，有位大臣为了取悦国王，把国王所有的房间都铺上了牛皮，国王踩在牛皮地毯上，感觉双脚舒服极了。为了让自己无论走到哪里都感到舒服，国王下令，把全国各地的路都铺上牛皮。众大臣听了国王的话都一筹莫展，知道这实在比登天还难。即便杀尽国内所有的牛，也凑不到足够的牛皮来铺路，而且由此花费的金钱、动用的人力更不知有多少。正在大臣们绞尽脑汁想如何劝说国王改变主意时，一个聪明的大臣建议说：大王可以试着用牛皮将脚包起来，再拴上一条绳子捆紧，大王的脚就不会忍受痛苦了。国王听了很惊讶，便收回命令，采纳了建议，于是，鞋子就这样发明了出来。

（http://bbs.sg169.com/user/script/ forum/view.asp？ article_id=16566468）

现实生活中，我们常常感到周围环境不尽如人意：学校环境条件的恶劣，同学之间的相互竞争，学习压力太大……面对这种种烦恼，不少人整天抱怨生活待自己太薄，牢骚满腹，怨天尤人。其实，静下心来想一想，就会明白，即使是皇帝，也没有能力让周围的一切如他所愿。对周围的环境，我们可以想办法来改变它，将现实中不令人满意的成分降低到最低限度，但改变环境是很困难的，这时候，我们应该通过改变自己来适应环境。路还是原来的路，境遇还是原来的境遇，而我们的选择灵活了，路和境遇所给予我们的感受也就截然不同了。如果你希望看到环境改变，那么首先改变自己吧，改变自己固有的思维模式，换一个角度看问题，会让你有"柳暗花明又一村"的感觉。

一、适应的内涵

（一）适应的概念

元代刘壎在《隐居通议·造化》提到："气数灾异之说，揆理不通，然亦有适应者。"在这里，适应是恰巧、偶然应验之意。

适应（adaptation）是一个源自生物学的概念，指的是当环境改变时，机体的细胞、组织或器官通过自身的代谢，功能和结构的相应改变，以避免环境的改变所引起的损伤的过程。达尔文以"生存"的观点描述适应：最适应于环境的个体将存活下来，并将其有利的变异遗传到后代。这种关于适应和自然选择的基本思想被哲学家 H. 斯宾塞用"最适者生存"这个术语来概括。现代综合进化论改进了达尔文关于"适应"的定义，T. 多布然斯基用"繁殖的成功程度"来定义适应度。把具有某种基因型的个体的适应度定义为"该个体所携带的基因能传递给下一代的相对值"，即"达尔文适应度"。

在心理学领域，朱智贤主编的《心理学大辞典》中指出，适应在心理学中用来表示个体对环境变化做出的反应。如对光的变化的适应和人的社会行为的变化等。

皮亚杰认为，智慧的本质从生物学来说是一种适应，它既可以是一个过程，也可以是一种状态。有机体是在不断运动变化中与环境取得平衡的，它可以概括为两种相反相成的作用：同化和顺应。适应状态则是这两种作用之间取得相对平衡的结果。这种平衡不是绝对静止的，某一个水平的平衡会成为另一个水平的平衡运动的开始。如果机体与环境失去平衡，就需要改变行为以重建平衡。这种平衡—不平衡—平衡的动态变化过程就是适应，也是儿童智慧发展的实质和原因。适应的本质主要包括三个方面，第一，心理适应是主体对环境变化所做出的一种反应；第二，心理适应是一个重建平衡的动态变化过程；第三，心理适应的内部机制是同化与顺应的平衡。

由此可见，心理适应是指当外部环境发生变化时，主体通过自我调节系统做出能动反应，使自己的心理活动和行为方式更加符合环境变化和自身发展的要求，使主体与环境达到新的平衡的过程。

（二）适应的心理机制

适应的心理机制是由三个基本环节组成的：一是对环境的认知调节，二是进一步构筑自身的态度转变，三是在新的价值观念指导下在实际行为选择中调整自身的需求、动机和情绪，达到与环境的和谐一致，从而达到适应。

1. 认知调节

认知调节是适应过程的起始阶段，这一环节包括外部评估和内部评估两部分。

（1）外部评估。

外部评估是认知调节的第一阶段，指主体对变化了的外部环境及其对自身发展所具有的影响作用进行全面了解并做出新的判断的过程，主要任务是确定外部环境中发生了哪些新变化，提出了哪些新要求，这些变化和要求对自身发展所具有的影响，在此基础上应能对发展中遇到的困难做出准确的判断，对新的角色期待形成正确的理解与把握。如果这个阶段中的认识、判断比较准确、全面，就为有效调节打下了良好的基础。如果对新环境的新特点缺乏全面、客观的判断，就会给适应带来困难。

（2）内部评估。

内部评估是指主体在对外部变化做出正确判断的基础上，对自身内部状态进一步的了解与判断。实际上这是一种在自我监控系统的参与下，自我评价和自我意向重新调整的过程。具体包括对因外部变化引起的内部不平衡状态的估计，对不适应现象的归因分析，对已有经验的检索与比较，对原有行为方式应对效果的审视与判断等。通常自我评价的结果会影响到自我体验的改变，如自信心的增强或削弱。同时，自我体验的改变也会影响到对行为目标的重新选择，包括对目标价值及成功概率的重新评估以及在此基础上所形成的新的自我期待等。

由外部评估到内部评估，这是认知调节发展的必然过程。在这一过程中，主体的理解力、判断力和自我评价的水平对认知调节的效果具有直接的影响。

2. 态度转变

认知过程的变化必然会引起情绪体验的变化，同时也会导致行为意向发生相应的变化。当认知、情感和行为意向都发生了变化时，就会引起态度的改变。态度的转变实际上是对动力系统和反应倾向的调节，这是适应新环境的变化，保持和恢复心理平衡的一种背景条件。在这一过程中，主体的价值观念、对目标的期望水平以及情绪、情感的深刻性，对态度的转变具有重要的影响作用。

3. 行为选择

行为选择实际上是一个比较与决策的过程，其核心是对原有行为方式的调整与改变。行为方式的重新选择是以认知的调节与态度的改变为基础的，受思维方式与态度倾向的直接制约。思维方式与态度倾向如果是积极的，那么主体的行为方式也会是积极的；思维方式与态度倾向如果是消极的，那么行为方式也会是消极的。在此过程中，远大目标的引导，坚毅、顽强的性格特征，高度的自尊与自信，是影响行为选择的重要因素。

在这一过程中，同化与顺应这两种调节方式始终在发挥着作用。面对内外环境的复杂性和行为效果的多重可能性，主体的判断与选择不可能一次性完成。所以适应过程必然会表现为一个反复循环的动态过程。一般规律是，经过以上几个环节，如果所选择的行为方式取得了令人满意的结果，对适应环境起到了积极的作用，就意味着同化与顺应的过程基本上实现了平衡，这一行为就会因受到正强化而巩固下来，逐渐形成稳定的态度倾向与行为习惯。这就是性格形成的过程。如果行为反应的效果不理想，主体与环境之间仍然存在着不适应的现象，说明同化与顺应之间并不平衡，这时就需要再次进入上述的自我调节系统中进行重新选择。有时这种选择需要经历若干次的重复循环，才能取得理想效果，达到同化与顺应的平衡状态。

（三）适应的分类

适应可分为以下三个层次。

第一，是感官上的适应，指视觉、味觉、嗅觉等感官接受刺激的时间长，敏感度降低而使绝对阈限升高的现象；"入芝兰之室，久而不闻其香；入鲍鱼之肆，久而不闻其臭。"

第二，是认知结构上的适应，指个体因环境限制而不断改变认知结构以求内在认知与外在环境经常保持平衡的历程，可概括为同化和顺应两种相辅相成的作用，并认为适应是儿童智慧发展的实质和原因。

第三，是社会的适应，陈会昌提出社会适应就是指"社会或文化倾向的转变，即人的认识、行为方式和价值观因为社会环境的变化而发生相应的变化"。日常生活中常说的适应是指社会适应，社会适应的内容应当包括以下几方面：（1）生活方式的适应，包括对不同生活条件与方式的适应；（2）社会态度的适应，包括政治态度、工作态度、学习态度以及价值观、人生观、世界观、友谊观、爱情观等观念的形成与发展；（3）社会角色的适应，主要指对不同角色行为规范的掌握与发展；（4）社会活动能力的适应，包括生活、学习、交往、工作、劳动、休闲等能力的形成与发展；（5）社会法制与道德观念的适应，主要指维护社会安定和人与人之间相互关系方面的行为规范。

心理学家沃尔曼将适应分为积极适应和消极适应。积极的适应是个体在客观环境中积极主动地调整自己与环境的不适应行为，增强个体在环境中的主动性、积极性，使自身得到发展。积极适应是一种健康的适应，它应有两种含义：一是改变自己以顺应环境或顺应环境中的某些变革；二是不断地抗争和选择，从一个目标走向另一个目标，这是发展性适应。可以说，积极的适应是在改变自己顺应环境及环境变化的同时，不断地进行理性的选择，从一个阶段走向另一个阶段的过程。个体成长的过程就是一个不断适应新生环境的过程，适应是为了发展，发展是适应的一种结果。

消极的适应是指人与环境的消极互动过程。结果是环境改造了人，而人未能发挥自己对环境的能动作用。消极适应是一种不健康的适应，它以牺牲个体的发展为代价。甚至会导致某些不同程度的心理问题或疾病。面对不适应状态，有三种基本应对方式。第一种方式是反抗现实。由不满现实转而反抗现实，反抗现有的社会规范，反抗社会权威，甚至产生更为严重的反社会行为，其结果是不但不能解决问题，反而带来更为严重的挫折，甚至于毁灭自己。第二种方式是逃避现实。由于个体承受不了现实压力，不从经验中学会面对现实，而以自欺欺人、掩耳盗铃的方式来应付问题，借以获得暂时的满足，但久而久之会造成更大的失败。第三种方式是脱离现实。从现实中退却，沉迷于虚构的幻想世界，过的是完全与现实隔离的生活，此种方式易于导致心理疾病。

二、大学生适应常见问题

案例 1：李某从郊县的一所普通中学考上大学，来到校园他愈发地感觉这里和高中老师激励自己时所描述的"象牙塔"不一样，而且，想着"高考结束后就再也不拼命了"的李某发现，他与同班同学无论是在学习上还是生活上都还有很多地方需要"大力努力"。面对这些，李某失落得不行，总想着要是……该多好呀！日子就这样一天一天过去了……

案例 2：王某，某大学中文系新生，原本对能从郊县考入大学而感到满意和自豪，可是在报到日就感到了自己与同学之间的不同：好多同学都是小轿车送来的，有的同学甚至来了十来个人的"亲友团"送行；因为复读过 2 年，自己是班级里年龄最大的，家庭经济条件也不如意……使王某感到压力和落差很大，最终选择自杀。

一个个真实的个案，让我们越发认识到积极适应大学生活的重要性和必要性。大学生适应（college adjustment）是指大学生在入学初调整自己原有认知和行为的适应过程。从高中到大学，不仅面临学习环境、学习任务和内容的变化，还面临人际关系的重新建构和新的文化环境的适应，每个新来的大学生的适应问题是大学新生普遍存在的现象。

（一）大学生活的特点

大学与高中阶段相比，主要差异表现在以下方面。

（1）生活环境的改变。高中时期大部分学生就近上学，在家吃住，生活方面的许多事情由家长料理。上大学过上了集体生活，生活独立性大大增强了。高校一般地处繁华的都市，城市的文化环境和各种信息对大学新生必然带来不同程度的影响和冲击。面对来自不同地区、不同家庭背景和具有不同成长经历的同学组成的班集体和宿舍生活，如何相互沟通和重新建构一个新的人际关系是需要一个学习和成长过程的。

（2）管理方式的改变。在中学，学校对学生的管理和学习指导都比较具体，校规严格，学生自由支配的项目和时间不多。相比而言，大学的管理制度较为宽松，大学鼓励学生的个性发展，大学生在学习科目、时间支配、生活安排等方面的自由空间增大许多。

（3）教学方式的改变。大学教育是专业教育和通才教育的结合，一方面课程门类多，内容深和新，教学节奏快、自学时间增加、课程自选机会增加；另一方面，在一个班级授课的教师多，因而与学生在课后的沟通较少，学习效果及其知识的巩固全靠学生自己的自觉性了，从中学到大学，是从"要你学"向"我要学"学习模式的转变。

（4）比较群体的不同。大学生在中学时代，可能都是班上的佼佼者，优越感和自尊感较强，可到了人才聚集的大学，参照群体改变了，大部分同学以前的学习优势逐渐淡化或消失，这种落差往往使不少人产生失落感和自卑感。同时，大学里的各种学生活动更加丰富，文艺体育才干的比试更加突出，非智力因素的发展水平显出更明显的差异。

（二）大学生活的适应过程

大学新生对大学生活的适应过程一般需要 1～3 个月，或者需要一个学期甚至更长的时间。这一过程可以分为三个阶段：即兴奋期、消沉期和思考定位期[7]。

第一阶段，兴奋期。这种兴奋源自十年寒窗的默默耕耘，多年的夙愿终于得以实现。进入大学后，新的城市、新的校园和新的同学，理想中的"天堂"，新奇而富有生机的大学生活，都会激发新生强烈的好奇心。兴奋期约持续几个月左右。

第二阶段，消沉期。随着时间的推移和环境的逐渐熟悉，沉静、孤独、困惑开始代替兴奋。离家后的思念，与中学同学分离后的孤独感，自由且没有压力的学习，不再有昔日经常听到的表扬，理想中的天堂与体验到的现实之间的差距，使一些人产生了"什么是大学"的困惑。在这个阶段有些大学生精神不振，学习感到索然无味，对课余活动也缺乏兴趣和激情；有的假装洒脱与超脱，眼睛中却透露出心灵的空虚与茫然。失落感体验强烈的学生，还会出现补偿行为，如疯狂与老同学联系或不愿呆在大学。

第三阶段，思考定位期。随着学习和实践的深入，经过老师的教诲和与高年级同学的交往，新生初期的各种心理困惑逐渐得到了解决，新生对自我、对环境、对专业，从能力到个性、从优势到不足、从学习到为人都进行了再认识。他们开始思考自己的发展前途，重新调整自己在集体中位置的认识，表现出冷静和理性的思考特征。

（三）大学生适应问题的类型

根据国内相关研究[8]和众多的临床资料显示，大学生面临的心理适应问题复杂而多样，概括起来主要有以下五类。

---

7 姚根发. "过渡期"大学新生思想透视分析 [J]. 长江水利教育，1994，11（2）：23～26.
8 王才康. 大学生生活困扰的初步研究 [J]. 应用心理学，2002，8（1）：33～37.

（1）独立生活困扰。主要指离开父母和家庭后在集体生活、饮食习惯、钱财管理以及如何处理各种生活事务方面的困惑。如何克服孤独感和思家情绪是新生适应阶段的重要课题。每年新生报到时，不少高校都在上演着相似的一幕，孩子木讷地站着，父母亲在忙碌着给孩子办理报到的各种手续，为孩子铺床叠被。"在家千日好，出门事事难"，本来在家在父母的身边，什么事情都是由父母包办，衣来伸手，饭来张口，甚至随手放的东西都有人来收拾，可现在到了大学要独立生活，自己洗衣洗被，自己打饭，自己计划着花钱。大学生活同样单一甚至枯燥，成天往返奔走于教室、寝室、食堂之间，三点一线。某女大学生在考入理想的大学后，从小城市到大城市，从温暖、充满母爱的小家庭到校园中的大家庭，完全不能适应。她说："洗澡要排队，衣服要自己洗，食堂的饭菜又难以下咽……"为此天天给家里打长途电话诉苦。电话里的哭声让母亲揪心，于是母亲只好请假租房陪女儿读书……之前将大学生活想象得天花乱坠，但大学终究不是幻想王国，有的同学在大学一个学期也很难进入角色，甚至有的选择了退学。

（2）资源利用困扰。主要是指不知如何利用大学各种生活资源或学习资源，或担心有关信息无处获得的焦虑。例如如何向老师请教、如何利用图书馆的资源、怎样选择选修课等。有不少的大学生将自己的不适应归罪于现实的大学不如理想的大学；也有些学生抱怨学校资源不能体现以学生为本。上学一年了，有些学生还没有去过图书馆，有些学生还没有主动咨询过老师。甚至有些学生自己从不自觉去系里通知栏上看通知，或从校园网上查阅信息，更不主动学习大学生管理规定，等到考试多门不及格被通知留级时，还为自己申辩说从来就不清楚学校有这些规定。可见，大学生较多依赖家长、老师，不会利用学校资源具有普遍性。

（3）人际关系困扰。主要是指在新的环境中如何结交新的朋友和建立良好的人际关系，如何与异性沟通，如何融入新的班集体，如何摆脱对中学人际关系的依赖感等。大学里面的师生关系将变得非常离散，学生要学会做自己的老师。在大学新生的人际关系中，问题最多的还是同学之间的关系。由于班级和宿舍里的同学分别来自不同的地域和不同的家庭，他们在思想观念、价值标准、生活方式、生活习惯等方面都存在着明显的差异，在遇到实际问题的时候往往容易发生冲突。首先要学会承认各人有各人的生活习惯和价值体系，如果你与别人生活在一起，你就得连同他（她）的生活方式一起接受。如果别人的生活方式有碍于你的生活（如夜里看电视影响你的休息，未经允许随便动你的东西等），你就需要委婉地提出意见，并适当地进行自我调整（如调整作息时间、调整宿舍等）。要想处理好同学之间的关系，还要做到对人宽，对己严，切忌以我为中心。此外，要主动去做一些公共的工作，以增加同学们对你的好感，同学间的关系也就会融洽了。

（4）学习能力困扰。主要指对大学学习方法、内容和形式的不适应状况。大学教育内容多，进度快，重视自学和独立思考，没有人直接督促学生的学习，学生自由支配的时间多。对习惯于被动学习、自学能力不强的大学生来说，就有可能产生学习上的压力与困难。进入大学后，以教师为主导的教学模式变成了以学生为主导的自学模式。课堂讲授知识后，学生不仅要消化理解课堂上学习的内容，而且还要大量阅读相关方面的书籍和文献资料。自学能力的高低成为影响学业成绩的最重要因素。学习方法对学习结果的影响是不言而喻的，而大学的学习方法又与中小学的方法差别很大，许多学生一时难以适应。在高校心理咨询中心，一些大学生心情沮丧、神态忧郁，主诉的内容多与学习上的挫折有关。

例如，某一理科女大学生在高校心理咨询中心主诉时，觉得自己上课听不懂，作业不会做，学习成绩总上不去，尤其是高等数学和英语最感头疼。过去在读高中时，自己能控制、掌握自己，通过努力，学习成绩总能赶上去，可是自从上了大学，这一套却不管用了。有一位男大学生，在家乡中学里以第一名的成绩考上了北京某名牌大学。可是在这所大学里，所有的学生都是来自全国各地的学习尖子。相比之下，他的第一学期成绩排名顶多算是中下，还有一科不及格，在严重的失落感和自卑感下，最后竟跳楼自杀了。

（5）职业目标困扰。这是指对就读专业的了解、满意度以及对未来职业前途的茫然感。社会对专业人才的需求是不断变化的，并没有永远时髦的热门专业。不少大学新生是听从父母的意愿报考专业的，自己对所学专业的培养目标和就业市场并不熟悉，缺乏生涯规划。职业目标困扰感强烈的学生，不能正确认识和评价自己的专业，容易产生失落感。新生入学后由于奋斗目标的暂时缺失会导致一系列的困惑。新生入学后，普遍存在角色转变困难，相当一部分学生入校后难以适应新的教学内容、方法，缺乏科学、合理的时间管理，面临有待建立的新的人际关系，存在交往障碍，找不到信心和目标。特别是人生奋斗目标的迷失与内在动力的不足，出现了感觉的迷失和信心的失落。具体表现在：学习成绩偏低，不及格率明显高于二、三、四年级。据某高校相关资料显示：一年级同学不及格率为30%。因此，大一年级是大学四年的基础，就像楼房的基础一样打得愈牢，盖得愈高。生涯规划纳入大一学生的心理教育之中，有助于学生尽快找准人生坐标，合理进行规划大学四年的奋斗目标，并付诸于积极的行动，充分挖掘个人潜能。

研究显示，大学生的适应问题呈现出一定的年级差异性。如一年级和三年级大学生在人际关系困扰和资源利用困扰方面没有差异；在职业目标困扰和独立生活困扰方面，三年级显著高于一年级，而一年级的学习方法困扰却显著高于三年级。

（四）适应不良

大学生适应问题会导致心理困扰，如果不能及时解决，也容易引发心理障碍。我们把适应期的心理障碍称为"适应不良"。广义上，适应不良包括适应性综合症和适应性障碍两类。

1. 全身适应综合症

心理生理学派认为，生物有机体都有一种保持内部环境稳定状态的趋势或特性。当机体处于危险紧张的状况或新环境时，机体的自主神经系统会自动调节作出适当反应，以保持和维护机体内环境的稳态。这一生理过程叫做应激。适应不良或适应障碍与应激过程密切相关。加拿大生理学家汉斯·塞里（Hans Selye）通过实验发现，无论外界刺激性质如何，机体的反应都是非特异性的，即称之为"全身适应综合症"（General Adaptation Syndrome，GAS）[9]。

应激反应一般经历三个阶段：即警觉期、阻抗期和衰竭期。

第一阶段是警觉反应期，此时，机体对刺激尚未产生适应性，表现为心率加快，血压升高，血糖升高等植物神经反应。警觉反应是对应激源的第一个反应。对有机体而言，任何被判断为应激源的事件都会立即做出防御反应。如果应激源很快过去或个体对刺激的应

---

9 ［美］Phillip L. Rice 著，胡佩诚等译. 健康心理学 ［M］. 中国轻工业出版社，2000：140.

对技术游刃有余，心理生理危机就会很快消除，机体又恢复正常状态。

第二阶段是阻抗反应期，指个体内部防御力量与应激刺激进行对抗，努力使生理心理恢复平衡的过程。抵抗反应出现在应激源持续时间较长（通常为慢性应激源）或个体应对技术不恰当的情况下。这时，机体会动员和消耗全身的防御资源，以提高对应激的承受力。

第三阶段是衰竭反应期，指在应激源不能消除或机体不能寻找到有效的应对策略，个体抗衡力量逐渐被耗竭时，机体产生心身疾病的状况。

在大多数情况下，应激只引起第一、第二阶段的反应变化，并且这些变化是可逆的。每个阶段的时间长短以及进度快慢取决于应激源的严重程度及持续时间、机体应对反应的成功与否等因素。应激本是一种防御性反应，但反应过度却损害机体自身，导致与应激相关的障碍。这是指一组主要由心理、社会（环境）因素引起异常心理反应导致的精神障碍，也称反应性精神障碍。[10]

诱发本精神障碍的常见原因主要有：急剧或严重的精神打击、生活事件和持续感到困难的生活处境；与一定的人格特点相关；通常在受刺激后 1 小时之内发病，表现为有强烈恐惧体验的、行为盲目的精神运动性兴奋行为；或表现为以情感迟钝为特点的精神运动性抑制。

2. 适应性障碍

所谓适应性障碍（adjustment disorder）根据《中国精神疾病分类方案与诊断标准》（CCMD-3）提出的定义，适应障碍是指在"因长期存在应激源或困难处境，加上病人有一定的人格缺陷，产生烦恼、抑郁等情感障碍为主，同时有适应不良的行为障碍或生理功能障碍，并使社会功能受损。病程往往较长，但一般不超过 6 个月。"[11]

症状诊断的标准是：有明显的生活事件作为诱因，尤其是生活环境或社会地位的改变；有理由推断生活事件和病人的人格基础对导致精神障碍均起着重要的作用；以抑郁、焦虑、害怕等情感症状为主，并有适应不良的行为障碍，如退缩、不注意卫生、生活无规律等；或生理功能障碍，如睡眠不好、食欲不振等；可见有情感性精神障碍（但不包括妄想和幻觉）、神经症、应激障碍、躯体形式障碍或品行障碍的各种症状。

三、影响大学生适应的因素

大学生适应障碍的产生是环境与个体相互作用的结果，其原因可以从内部与外部两方面来探讨[12]。

（一）理想与现实的落差，造成心理冲突

每个年轻的大学生都有自己的远大理想，对未来充满期待与希望。大学生常常按照理想来规划自己的生活、学习、婚恋和择业。然而现实的复杂性，常常使得理想不能实现，造成

---

10 中华医学会精神科分会编. 中国精神障碍分类与诊断标准［M］. 济南：山东科学技术出版社，2001：96.

11 中华医学会精神科分会编. 中国精神障碍分类与诊断标准［M］. 济南：山东科学技术出版社，2001：98.

12 范国平，钟向阳. 大学新生常见心理困扰的类型、原因以及对策［J］. 四川心理科学，2002，88（4）：34～37.

心理冲突。这种心理冲突一方面表现为对大学和学习的不满，另一方面表现为目标的缺失。

（1）对大学的不满意。对于刚刚踏上大学的新生来说，现实的大学生活并非想象中的那样诗情画意，学习不是预料中的那样妙趣横生，面对的是"一个书包两只碗，寝室—教室—图书馆"新的"三点一线"式的生活，一种失落的心情油然而生。产生这种失落的原因主要是：中学老师为了激发同学们的学习热情，鼓吹大学"天堂论"，过分渲染大学的美好的后果；其二是在高中夜以继日的苦读，大学成为所有希望的寄托，新生对大学回报期望值偏高。

（2）对学习的不满意。有的新生由于没有考上自己"感兴趣的专业"或"热门专业"，或认为自己所学的专业没有前途便开始埋怨自己的专业。对学习的不满意主要还是源自学生自身的原因：其一，不能处理好直接兴趣和间接兴趣的关系。大学教育由专业教育和素质教育两部分组成，大学生完全可以在专业学习的基础上，充分发挥自己的潜能，满足自己的需求，使自己全面发展。其二，缺乏对专业的全面认识，容易对专业产生偏见。其三，学习内在动机不强，学习兴趣骤然下降。

（3）目标的真空状态。考上大学后，不少学生首先想到是如何让紧张的神经和疲惫的身心得以调整和放松，没有主动确定新的目标，出现目标的"真空"状态。学生往往被动按照学校的安排简单而重复地生活，或者表现为茫然失措，不知道自己喜欢什么，能做什么，所以大学虽然比高中自由，但许多新生会感叹大学没有高中充实。

（二）自我优势的丧失，产生角色定位偏差

心理学家阿得德勒曾经说过，每一次重要的经历都会引起我们对自身做出新的认识和评价。从高中到大学、由大学结束走向工作岗位等环境的变化都会引起大学生对自我重新的认识与定位。大学环境的变化，可能使大学生自我优势的丧失，产生角色定位偏差。

（1）社会角色的理想化。考上大学意味着进入享受精英教育的行列，社会地位一夜之间发生了明显的改变，社会角色也随着发生变化。在人们的期望中大学生各方面应该都是比较优秀，是全面发展的"理想角色"。大学生自然感到社会对自己期望的变化，自我期望也无形中随之提高了。大学生是充满期望与理想的群体，也是充满自信与渴望成才的群体，但往往对未来生活和学习过于理想化，缺乏充分适应大学生活的心理准备。

（2）"优秀"生的多元化。大学生都有很强自我表现欲望，然而要想保持高中时期的"光环"和理想角色并不容易。高校追求优秀的价值多元化使得以往以学业为唯一指标的评价体系发生了变化，不仅看重知识，而且也注重能力。这种评价体系的改变，一方面为大学生自我展现提供了宽阔的舞台，另一方面也淡化了学习成绩在评价中的权重。以前学习成绩好的同学往往不如以前那样倍受老师重视了，而学习平平的同学却由于某种突出的才艺或人格魅力受到同学和老师的关注。不少新生由于没有适应这种多元化的优秀生的价值观念，容易出现心理失衡。

（3）自我认知失调。大学作为一个人才精英聚集的群体，不少在中学时代的佼佼者到大学后只能处于中间状态，甚至变得相对落后，一些同学难以接受自己不再是优秀人物的现实，情绪上产生明显的波动。这种反差和心理不平衡状态导致自我认知失调。一些来自农村的学生往往为语言、服饰、言谈举止的乡土气息而敏感多疑、酸涩和自卑。有的则脱离实际情况盲目地与他人攀比，产生怨气和不满。

大学心理适应问题的产生是多因素相互作用的结果。从人格发展的角度来讲，大学生正处于自我同一性的发展阶段，个体发展的主要危机是如何处理自我同一性与角色混乱的矛盾，自我同一性是青年期的大学生最为重要的心理发展的任务。在这个阶段，个体意识分化为理想自我与现实自我，理想自我和现实自我要达到统一，这种统一就是自我同一性。如果对自己的本质、价值观没有形成稳定而一致的认识，任何环境的改变都会引起个体对自我的重新认识与评价。所以，大学新生的心理适应问题在本质上是大学生面临高中到大学环境变化，自我同一性发展的结果。如何将自我与环境整合起来，达到和谐状态，是大学生人格发展的必然任务，因此，心理适应问题也与人格发展密切相关。

四、适应与发展

积极的适应就是发展。从发展心理学的角度来分析，大学生心理适应实质是个体内部人格发展与外部环境之间相互作用的必然结果。根据联合国教科文组织提出的关于现代教育的四大培养目标，即学会做事、学会求知、学会与人共处和学会生存，我国学者提出了大学生适应与发展的任务和要求是：学会做人、学会做事、学会与人共处和学会学习[13]。

（1）学会做人。大学生首先要学会做人，适应与发展的目的在于使人日臻完善；使人格成熟，不断增强自主性、判断力和个人的责任感；使人拥有正确的人生观、价值观，拥有明确的伦理道德观念和是非观念，能够遵守社会公德，使自己的各项行为符合新时期大学生的行为规范。

（2）学会做事。大学生要有敬业精神和社会责任感，要有独立的生活管理能力，独立选择、独立决断、独立处理问题的能力和应对各种情况和各种环境的工作能力，能够不断积累相关的做事经验，工作富有成效。

（3）学会与人共处。在现代社会中，与人和谐相处，既是一种人际交往技能，也是人生成功的一种人际资源。大学生应当对他人有尊重真诚的态度，能够接纳他人的长处与不足，能够与他人进行良好的沟通，在沟通中建立亲密的合作关系，在相互交流与分享中促进自我和他人的成长与发展。

（4）学会学习。学习是一个终身的任务。大学生应该热爱学习，不断用新的知识充实自己，不但学会本专业知识，而且学习与之相适应的各种人文和自然科学知识，拥有跨学科的交融能力，拥有综合分析问题、解决问题和在复杂信息环境下检索和判断的能力，拥有不断创新的能力。学会学习，不仅仅是为了获得知识本身，重要的是获得一种认识世界的手段和能力。

1969 年西方学者戚加宁（Chickering）发表了大学生七个发展范畴，并使用"向量"一词。此后，他的大学生"七向量发展理论"在西方大学教育有关学生发展的领域中被广泛使用和认同。其主要内容是：

（1）发展能力。在大学期间，大学生可以增进和发展多方面的能力，使他们更有信心来表达这些能力，包括智力、体力、社交能力等。

（2）管理情绪。大学生们每天面对许多挑战，有些来自学习方面，如选修课、考试、

---

13 樊富珉. 大学生心理素质教程. 北京出版社，2002：327.

写论文，还有些来自人际关系、家庭、生活等方面，从而产生种种不同的情绪，包括积极的和消极的，大学生要充分了解自己、认识自己的情绪，并以恰当的方式来处理情绪。这对整个人生都有着深远的意义。

（3）通过自主迈向相互帮助。作为大学生，学习独立，学习自己独立承担责任是十分重要的。在学习独立的同时也要学习如何相互帮助，如何相互包容，因为每一个行为都会影响自己和他人，在有些情况下个人需要做出牺牲、让步以达成共识。

（4）发展成熟的人际关系。与别人建立关系对大学生的生活有很大的影响，建立成熟的人际关系十分重要：一是要容忍和欣赏别人与自己的不同，二是要有能力与别人发展亲密关系。维持这样一种亲切融洽的关系需要自我认识、自发性、自信心、支持及沟通等。

（5）确立自己的角色地位。这一点对于大学生来说十分重要，它既影响自尊心、自信心的建立，同时也影响他人对自己的满意及接纳程度，还会影响对自己的评价。

（6）发展目的。包括不断增强的能力，做出计划，定出方向、目标，根据目标在以下三个方面定出优次：一是职业上的计划及期望；二是个人兴趣，三是对人际关系及家庭的承担。人生目标的制定往往与大学生自己的价值观及信念有关。

（7）发展整合。大学生的价值信念是引导他们行为的方向，也是他们为人处世的原则。整合的意思指的是包括行为与价值一致、顾及别人的利益、尊重别人的意见，同时能够肯定自己的价值观及信念。

对于我们来说，目标定位、利用资源、时间管理、金钱管理都是尽快适应大学生活不可或缺的方面。

第二节 大学生适应能力提升

你改变不了环境，但你可以改变自己；
你改变不了事实，但你可以改变态度；
你改变不了过去，但你可以改变现在；
你不能控制他人，但你可以掌握自己；
你不能预知明天，但你可以把握今天；
你不可以样样顺利，但你可以事事尽心；
你不能把握生命的长度，但你可以决定生命的宽度；
你不能左右天气，但你可以改变心情；
你不能选择容貌，但你可以展现笑容。

心理适应能力是指一个人根据客观环境要求，主动采取对策，在一定程度上适应环境的能力，即一个人与现实生活和谐相处的一种能力。对于大学生来说，跨入大学的校门标志着新生活的开始：独立的生活、充裕的时间、自主的学习方式……尽快适应大学生活，投入到紧张而忙碌的大学生活中去，是每个人面临的挑战，同时也是一种机遇，如何顺利渡过适应期呢？我的大学，由我作主！

一、确立目标

荷马史诗《奥德赛》中有一句至理名言："没有比漫无目的的徘徊更令人无法忍受的了"。卡耐基也曾指出，如果想要快乐，就为自己立一个目标，使它支配自己的思想，放出自己的活力，并鼓舞自己的希望。快乐就在你心里，它源于去做具体而明确的事，把自己全部心思和活力都放在其中，即要积极地去行动。目标的确立是适应大学生活的根源因素，一旦能够确立自己的长期目标和短期目标，遇到的困扰就像大树上的枝丫，不会影响大树的生长。

训练 3-1　确立目标

设计理念： 目标的清晰是适应的核心内容，知道"我是谁""我从哪来""我要到哪去"的人能够更好地适应环境。

活动目的： 将目标设想具体化。

道具准备： 纸、笔。

活动时间： 30 分钟。

活动方法： 请根据你的具体情况，填写下面的表格。

总目标	发展方向	
	发展期望值	
目标的素质要求	德	
	识	
	才	
	学	
	体	
目标分析	实现目标的优势	
	实现目标的弱点障碍	

注意事项：填写的内容尽量具体化。

创新建议：可以借用"SWOT"分析的方式进行，也可以迁移应用到其他（如生涯规划）领域。

训练 3-2　目标金字塔

设计理念：目标的清晰是适应的核心内容，知道"我是谁""我从哪来""我要到哪去"的人能够更好地适应环境。

活动目的：探讨自己是否拥有系列目标，目标的层与层之间是否存在断层？

道具准备：纸、笔。

活动时间：30 分钟。

活动方法：在下面的每一个层次上列写自己独特的目标，并向自己发问：这些是否是自己真心想要达到的目标？在现实生活中所作的努力是否是指向这些目标的？

人生总目标：

长期目标（10 年）

中期目标（5～10 年）

短期目标（1～5 年）

近期目标（1 年以内）

日常计划

注意事项：描述尽量详细、具体化。

创新建议：可以根据自身情况，随时进行调整。

二、善用资源

善于利用社会支持是解决问题的法宝。学校资源和人际资源是学校体系的一部分。师资、图书馆以及网络世界，广博的大学资源是大学生实现自我教育的阶梯。能否充分利用它们却是一门学问。带着学校地图逛一圈到处看看；花些时间去拜访一些处室，并了解这些处室都可以提供哪些服务？假如自己有出国的意图，可主动到学校留学办咨询相关政策；假如有考研的打算，可主动去听听为考研学生提供的讲座、辅导等。当然也可以主动到大学生心理健康辅导中心约个面谈时间，看看自己目前需要哪些心理上的支持。当然学生最好的资源是自己的系主任、专业导师、辅导员、同班同学、"睡在上铺的兄弟或姐妹"、同一课堂上所交到的朋友等。因此，在寻求经济资助、处理危机、探讨生涯规划、管理时间、解决压力、处理考试焦虑、选修科目、加入社团、勤工俭学等诸如此类的问题上，都应该主动向这些相关人员求助。

训练 3-3　相逢是首歌

设计理念：良好的班级团队建设是大学生适应环境的有力保障。

活动目的：促进形成新组织，融入新团队。

道具准备：纸、笔。

活动时间：45 分钟。

活动方法：

活动1：暖身运动

• 全体学生起立，站在走道或桌椅的空档处，最好排成两个纵列；

• 做一些放松操，绕教室一边做蛙（鸟、高抬脚等）的动作一边转圈；

• 用2分钟的时间与10人以上握手，将最后一个握手者作为最新结识的朋友，两人找一个地方坐下来。

活动2：相互沟通

• 2人一组互相介绍自己3分钟：A→B　B→A（A、B字母分别代表个人，以下同）；

• 4人一组，向新朋友介绍老朋友：A向C、D介绍B；B向C、D介绍A；以此类推；

• 8人一组以手心手背的方式选出小组长，从小组长的下一位开始做循环介绍：如第一位同学说：我是来自某市喜欢唱歌的张明；第二位同学要重复第一位同学的话并介绍自己，比如说：我是坐在来自某市喜欢唱歌的张明旁边的来自某市的写一手好字的王芳；以此类推；

• 小组长在小组做最后一个发言，并登台向全班介绍本小组各位成员。

活动3：敞开心扉

• 请三名志愿者登台演讲："20个我"。

比如：我叫×××；

我来自××城市（乡村）；

我的中学时代是在××学校度过的；

我曾经……；

……

• 请三名志愿者登台对自己的人生线路做出规划。包括自己希望活多长，在已经度过的岁月中有哪三件最值得高兴的事，那三件最失意的事；在未来的年月里，自己将做如何设计等。

注意事项：要根据学生总数估算时间，给每个学生充分的时间相互交流。

创新建议：该活动可以应用在学生会、社团等组织纳新等任何新团队组建的时候。

训练3-4　资源大发现

设计理念：良好的社会支持系统是完成大学适应的重要组成支撑，明晰社会资源是发现和利用社会支持的关键。

活动目的：明晰社会支持系统。

道具准备：纸、笔。

活动时间：30分钟。

活动方法：

教师向学生介绍学校的机构设置、机关的工作职能、学校可以提供给学生的服务体系等。使学生先建立一种认识：有事可以分头找这些机构咨询，或可以到这些服务体系享受提供的服务。

前后四个同学为一小组，讨论校园里和校园外有哪些能够帮助我们学习的资源？讨论时间为5~10分钟。学生比较容易发现学校的硬件资源，这时教师应及时引导学生，资源既有硬件资源，还有软件资源，比如教师的行为、修养、学识；优秀的同学资源，宿舍文化等。这些都是校园可利用的资源。可以进一步讨论：我们发现了这些资源，该如何利用这些资源呢？

• 分成3～5人一组，每组学生围坐成圆圈，描述各自心目中导师的形象。他（她）会以何种方式协助你？你在哪里以及用何种方法，可以找到这种人？

序　号	人　员	可以提供的帮助	找到他/她的方式	备　注
1	辅导员			
2	班主任			
3	心理中心			
4				
5				
……				

小结：通过交流，我们发现学校里有很多可以利用的资源，让我们充分利用这些资源，来促进我们的发展吧！

课下要求每个学生写一篇心得，并思考怎样学会利用大学资源。

注意事项：本次活动可以在任意时间段进行。

创新建议：可以在其他主题下开展相关活动。

训练3-5　他山之石 可以攻玉

设计理念：榜样的力量是大学生在适应阶段可以依靠的重要力量。

活动目的：请校友、学长分享大学经历，使在校新生顺利渡过适应阶段。

道具准备：

（1）对邀请者进行必要的选择，如要能涵盖不同的专业、不同的学习基础者，最好是学生党员并担任过学生干部，口才较好，考取的是名牌大学等。所请的研究生数量以4～6人（男女生均等）为宜。

（2）为了营造气氛，需要在黑板上或利用课件制作一幅宣传画，最好能体现出向成功者祝贺及取经的意境。

（3）摆好桌凳，使研究生与学生对面而坐，主持人（辅导教师担任）坐在左右两侧的位置，与研究生们和大学生观众呈 90 度的角度为宜。

活动时间：90 分钟。

活动方法：

• 主持人介绍在场听众，然后请研究生们面对大一的学弟学妹说一句最能表达此时心情的一句话。

• 主持人先根据平时收集的大学生存在的适应问题，向每位研究生提出一个问题。如"你认为大一最重要的是什么？""大学一定要从事社会工作么？""什么时候能确定考研方向？"等。由学生自由向研究生们提问题，研究生们给予回答。

• 主持人请学长用最精辟的语言对大学生们进行鼓励。

说明：主持人要注意调节气氛，使学生与研究生们的对话在轻松、愉快、融洽的气氛中进行，要鼓励大家实话实说，忌流于经验介绍的形式，使大家不能有效地沟通。

• 布置作业：主持人小结并布置学生写心得体会。

注意事项：主持人的角色非常重要，对主题的引领要积极、乐观。

创新建议：也可以请专业导师，或师兄（师姐）或出国学生等与学生对话。最好是有问有答的形式。

三、树立自信

树立自信是适应大学生活的根基。阿尔贝特和伊蒙斯（Albert & Emmons，1986）指出，那些自信心不足的人常常有三种错误的信念：其一，不相信自己有权利坚持自己的主见，特别在父母、老师、长辈、上司和优越者面前尤其如此；其二，对坚持自己的主见感到高度的焦虑和恐惧，如害怕别人会讽刺挖苦自己，担心自己出洋相等；其三，认为自己缺乏有效的表达和沟通的技能，如认为自己口笨，眼神表情不自然等。通过认知改变和行为训练，改变当事人妨碍自我肯定的不合理观念，发展出一种自我表达的权利和尊重他人的权利的态度，使他们懂得人有权利而不是义务表达自己真实的情感、思想、观念和态度，使自己的行为符合内心的愿望，而不必要有任何焦虑和压抑；在不否认别人的权利的情况下，有实现自我的正当权利。促进大学生平等的人际关系的建立，学习鉴别正确的坚持主见的行为，学会在人际情境中应用新学到的表达主见的技能。

训练 3-6　我能行

设计理念：自信心是大学生适应环境的根本因素。

活动目的：提升大学生顺利完成适应的自信心。

道具准备：纸、笔。

活动时间：每天 3 分钟。

活动方法：

1. 自问自答：

你是否有出人头地的愿望？

你是否想现在就改变自己，开拓新的人生？

你发现你生命中天赋的才能了吗？你敢不敢宣告你事事并不比别人差？

2. 默念以下的句子:

我已有不少成就,

这就是我的新起点,

只要我努力,

更大的成就,

就在明天!

3. 在我创造了新生命的今天, 我不再消沉, 从今以后, 我 一定会做到:

（1）_____

（2）_____

（3）_____

……

我将按照我的设计去完成一切!

注意事项: 连续坚持效果会更好。

创新建议: 本活动可以 3 项连续进行, 也可以只进行其中的一项。

本章提要

1. "适应"（Adaptation）指个体在生活环境中, 在随环境的限制或变化而改变、调节自身的同时, 又反作用于环境的一种交互互动的动态过程。个体通过这一过程达到与环境之间和谐平衡的状态。在大学, 调整自己原有认知和行为的适应过程就是大学生适应（college adjustment）。

2. 适应过程可以分为三个阶段: 即兴奋期、消沉期和思考定位期。

3. 大学生面临的心理适应问题包括: 独立生活困扰、资源利用困扰、人际关系困扰、学习能力困扰、职业目标困扰。

4. 大学生适应障碍的产生是环境与个体相互作用的结果: 理想与现实的落差, 造成心理冲突; 自我优势的丧失, 产生角色定位偏差。

5. 面对外界刺激机体产生的非特异性反应称为"全身适应综合症"（General Adaptation Syndrome, GAS）。应激反应一般经历三个阶段: 即警觉期、阻抗期和衰竭期。

复习思考题

1. 什么叫适应? 大学阶段会遇到哪些适应问题? 有效适应的途径是什么?

2. 检视一下自己是否存在初入大学的适应不良心理, 目前程度如何, 它们对自己以及生活学习造成了什么影响? 你是如何调整的, 效果如何?

3. 整理你在本章节学习中的体会和收获, 以《我的大学》为题, 写一篇关于大学学习、生活展望的随笔。

拓展训练

一、必练

1. 你认为本章最重要的知识点和实践策略有：

（1）_____

（2）_____

（3）_____

（4）_____

（5）_____

（6）_____

（7）_____

（8）_____

2. 通过本节课学习，结合入学以来一段时间的大学学习生活，请你用三个词描述一下目前的心理感受：（1）_____（2）_____（3）_____。小组同学在一起进行一下统计，大家描述的词汇中，排名前三位的是：（1）_____（2）_____（3）_____。通过你探索自己的感受和小组同学的分享，你的发现是_____

_____。

3. 你经常应用的保持心理健康、提升心理素质的方法是：

（1）_____

（2）_____

（3）_____

（4）_____

（5）_____

（6）_____

小组同学在一起进行讨论，大家常用的方法排名前三位的是：

（1）_____

（2）_____

（3）_____

通过自己的探索和小组同学的分享，你的发现是_____

_____

_____

_____。

二、选练

1. 校园十景

设计理念：促进新生了解校园，了解大学生活。

活动目的：参观校园，用影像记录大学校园给你留下最深刻印象的十处景观。

道具准备：记录纸。

活动时间：开学 1 周内。

活动程序：

（1）了解学校的基本概况，包括：何时建校；学校机构、设施、师资力量、师生人数等基本概况；学校取得的成就，如考研比例、获奖奖项、有成就的毕业生情况等；学校近期发展与远期规划等。

校园十景记录单

序　号	名　称	基本情况	信息来源	备　注
1				
2				
3				
4				
5				
6				
7				
8				
9				
10				
……				

（2）小组分享。

通过自己的探索和小组同学的分享，你的发现是_____

_____

_____

_____。

2. 新生心理普查

同学们，在每年新生入学后，11 月份，各个高校都会对全体新生进行一次"心理体检"，帮助你更好地认识自己，调节自己，得到更专业的服务，从而轻装上路，更好地适应你的大学生活。那么，让我们一起来揭开心理普查的神秘面纱……

参加时间：每年 11 月。

参加地点：计算机网络中心。

实施方式：网络测评、团体活动、一对一访谈相结合。

结果查询：每位同学都可以在系统中得到自己的测评结果，在网络测评结束后，心理咨询中心会继续安排相应的团体活动和一对一的访谈。

注意事项：测评只是了解自己的一部分，有一定的误差存在，积极投入集体活动，多与老师沟通和交流，你可能会得到意想不到的收获哦……

北京联合大学心理普查网址：http://psy.buu.edu.cn/

3. 综合训练（自我测试）大学生适应性量表

以下是一些大学适应性的题目，包括学习适应性、人际适应性、角色适应性、职业选择适应性、生活自理适应性、环境的总体认同等 6 个方面，请根据你的实际情况，对自己的大学适应进行评价，从总体上了解你的适应水平。

以下的陈述，你可能同意，也可能不同意。根据以下 1 到 5 的评定标准，请在每道题的前面写出代表你的选择的数字。请真实回答。5=非常符合，4=符合，3=无所谓，2=不符合，1=非常不符合。

学习适应性：

（1）我对大学的学习感到无所适从；

（2）我无法适应大学教师的授课方式；

（3）在考试前，我常不知该如何着手复习；

（4）我现在还没有找到自己较为满意的学习方法；

（5）我一直都没有明确的学习计划；

（6）我感到无法缓解自己的学习压力；

（7）我对自己在班上的学业地位感到失望；

（8）与我的努力相比，我的学习成绩不算好。

人际适应性：

（1）我感到周围的人难以相处；

（2）我能很快化解与他人的矛盾冲突；

（3）我不知道以何种方式与大学老师相处；

（4）我很难加入到别人的讨论中去；

（5）大伙儿讲话时，我时常躲在后面；

（6）我在大学里如愿地结交了一些朋友；

（7）我觉得我已融入了大学的环境；

（8）我感到自己在学校里成了一个被遗忘的人；

（9）我能与他人愉快地进行合作；

（10）在学校和同学在一起时，我感到不自在；

（11）对于我在大学里的社交，我感到相当地满意。

角色适应性：

（1）我和异性同学相处得不好；

（2）我参与了很多大学里的社团活动；

（3）我不关心学习以外的东西；

（4）我只在乎自己的学业成绩；

（5）除了学习，我很少参加别的活动；

（6）若有机会，我能胜任某种学生干部的工作；

（7）我很重视发展自己的业余爱好；

（8）我认为在大学里应多参加一些学习以外的活动；

（9）我害怕与异性同学交往。

职业选择适应性：

（1）我觉得自己还没有做好进入社会的准备；

（2）我从没有考虑过以后的就业问题；

（3）我有明确的就业方向；

（4）我不知道自己适合于从事哪方面的工作；

（5）我难以决定自己该到哪里去工作；

（6）我有意识地训练自己的职业技能；

（7）我参加过与专业有关的社会实践活动；

（8）我有意识地通过各种渠道收集就业信息；

（9）我不知道哪些专业知识是以后工作所需要的。

生活自理适应性：

（1）我能独立地处理日常事务；

（2）父母不在身边时我也能够照顾好自己；

（3）我常打电话向家人诉苦或求助；

（4）我不敢单独上街买东西；

（5）我很少自己动手洗衣服；

（6）在大学什么都要靠自己，我感到很不适应。

环境的总体认同:

（1）周末我常常觉得没事可做；

（2）我对自己上了这所大学感到高兴；

（3）我很喜欢校园里的自然环境；

（4）我对大学里的课外活动感到满意；

（5）学校里的娱乐设施不能满足我的需要；

（6）我认为学校的风气很糟；

（7）我觉得学校的硬件设施很差。

问卷包括正向记分和反向记分题，反向记分的题目有学习适应性的所有题目，人际适应性的第（1）、（3）、（4）、（5）、（8）、（10）题，角色适应性的第（1）、（3）、（4）、（5）、（9）题，职业选择适应性的第（1）、（2）、（4）、（5）、（9）题，生活自理适应性的第（3）、（4）、（5）、（6）题，环境的总体认同的第（1）、（5）、（6）、（7）题。正向记分的题目，选几就得几分，例如选 5 得 5 分；反向记分的题目，需要进行转换，即选 5 得 1 分，选 4 得 2 分，选 3 得 3 分，选 2 得 4 分，选 1 得 5 分，然后把每个适应方面的题目得分相加，就是你在这个方面的适应水平，得分越高，说明你目前在该方面的适应水平越高。

根据你在每个方面的得分，就可以大致看出自己的适应状况和适应水平，并且可以依照具体的题目，发现自己具体是哪个方向需要改变和提高。你可以充分发挥自己的主观能动性，也可以利用周围可以利用的资源，来帮助自己做出改变。你可以现在就为自己制定一个计划，从现在起就努力尝试去做出改变，你将从自己的努力中获益。

（资料来源：卢谢峰. 大学生适应性量表的编制与标准化 [D]. 华中师范大学硕士论文，2003）

4. 新班级（团队）组建团体辅导方案

团体目标： 协助班级学生适应学校环境，进入班级集体，形成团队。

团体人数： 30 人标准班或 8～30 人小团体。

团体实施次数、时间： 3 次（报到日、军训返校后一周内、学习一个月后），每次 2 小时。

团体领导者： 辅导员（班主任、班级工作助理亦可）。

准备： 如果可能，全体成员应在教室围成圆形环坐，有活动空间。如条件不允许，则座位尽量集中，不分散，前后座位能够形成小组。

团体计划书：

第一单元：认识新朋友

实施时间： 报到日当天。

单元目标： 班级成员互相熟悉，初步认识校园。

所需材料： 相机、卡片（同一个图形有 2 个，每个剪为 2 份，如 30 人班级，需准备 15 种图形卡片，每个随意剪成 2 份）。

操作步骤：

（1）学生先后进报到教室，进教室前，在辅导员老师处领取一个图案，全体成员落座后开始。

（2）你是我的一半：请同学们根据自己拿到的卡片，找自己的另外一半，坐下来，相互介绍（姓名，家庭所在地，爱好）。

（3）我的新朋友：请这两个同学为一组，找到另外的相同图形，形成一个4人组，把自己刚认识的朋友介绍给新朋友。

（4）名片接龙：请两个4人组组合，由一个同学开始，逐一介绍，规则是：重复前一个人的名字，如：我是坐在来自××的喜欢××的××右边的李晓。

（5）请每组派一个代表分享活动感受。

（6）团体领导者总结（认识新同学、新集体，对学校概况进行介绍）。

（7）结束。

第二单元：我的班级

实施时间：军训返校后一周内。

单元目标：班级成员互相熟悉，形成团队。

所需材料：需准备一个可供全班成员拉手围成圆圈的场地。

操作步骤：

（1）松鼠和大树：先分为三人一组，一个人做松鼠，两个人做大树，我一喊"松鼠"，"松鼠"就逃离原来的"大树"，找到别的"大树"。"大树"也可以找"松鼠"。热身。

（2）心有千千结：基本规则是手拉手，记住左手是谁，右手是谁。放手，走动，停！伸出左右手，牵住原来的左右手。然后用钻、跨等方法恢复原样。可以先请3名同学示范，之后，4个人，8个人，直至全班全体同学参与。

（3）每位同学分享感受：

① 解开千千结的感受：我很担心，能解开么？可培养归属感。

② 要一起动，貌似复杂的问题，可迅速找到解决之道，这个过程要有一两个人去指挥，其他人充分配合，一些领导人物就会自己冒出来，去指挥，带动。

③ 靠团体合作的力量可以解决很多问题，心往一处想，劲往一处使，他人可以帮助你。

④ 生活中没有解不开的结，主要在于：是否有信心，是否有恒心。

（4）领导者总结：大学生活中会遇到的问题（最好有本专业学生的实例），突出团队和团体的力量。

第三单元：我的大学

实施时间：学习一个月以后。

单元目标：体会集体的力量，增强归属感和自信心。

所需材料：帽子（可以请学生干部提前准备4～5顶），PPT（相亲相爱一家人）。

操作步骤：

（1）刮大风："西伯利亚北风刮过来，刮过了女生，女生就站起来，跑动，到别人的位置坐下，……刮过了戴眼镜的人……大风刮啊刮，刮到了长头发的女生……" 热身，打破原来交往格局。

（2）优点轰炸：以小组为单位，根据接触了一个多月后对同学的印象，轮流对某个同学进行赞美，赞美必须自然、发自内心。

（3）分享：主动去了解身边的每个人，每个人都值得去珍惜，每个人在大学都会找到自己的位置。

（4）领导者结束：祝福，提出问题，给予鼓励。

（5）明天会更好——大团圆合唱，多媒体配乐，同步显示歌词。

推荐阅读

1. 谈彪喜：《读大学，究竟读什么》。南方日报出版社出版。本书作者以一名成功的创业者，同时也是一个大学毕业不久的过来人身份，结合自己在求学、求职和创业过程中的经历，跟大学生深入、全面地谈论了大学生在学习、生活、考研、留学、求职、创业等方面要注意的问题，观点新颖、全面、深刻、实用。

2. 李开复：《做最好的自己》。人民出版社出版。作者用缜密的逻辑和真实的案例来阐释成功的秘诀。作者把这本书献给我深爱的祖国，献给渴求进步的青年一代，因为我深信：唯有更多的青年找到了自信和快乐，找到了真正属于自己的成功之路，中华民族才能够拥有更加辉煌的未来。

3. 《阿甘正传》。1995年的第67届奥斯卡金像奖最佳影片。阿甘的智商只有两位数，但他天性善良单纯，加上天赋异禀，使他先后成为大学美式足球明星、越战英雄、世界级乒乓球运动员、摔跤选手和商业大亨。阿甘"轰轰烈烈"的传奇一生，其实正是20世纪50年代到70年代美国历史与社会的缩影，透过阿甘的眼睛，也让我们看到了外在世界的险恶复杂与庸俗市侩，而更觉人性真诚的可贵。

4. 巴斯：《进化心理学》。华东师范大学出版社2007年6月第一版出版。进化心理学是当代西方心理学的一种新的研究取向，本书正是关于这方面研究独有的著作。本书从进化心理学基础理论、生存问题、性行为和择偶行为的挑战、亲代抚育和亲属关系的挑战、群居问题等方面拓展了我国心理学研究和理论视野，建构活生生的进化心理学具有重要的学术价值和现实意义。

参考文献

[1] 贾晓波. 心理适应的本质与机制 [J]. 天津师范大学学报（社会科学版）. 2001（1）：19-23.

[2] 王才康. 大学生生活困扰的初步研究 [J]. 应用心理学，2002，8（1）：33-37.

[3] ［美］Phillip L. Rice 著. 胡佩诚等译. 健康心理学 [M]. 北京：中国轻工业出版社，2000.

[4] 眭国荣，丁晖. 构建"四位一体"的大学生社会适应能力培养新体系 [J]. 江苏高教，2015，01：95-97.

［5］唐凯晴，范方，龙可，陈世键，彭婷，杨彦川，叶婷婷．大学生早期适应不良图式、焦虑与拖延的关系［J］．心理发展与教育，2015，03：360-367．

［6］石怡，周永红，曾垂凯．大学生心理控制源与学校适应：应对方式的中介作用［J］．中国临床心理学杂志，2015，03：538-540+547．

［7］李永菊．国外大学生环境适应优化的经验及启示［J］．学校党建与思想教育，2015，15：94-96．

［8］陈自龙．社会转型期大学生社会适应能力培养研究［J］．中国成人教育，2015，14：74-76．

［9］许拥旺，张卫，许夏旋．大学生自我同一性与学校适应的关系：自我决定的中介作用［J］．华南师范大学学报（社会科学版），2015，04：83-87+192．

［10］高云山，张丽娜，马晓玲，魏寒冰，白雪燕．大学生社会适应能力研究综述［J］．学校党建与思想教育，2015，17：79-81．

第四章　自我探索能力发展训练

认识自己，才能懂得人生的意义。

　　"认识自我"是一个古老并为人类永恒探索的主题。它是古希腊戴尔菲城神庙里唯一的碑铭，铭刻千年，表达了人类与生俱来的内在要求和至高无上的思考命题。人的一生就是一个不断探索自我、完善自我、实现自我的过程。中国古代的大圣人孔子曾这样概括他自我探索的一生：吾十有五而志于学，三十而立，四十而不惑，五十而知天命，六十而耳倾，七十从心所欲而不逾矩。大学生正处在自我意识发展的重要阶段，正确认识和悦纳自我，实现自我和谐才能更好地适应社会，做出自己的贡献。本章将重点探讨自我意识的内容和发展、大学生常见的自我意识偏差以及提高自我探索能力的途径。

　　知人者智，自知者明。

——老子

　　聪明的人只要能认识自己，便什么也不会失志。

——尼采

学习与行为目标

1. 了解自我意识以及常见的偏差。
2. 评价自我意识发展状况。
3. 利用心理训练提高认识自我、完善自我的能力。

//

第一节　自我意识概述

//

有一天，一位禅师为了启发他的门徒，给了他的徒弟一块石头，让他去菜市场，并且试着卖掉它。这块石头很大，很好看。但师父说："不要卖掉它，只是试着去卖。注意观察，多问一些人，然后只要告诉我在蔬菜市场它最多能卖多少钱。"这个门徒去了。在菜市场，许多人看着石头想：它可以做很好的小摆件，我们的孩子可以玩，或者我们可以把这当作称菜用的秤砣。于是他们出了价，但只不过是几个小硬币。门徒回来后说："它最多只能卖得几个硬币。"

师父说："现在你去黄金市场，问问那儿的人。但是不要卖掉它，只问问价。"从黄金市场回来，这个门徒高兴地说："这些人太棒了，他们乐意出到一千元。"师父说："现在你去珠宝商那儿，问问那儿的人但不要卖掉它。"于是门徒去了珠宝商那儿，他们竟然愿意出5万元。门徒听从师父的指示，表示不愿意卖掉石头，想不到那些商人竟继续抬高价格——出到10万元，但门徒依旧坚持不卖。他们说："我们出20万元、30万元，或者你要多少就多少，只要你卖!"门徒觉得这些商人简直疯了，竟愿意花大笔的钱买一块毫不起眼的石头。

门徒回到禅寺，师父拿回石头后对他说："现在你应该明白，我之所以让你这样做，主要是想培养和锻炼你充分认识自我价值的能力和对事物的理解力。如果你是生活在菜市场，那么你只有那个市场的理解力，你就永远不会认识更高的价值。"

作为大学生，你了解自己的价值吗？你是一块不起眼的石头，还是价值不菲的宝石呢？这取决你怎么认知自我、评价自我以及发展自我。良好自我意识是大学生成长、成才、成功的必备心理素质之一。

一、自我意识概述

（一）自我的内涵

1. 自我的含义

自我，通俗的理解就是个体自己。在心理学上有两个词来表示自我，一是"ego"，一是"self"。

"自我（ego）"的概念是由精神分析学派鼻祖弗洛伊德于 1895 年提出。弗洛伊德通过大量病例分析发现人的冲动、欲望、思维、情感等精神活动会在不同的意识层次发生和进行，深浅不同。这些意识层次可划分为意识、前意识和潜意识。他认为意识只是人精神世界的冰山一角，更多的则是水面之下的无意识。在精神层次理论基础上，弗洛伊德又提出个体的人格结构由本我（id）、自我（ego）、超我（super-ego）三部分组成。如图 4-1 所示。

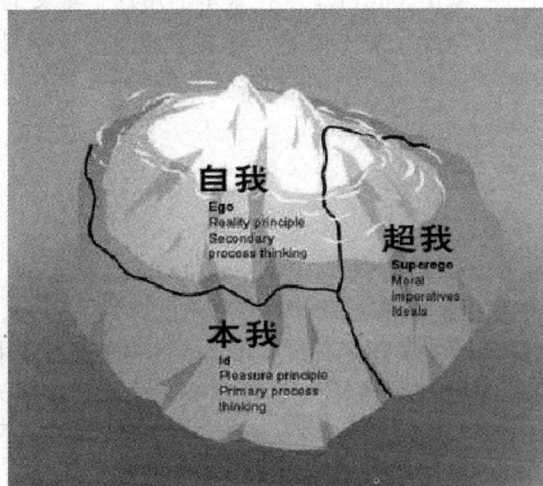

图 4-1　弗洛伊德人格结构图（来自百度图片）

本我（id），一个原始的、与生俱来的和非组织性的结构，它是人出生时人格的唯一成分，也是建立人格的基础。它直接与人的生物机体相联系，包含一切原始的冲动和本能欲望，其中最重要的是性欲望和攻击欲望。本我遵循快乐原则，目的就是获得快乐，避免痛苦，无道德观念限制。例如，婴儿的人格结构就是本我，没有好坏、道德与否概念，不会顾及他人如何。

自我（ego），从本我那分化出来，通过后天的学习和对环境的接触发展起来，也是本我与外部世界的中介。内容基本是意识的，其活动往往是无意识的。自我服侍着三个严厉的主人：外部世界、超我和本我，而且要使它们的要求和需要相互协调。自我遵循现实原则，即客观真实地反映现实，斟酌利害关系，以最现实可行的方式行事，必要时，推迟本我欲望的满足，或以其他经过变形、伪装的方式满足之。自我起着在现实条件基础上协调本我与超我矛盾的作用。

超我（super-ego），是从儿童早期体验的奖赏和惩罚的内化模式中产生的，是道德化了的自我。它的大部分是无意识的，通过内化道德规范、社会要求形成，包括自我理想和良心。良心是儿童受惩罚而内化了经验，它负责对违反道德的行为做惩罚（内疚）；自我理想是儿童获得奖赏而内化了的经验，它规定着道德的标准。超我遵循道德原则，追求完美、苛刻。它主要是去做获得奖赏和认可行为，避免受惩罚和不道德行为。

例如：假如看到一位老人摔倒了，你会怎么做呢？本我会说："关我什么事情？还是离开为好，万一赖我撞倒的怎么办？"超我会说："赶紧去扶起来，这是被社会赞许的见义勇为的行为，见死不救是会被人唾弃的。"自我会说："这种情况下，还是要去扶起来的，但也得做好被诬陷的防范措施，例如打 120、110，同时找现场证明人。"

每个人的人格结构中都存在这三个我，只是比例结构不一样。弗洛伊德认为，在通常情况下，本我、自我和超我是处于协调和平衡状态的，从而保证了人格的正常发展，如果三者失调乃至破坏，就会产生神经病，危及人格的发展。

另外的心理学家如詹姆斯、罗杰斯、奥尔波特等则使用"Self"代表自我，如自我概念（self-concept）、自我控制（self-control），现在基本沿用这个意义上的"自我"概念。"ego"和"self"之间的区别在于："ego"是主体我，强调个体的行为控制，其活动是无意识的，是相对于本我、超我而言；"self"是主体我和客体我的统一，活动与意识相联系，是相对于他人而言（崔彦群，2009）。

2. 自我的分类

（1）主体自我和客体自我。

最早由美国心理学之父威廉·詹姆斯（William James）于 1890 年提出的。主体自我，即主我（I），代表自我中积极地知觉、思考的部分，能感知、思维、感受和控制行为的自我，是对自己活动的觉察者。客体自我，即宾我（me），代表自我中被注意、思考或知觉的客体，作为感知、思维、感受和控制的对象的自我，实际代表了人们对于他们是谁以及他们是什么样的看法。例如"我认为我是个守时讲诚信的人"，前一个"我"就是主体我，后一个"我"是客体我。

这一分类可以从认知和被认知角度来理解。

（2）物质自我、社会自我和精神自我。

美国心理学之父威廉·詹姆斯将宾我（亦为经验自我）继续分析，分为物质自我、社会自我和精神自我（乔纳森·布朗著，2004）。

物质自我（material self）指的是真实的物体、人或地点，可分为躯体自我和躯体外（超越躯体的）自我。躯体自我即生理自我，如身高、体重、外表等；躯体外自我，即我的所有物（possession）如我的孩子、财产、劳动成果、家乡等实体，为延伸自我，因为我们对其投入了关注、注入了情感，付出了努力等，自然就成为自我心理的一部分。

社会自我（social self），是我们被他人如何看待和承认，是个人对自己社会属性的意识，如社会地位、角色等。

精神自我（mental self），即心理自我，是个人对自己心理属性的意识，如能力、兴趣、需要、动机等。

这一分类可以理解为自我的内容分类。

（3）现实自我、镜中自我和理想自我。

美国著名心理学家罗杰斯（C. Rogers）从发展角度提出，每个人都有两个自我：现实自我（actual self）与理想自我（ideal self）。现实自我指个人在现实生活中获得的真实感觉，代表自己目前状态，回答"我是一个什么样的人"。理想我则是个人对"应当是"或"必须是"等的理想状态，回答"我想成为怎样的人"，"应该具备什么品格"等问题。当理想自我与现实我一致时就会达到自我实现（self-actualization），两者差距过大并呈非调节性关系时就会出现心理问题。

镜中我（looking-glass self），是由社会心理学家库利提出的。他认为人们之间相互为对方的镜子，可以通过他人对自己的认识和评价来了解自己。镜中我即个人认为的他人眼中的我，如"大家认为我是一个可靠的人"。它包含三个方面内容：关于他人如何认识自己的想象；关于他人如何评价自己的想象；自己对他人的这些认识和评价的情感。

这一分类可以从自我的现实与否来理解。

（4）公开我、秘密我、盲目我和未知我。

美国心理学家 John Luft 和 Harry Ingham 认为：人对自己的认识是一个不断探索的过程，因为每个人的自我都有四部分：公开的自我，盲目的自我，秘密的自我和未知的自我，简称为乔韩窗口（Johari Window）理论，如图 4-2 所示。

	我知	我不知
他知	A 公开的我	B 盲目的我
他不知	C 秘密的我	D 未知的我

图 4-2　乔韩窗口理论

A. 公开的我，代表自我中我了解，他人也了解的部分，是透明真实的自我。例如个人基本信息。

B. 盲目的我，代表了自我中我不了解，但他人了解的部分。例如，无意识动作、语言等。

C. 秘密的我，代表了自我中我了解，但他人不了解的部分。例如惭愧的往事、内心的痛楚等。

D. 未知的我，代表了自我中我不了解，他人亦不了解的部分。属于无意识部分，个人尚未开发的潜能、未知的欲望、动机等。

乔韩窗口理论认为：每个人这四部分的比例是不同的，而且会随着个人的成长及生活经历而发生变化。当一个人自我的公开领域扩大，其生活会变得更真实，无论与人交往还是自处都会显得轻松愉快。当一个人盲目领域变小，对自我的认识则会越清楚，在生活中也能更好地扬长避短，发挥自己的潜力。

这一分类可以从自己与他人的共同意识程度来理解。

（二）自我意识

1. 自我意识的含义

自我意识（self-consciousness）就是个体对自己存在的觉察和认识，包括个体对自己、对他人以及对自己与周围人的关系的认知和评价。根据心理过程知、情、意三方面来分析，自我意识可分为自我认识、自我体验和自我调节。

自我认识（self-knowledge）是自我意识的认知成分，也是首要成分，是自我调节控制的心理基础。它包括自我感觉、自我概念、自我观察、自我分析和自我评价。自我评价是自我认识的核心，最能代表自我认识的水平，是对自我外表、能力、行为等方面社会价值的评估。

自我体验（self-experience）是自我意识的情感成分。自尊心、自信心是自我体验的具体内容。自尊心是指个体在社会比较过程中所获得的有关自我价值的积极的评价与体验。自信心是对自己的能力是否适合所承担的任务而产生的自我体验。自信心与自尊心都是和自我评价紧密联系在一起的。

自我调节（self-regulation）是自我意识的意志成分。自我调节主要表现为个人对自己的行为、活动和态度的调控。它包括自我检查、自我监督、自我控制等。自我调节是自我意识中直接作用于个体行为的环节，它是一个人自我教育、自我发展的重要机制，自我调节的实现是自我意识的能动性质的表现。

例如，一个人通过社会比较、他人反馈等认识到自己长得漂亮、聪明、有能力，就会体验到自尊、自信、自负，生活中会更积极进取获得成功。如果一个人依据获得的信息把自己评价为一个丑陋、愚笨的人的话，他会体验到自卑，若自我调控力强则努力超越自卑，追求卓越，否则会消极退缩，一事无成。

2. 意识发展理论

（1）奥尔波特的理论。

美国心理学家奥尔波特（G.W.Allport）从人格发展角度提出了自我意识的发展模式：从生理自我到社会自我，最后发展到心理自我。

① 生理自我。始于8个月左右，3岁左右基本成熟。生理自我是自我最原始的形态，是个体对自己的躯体的认识，包括占有感、支配感、爱护感等。婴儿刚出生时不能区分自己与外界，在抓、咬等感知过程中逐渐区分自己躯体和其他事物。七八个月听到自己名字会有反应，但人我、物我不分。1岁能区分动作和动作对象，认识到镜中"我"。2岁会使用第一人称代词"我"。这一阶段儿童表现出来的行为是以自我为中心的，以自己的想法来解释外界现象，认为外部世界因他而存在，因此这一时期又称为自我中心期（period of ego centricity）。

② 社会自我。从3岁到青春期开始，个体通过幼儿园的学前教育和学校教育，受到社会文化的影响，增强了社会意识，认识到自己是社会的一员，尽量使自己的行为符合社会的标准。幼儿园的游戏活动对儿童实现社会自我起着重大作用，因为游戏过程与社会化过程相互吻合，游戏反映着成人社会生活。学校更是儿童建立社会自我的重要阶段，一方面老师中性地面对全体学生，会去掉孩子在家的"自我中心"感；另一方面在学校要接受一定的社会义务和责任（例如作业，参加劳动，帮助同学等）。另外，在学校为赢得老师认可还会获得成就动机，产生自我实现的需要和欲望，从而要求自己表现符合社会要求的行为。这一时期是个体接受社会文化影响较深的时期，所以也成为客体化时期（objective period）。

③ 心理自我。从14、15岁到成年，大约10年的时间。从青春期开始，个体的生理、心理都发生了质的变化，例如性意识觉醒，抽象思维能力、想象力大大提高，都会促使自我趋向主观化，自我意识逐步成熟，进入心理自我的时期。这一阶段也称为主观化时期

（subjective period）。

（2）米德的理论。

美国社会心理学家米德（G.H.Mead）从社会人际互动的角度阐述了自我意识的发展过程。他认为，个体脱离他人就不可能形成自我，个体的自我意识是在个体借助语言符号与他互动的过程中产生的。他提出自我发展模式分为三个阶段：

一是准备阶段。这是自我的最初阶段。这一阶段的自我是原始的，不能运用符号的自我，其主要特点是无意识地模仿他人，对符号和意义缺乏理解。由于婴儿尚未掌握语言符号，所以他们还无法用符号同他人进行交往。

二是模仿阶段。这一阶段的儿童学会了语言，学会扮演他曾模仿过的某个"重要他人"（如母亲、教师），并学会从对方的角度来看待自己。但是，在一定的时期内，他们还只能模仿某一个重要他人，不会做情境的转换，还不能从综合几个"重要他人"的角度来看待自己。

三是社会角色扮演阶段。这一阶段的儿童能把自己扮演为某个角色，并能从综合几个"重要他人"的角度来看待自己，并将它们概括为一个一般化他人。"一般化他人"可以看作为群体的期望或社会的期望，是社会群体的规范、态度、价值、目标内化于个体，形成自我，使自己所扮演的社会角色被社会认可和接受。

（3）埃里克森的理论。

美国心理学家埃里克森（E. H. Erikson）认为，人的自我意识发展持续一生，可以划分为八个阶段，这八个阶段的顺序是由遗传决定的，但是每一阶段能否顺利度过却是由环境决定的。每个阶段都有所面临的发展任务，以及需要解决的"危机"问题。如果每个阶段发展顺利就会形成积极的人格品质，否则会形成消极的人格品质。前一阶段任务完成的好坏，直接影响后一阶段的发展。而后一阶段如果条件好转，也可补偿前阶段的不足。表4-1是埃里克森心理发展八阶段。

表 4-1　埃里克森心理发展八阶段

年 龄 段	心理危机	发展顺利	发展障碍
婴儿期（0～1岁）	信任感—怀疑感	对人信赖，有安全感	与人交往焦虑不安
婴儿后期（2～3岁）	自主感—羞怯感	能自我控制，行动有信心	自我怀疑，行动畏首畏尾
幼儿期（4～5岁）	主动感—内疚感	有目的方向，能独立进取	畏惧退缩，无自我价值感
儿童期（6～11岁）	勤奋感—自卑感	具有求学、做事、待人的基本能力	缺乏生活基本能力，充满失败感
青年期（12～18岁）	同一性—角色混乱	自我观念明确，追求方向肯定	生活缺乏目标，时感彷徨迷失
成人前期（19～25岁）	亲密感—孤独感	成功的情感生活，奠定事业基础	孤独寂寞，无法与人亲密相处
成人中期（26～60岁）	创造感—停滞感	热爱家庭，栽培后进	自我恣纵，不顾未来
成人后期（60岁以上）	完美感—失落感	随心所欲，安享天年	悔恨旧事，徒呼胜负

第一阶段：婴儿期（0～1岁）。婴儿从温暖的母体中出生后来到人世这个陌生的世界，充满了恐惧和不安全感。如果照料者（父母或者祖父母）能够给予充分的照料，婴儿吃喝拉撒、抚摸和关注等各种需要都得到了满足，婴儿就会与照料者产生基本的信任感，她（他）会感觉这个世界是美好的，人们是充满爱意的，是可以接近。如果婴儿的需要被忽略、置之不理，婴儿会得出结论：自己是不可爱的，他人是不可靠。这样的结论甚至会影响到

一生的人际交往：退缩、回避社交，不信任自己和他人。

第二阶段：婴儿后期（2～3岁）。2～3岁的儿童已经能够爬、跑等技能并开始使用语言，她们对这个世界充满了好奇，凡事想自己去探索尝试，经常使用"我想""我要"等表示自己的决定。这一时期，照料者需要训练控制儿童行为符合社会规范，养成良好习惯（大小便、吃饭等）。如果照料者能给予孩子一定自由和控制，他们会感到有能力、独立，也能够应对生活中的挑战。如果照料者过度保护，不允许孩子进行探索，则会产生一种羞怯和怀疑的感情。他们对自己感到不确定，变得依赖于他人。

第三阶段：幼儿期（4～5岁）。这一阶段儿童的交往范围扩大，开始了寻找游戏玩伴以及参与其他的社会性活动，如果他们的行为得到鼓励和支持，主动性会得到发展，逐步有了企图心和目的感。否则，儿童会产生内疚感和退缩性，在社会交往或其他场合很少表现出主动性来。

第四阶段：儿童期（6～11岁）。这一阶段儿童进入小学接受学校教育。学校是训练儿童适应社会、掌握今后生活所必需的知识和技能的地方。他们不可避免地与同龄儿童竞争，比较聪明和能力。如果通过努力能顺利地完成学习课程，体验到成功，他们就会获得勤奋感、能力感，这使他们在今后的独立生活和承担工作任务中充满信心。反之，就会产生自卑感，消极评价自身能力。

第五阶段：青年期（12～18岁）。这一阶段是儿童迅速发展的时期，是进入成年期的短期准备阶段。第二性征的发育和成熟带来的冲击，以及面临的社会新要求和冲突，导致心理困惑和混乱。开始思考人生的一些重大问题，例如"我是谁？""从哪里来""到哪里去"。如果这些问题都理清楚了，就能从过去经历中形成内在持续性和统一感，形成自我认同。相反，则把握不好自己是怎样的人，难以接受并欣赏自己，出现角色混乱。

第六阶段：成人前期（19～25岁）。这一阶段的年轻人开始追求异性，谈恋爱，通过恋爱关系来发展他的亲密感，并获得情感成长。亲密感发展好则给予爱的承诺，走向结婚。在这一阶段不能形成良好亲密感的人，就会面临孤独感，从来没有在真正的亲密关系中获得情感满足，甚至回避情感承诺，这样的人可能选择独身主义。

第七阶段：成人中期（26～60岁）。这一阶段主要是建立家庭，繁育后代。做父母后，通过对孩子的照顾和教育，他们感受到生活的丰富和满足，体会到创造和繁衍感。埃里克森认为一个人即使没生孩子，只要能关心孩子、教育指导孩子也可以具有生育感。反之没有生育感的人，其人格贫乏和停滞，是一个自我关注的人，他们只考虑自己的需要和利益，不关心他人（包括儿童）的需要和利益。在这一时期，人们不仅要生育孩子，同时要承担社会工作，这是一个人对下一代的关心和创造力最旺盛的时期，人们将获得关心和创造力的品质。

第八阶段：成人后期（60岁以上）。进入老年，身体状况衰退，走向死亡的必然性，需要人调整心态面对余下的生活。回忆过去的种种，老年人若达到自我整合，将以一种完善感走完最后的发展阶段，否则产生失望感。生活中没有什么东西比一个老年人的失望更悲哀，也没有什么事情比一个充满完善感的老年更令人满足。

（4）洛文格的理论。

美国心理学家洛文格（J.Loevinger）关注自我发展的内部结构的变化，认为通过内部结构，个体能够理解自己的生活经历并赋予一定的意义。她采用造句测验的方法搜集大量资料，长期研究自我发展，提出七阶段的自我发展模式。

第一阶段为前社会的、共生的阶段。个体不能区分自我与外界客体，与父母或游戏中的玩具处于共生关系中，这种共生关系将促进自我与非我的区分。

第二阶段为冲动阶段。个体受身体冲动支配，行动定向几乎都是现在的，而不是过去或将来的。能够理解身体上的因果关系，但缺乏心理上因果关系的观念。

第三阶段为自我保护阶段。个体认识到规则的存在并力图依据规则来满足自己，注意冲动控制，免受惩罚，学会保护自己。

第四阶段为遵奉阶段。个体认识到自己与群体利益的一致，重视与他人友好合作，自觉遵守团体规则。

第五阶段为公正阶段。个体十三、四岁才能达到这一阶段。第一次发现称之为"良心"的道德观念，有强烈的责任心、正义感，不仅能体验到自己的丰富内心，还能感受他人各种隐蔽的情感，理解他们的价值观点。

第六阶段为自主阶段。个体具有在众多矛盾中正视和积极处理冲突能力，不回避和推卸责任。

第七阶段为整合阶段。个体能超越自主阶段的冲突，达到自我发展的最高阶段，相当于马斯洛的"自我实现"，但很少有人能达到这一阶段。

三、大学生常见的自我意识偏差

大学生处于青年期，青年期是自我意识的飞速发展时期，被卢梭称为"第二次诞生"，第一次为了生存而诞生，第二为了生活而诞生。这一时期，大学生的自我意识开始分化，自我矛盾日益突出，使他们生活在动荡不安的心理世界中：自我肯定与否定、自我价值认同与否定、自尊获得与丧失、自信与自卑等，大学生需要建立起自我同一性，形成稳定的自我概念，最终形成人生观、价值观和世界观。

经过大学生活和教育，大学生自我意识的发展达到了新的水平：独立感、自尊心、自信心、好胜心等逐步趋于成熟；自我认识、自我体验、自我控制三方面趋于协调发展；自我意识的核心——世界观和人生观已基本确立。但这个发展过程并不是平静无波澜的，充斥着诸多的矛盾："主体我"和"客体我"、"理想我"和"现实我"之间的矛盾；自我评价时而客观、时而主观，出现过高的自我评价（导致盲目乐观，自以为是等）或过低的自我评价（自我排斥，自我怀疑等），以及消极自我体验（如自卑）；自我调控能力相对较弱等。

（一）自负

自负就是过高地、不切实际地评估自己的能力，以至失去自知。心理学家柯里指出："如果一个人只看到自己比别人好，别人都比不上自己，这样就会产生盲目乐观情绪，自我欣赏，自以为是，因此就不能处理好人际关系，不能调动主客观双方的积极性，而且还会遇到挫折，产生苦闷。"

自负是一种不健康心理，自负的大学生通常表现为：自命不凡、骄傲自大，看不起别人；有明显的嫉妒心，看不得他人超过自己、比自己成功；固执己见，明知别人正确时，也不愿意改变自己的态度或接受别人的观点；人际交往模式和生活态度属于"我好，你不好"型，较难与他人达成妥协和谅解，最终会陷入孤独和郁闷。

自负不等于自信，与自信仅有一步之遥。自信是发自内心的自我肯定，是一种积极自我评价。盲目、过分自信就可能演变成自负。

大学生过五关斩六将进入象牙塔，成绩骄人，心中充满自豪是很自然的事情。但若因一时的胜利冲昏了头脑，变得自负裹足不前的话，只能惨淡收场。例如：曾以省第一进入重点大学的许某，进入大学后沉浸在鲜花掌声中，对学习敷衍了事，一年下来几门课亮红灯，同学们议论纷纷，最后自尊心受不了自杀身亡。所以无论哪方面特别优秀突出，都不要骄傲自大，应该将部分视线转移到自己的不足上来，扬长避短。另外，平等地对待他人，接纳他人的批评和意见，方能达成更完善的自我。

（二）自卑

与自负相反，自卑，就是过低地评价自己能力，看不起自己，是由自我否定引起的内心体验。个体心理学家阿德勒认为，人类普遍存在自卑感，只是自卑的程度、内容不同。适当的自卑不仅无损于身心，还可以成为个体超越自我、追求卓越的内在动力，对个人和社会都有很大的建设性作用。但过分的自卑则是一种消极的心理状态，它使人丧失自信心，看不到自身优势，限制了潜能的发挥。处理不当会出现心理问题，更甚者会导致精神疾病或自杀。

大学生自卑心理主要表现在对自己评价过低，而且将因某一方面造成的自卑情绪（例如：我写作水平差）泛化到其他方面上去，得出自我概念性的结论（例如，我这个人很差，不行）。大学生中存在不少过分自卑的人。有的同学因为容貌、身材、家庭背景等这些不能改变的硬条件而自卑，尽管这些与个人的软能力无关也无法改变他低人一等的感觉。有的同学总习惯拿别人的长处比自己的短处，忽略自己的优点，尽管懂得"尺有所短，寸有所长"的道理，但总不能贯彻到自我认识上来。因此大学校园里就出现了用整容提高自信、因家庭困难而抑郁、自我封闭等不良现象。

（三）自私

"自私"，"自"是指自我；"私"是指利己。人都有利己倾向，这是人保全、发展自我的生存本能，但利己并非自私，利己损人才是自私的表现。所以，自私指只顾自己的利益，不顾他人、集体、国家和社会的利益，常有自私自利、损人利己等说法。自私是一种病状心理现象，程度轻微表现为计较个人得失、私心重，严重些的表现为抢夺他人财产，私吞公款等。自私的人为人处事以自己的需要和兴趣为中心，只关心自己的利益得失，而不考虑别人的兴趣和利益，完全从自己的角度，从自己的经验去认识和解决问题。"利己利人"是我们提倡的人际交往中"双赢"的表现，符合"互利互惠"的人际交往原则。自私的人在交往中以己为中心，不顾及他人感受和利益，只能让人避之唯恐不及。

大学生中存在的自私现象很多，如霸占公共空间、资源；隐瞒评奖、就业信息等。中国青年报上曾报道过这样一个惊醒世人的"母亲求助信诉儿子自私"的事件：东北农业大学党委书记刘世常收到一位学生母亲的来信，含泪倾诉了对刚刚步入大学儿子不体恤父母辛苦大手花钱的失望与困惑。我们且不论这对父母家庭教育的好坏，只从事件本身来看，自私无论对学生自己成长，还是对家庭和社会都是一个毒药。自私心理一旦扎根形成人格特征，会腐蚀个体心灵变得贪婪、嫉妒，还会损害人际关系，甚至做出违法的事情来。所以大学生为人处世要把自己和他人利益作为共同出发点，多反省自身，多做利他之事，懂得感恩。

（四）自恋

古希腊神话里有一个关于"水仙花"（Narcissus）由来的故事，就是关于自恋（Narcissism）的。纳西塞斯（Narcissus）是希腊神话里的美少年，容貌俊美非凡，见过他的少女，无不深深地爱上他。山林女神厄科（Echo）对纳西塞斯一见钟情，但他对她的痴情却不理不睬。纳西塞斯的铁石心肠伤透了厄科的心，她最终从山林里消失了。报应女神娜米西斯（Nemesis）看不过眼，决定教训他，让他第一次见到水清如镜的湖。在湖中，纳西塞斯看见一张完美的面孔，不禁惊为天人，他竟然深深地爱上了自己的倒影。为了不失去湖中的人儿，他日夜守护在湖边，最终枯坐死在湖边。爱神怜惜纳西塞斯，把他化成水仙，盛开在有水的地方，让他永远看着自己的倒影……

自恋，通俗地说就是自己喜欢自己，欣赏、肯定自己某些方面，如身材、仪表、聪明等。每个人都有不同程度的自恋，适度的自恋有利于身心发展和健康，但过分自恋则会演变成心理障碍或精神病如自恋型人格障碍、自恋狂、自恋癖等。

现在有些大学生像纳西塞斯一样恋上了自己，对自我外表、能力等给予过高自我评价，难以接纳他人的观点，从而看不到真实的自己。还有，社会上炒得沸沸扬扬的"芙蓉姐姐""凤姐"等，只能说她们是极度自恋的女人，而不是自信的女人。自信与自恋，虽只差一个字，含义却相差千里。自信的人知道自己有多少斤两，想要什么，追求什么，并能做到换位思考；自恋的人，心中只有自己，既使样貌平凡，也自认为是国色天香，不可一世，从来不能设身处地地为人着想。

过于乐意在公众面前展现自己和过分追求赞美已逐渐成为青少年的一种心理疾病。自恋的大学生要学会从别人的角度看问题，扩大自己的兴趣范围，拓展自己的心灵空间，走出小小的自我，走向更大的社会。

（五）从众

"从众"是一种比较普遍的社会心理和行为现象，指个人受到外界人群行为的影响，而在自己的知觉、判断、认识上表现出符合于公众舆论或多数人的行为方式。通俗地说就是"人云亦云"、"随大流"。我们应该辩证地看从众，它消极的一面是抑制个性发展，束缚思维，扼杀创造力，使人变得无主见和墨守成规；但也有积极的一面，即有助于学习他人的智慧经验，扩大视野，克服固执己见、盲目自信，修正自己的思维方式、减少不必要的烦恼如误会等。

大学校园中存在的消极从众现象有恋爱从众（"不求天长地久，只求曾经拥有"）、消费从众（"穿衣戴帽各有一套，抽烟喝酒各有所好"、"吃的高档、穿戴时髦、玩的够派、抽烟名牌"）、逃课从众（"今年不逃课，要逃只逃专业课！""选修课必逃，必修课选逃"）、作弊从众（"学不在深，作弊则灵"）等（邬强，2009）。出现这些消极的从众行为，主要原因来自大学生自我意识弱化，独立性较差，缺乏个体倾向性的世界观、人生观、价值观。大学生应该摆脱从众的盲目色彩，用独立的思想和明晰的脚印使自己主动融入集体的行列，这样才能拥有一个真正属于自己的独特人生。

三、大学生产生自我意识偏差的原因

（一）个人主观原因

大学生正处在自我意识蓬勃发展时期，心理发展水平还不够成熟。在自我认知方面，虽然大学生的逻辑思维明显增强并具有一定的批判性，但思考问题仍不够全面，容易以偏概全，也不够客观和深刻，从而出现认知偏差。例如，只看到身材矮小，外表丑等一方面，看不到其他优点。认知偏差基础上导致自我评价不客观，要么过高评价自我、唯我独尊（例如自负、自恋），要么过低评价自我、妄自菲薄（自卑），自我体验波动较大。自我调控方面，大学生虽有一定的自制力，但相对较弱。

大学生经过自我意识的分化和统合之后才能发展出良好、完整的自我意识。在这个动荡不安的成长过程中，大学生可能会出现自我意识过强或过弱、自我关注过多或过少等状况，但只要合理地认知自我、评价自我，就能更好地发展和完善自我。

（二）客观原因

大学生产生自我意识偏差有来自个人主观方面的原因，也有来自家庭、社会等客观方面的原因。

家庭方面，例如经济状况、家庭结构（离异、重构）、父母教养方式等都会直接或间接地影响学生的自我意识发展。有的大学生因为家庭经济困难、无家世背景而觉得低人一等，抬不起头来，自卑心理作祟导致敏感、抑郁、人际关系退缩等。有的大学生以自我为中心，自私自恋，也有家长教养方式不当的原因。例如，溺爱型的教养方式，从小就是家中小皇帝，自己最大，要啥就得给啥，从不管其他人。这样教育出来的孩子长大后性格必然是以自我为中心的。

社会方面，如社会风气、大众传媒等方面也会影响大学生自我意识发展。市场经济发展催生了人们追求物质满足和享乐主义、追求外在和风光等欲望，这种种的追求势必也会渗透到大学校园，影响着大学生的消费观、人生观、世界观等，出现自我膨胀、自私自利、盲目从众等不良现象。

第二节　大学生自我探索能力提升

卡耐基在《人性的弱点》开篇讲了一个故事，一个枪手——被警察描述为"杀人不眨眼"的杀手——是这样认识自己的：他说自己有一颗"不会伤害任何人的仁慈的心"。显然，

这个杀手没有一个合理的自我意识，从而祸害了自己和他人。培养良好的自我意识无论对个人发展，还是对国家社会都有着重大意义。

一、合理认识自我

（一）自观法—吾日三省吾身

古人云，吾日三省吾身。一句很简单的话却蕴涵精深的道理。自观即自省，就是检查自己的思想和行为，剖析自己，发现自身的缺点和过失，并立刻改正。孔子说："见贤思齐焉，见不贤而内自省也"（《论语·里仁》），曾子曰："吾日三省吾身——为人谋而不忠乎？与朋友交而不信乎？传不习乎？"（《论语·学而》）。自我反省的过程就是自我提升的过程。懂得自省的人才能不断成长，懂得自省的人才跟得上时代的步伐。"自省"是通向成功的必经之路。

训练 4-1　我是谁？
设计理念：自省是了解自我的一个途径。
活动目的：了解自我，认识自我。
道具准备：纸、笔。
活动时间：10 分钟。
注意事项：尽可能扩大思考的视觉，注意自我不同方面的描述。
操作步骤：
• 在下面写出 20 句"我是一个怎样的人"，要求尽量选择一些反映个人风格的语句，避免出现类似"我是一个男生"、"我是一名中国人"等这样的句子。

我是一个_____。

我是一个_____。

我是一个_____。

:

:

• 归类：将上述 20 个句子根据内容做以下归类：
★ 身体状况（外貌、身高、体型）　　　编号：_____；

★ 心理状况（常有的情绪情感，如内心开朗、多愁善感；才智有能力、灵活、迟钝等）　　　　　　　　　　　　编号：_____；

★ 社会状况（与他人的关系，对他们常持有的态度和原则，如乐于助人、爱交朋友、孤独、坦诚等）　　　　　　编号：_____；

• 检查你的答案是否包括了这三个方面，如果没有再补充一些句子从三个方面去认识自己。

创新建议： 上面的练习帮助你从生理自我、心理自我和社会自我三方面了解了你自己，同学们还可以根据自我的其他分类方法来完成句子，例如，现实自我、理想自我等。

训练 4-2　我眼中的我

设计理念： 自我评价是自我认识的核心，直接影响着自我概念。

活动目的： 帮助个体更深刻、全面地认识自己、评价自己。

道具准备： 评估表、笔。

活动时间： 10 分钟。

注意事项： 做题时凭第一反应来回答，不要深思熟虑，不要考虑社会性评价。

操作步骤：

- 请用最简洁的文字描述关于你自己的 1～10 项内容，并随即做出满意度评估：

项 目 内 容	满意度评估（A=非常满意，B=满意，C=不满意，D=很不满意）
1. 外表：	A　B　C　D
2. 家庭背景：	A　B　C　D
3. 性格：	A　B　C　D
4. 能力：	A　B　C　D
5. 价值观：	A　B　C　D
6. 人生观：	A　B　C　D
7. 行事为人：	A　B　C　D
8. 生活方式：	A　B　C　D
9. 名声口碑：	A　B　C　D
10. 社会地位（学历职位等）：	A　B　C　D

反思不同满意度的各方面引起的自我评价和体验，以及对自我概念的影响。

创新建议： 还可以增加更多的项目内容如气质、情绪管理、人际关系等来进行自评。另外还可邀请好朋友对你他评，并将自评和他评相比较看是否一致。

训练 4-3　自我 SWOT 分析

设计理念： 罗杰斯认为，现实自我和理想自我一致时才能达到自我实现。

活动目的： 了解自己理想和现实的差距，从而找出自我学习改进的最佳方法。

道具准备：自我 SWOT 分析表，笔。

活动时间：15 分钟。

注意事项：个人生活学习的诸多方面都存在理想和现实之别，进行"SWOT 分析"每次最好具体到某个方面，这样认识得更深刻具体，然后可以再综合。

操作步骤：

填写下面的自我 SWOT 分析表。

自我 SWOT 分析	
优势（strengths）	劣势（weaknesses）
机会（opportunities）	威胁（threats）

• 思考：当你做了 SWOT 分析表之后，是否对自己的认识更加深刻了？

创新建议：自我 SWOT 分析法应用广泛，可以用于任何做选择决策的时候，例如考研还是就业，毕业后当老师还是白领等。

训练 4-4　谁塑造了我

设计理念：在个体社会化过程中，"重要他人"对个体心理和人格的形成起着巨大甚至是决定性作用。

活动目的：协助个人探索自己的成长，增强自觉。

道具准备：纸、笔。

活动时间：20 分钟。

注意事项：注意觉察每个人物引起的自我的情绪体验（正向或负向），描述的难易程度。

操作步骤：

• 填写下面的表格。请在下列各方格中简单描述不同人物对你的看法、评语以及任何难忘的正面、负面的经历。

父 亲	母 亲	老 师
同 伴	一位重要他人	自 己

• 思考以下问题：

你对哪一个人的看法最为重视，为什么？

最难填写的或资料最少的是哪一部分？原因是什么？

这些人物对你成为现在的你有怎样的影响？

创新建议：上面的练习帮助你了解了生命中的"重要他人"对你产生的影响。成长中还有其他因素造就了现在的你，你还可以从家庭、学校、社会（其他团体组织）等方面做进一步的练习，从而帮助你更好地回答"我是从哪里来？"这一问题。

（二）反馈法——以他人为镜

人是社会性的动物，不可能脱离他人、集体而单独生存生活。既然生活在人群里，必然涉及到他人的态度、评价等问题。他人就是反射自我的一面镜子，从别人的反馈中可以知道具有现实意义的"我"是什么样子，自我状态和行为合不合时宜，适应情况如何，哪些地方需要改进提高。

事业成功人士大都有这样的共性：自己眼中的自己和他人眼中的自己，形象非常接近，很少出现自我肯定却不被他人认可的情况。因为他们善于理解和接受别人的想法，择善而从，不断根据他人的反馈来提高自己、改进工作，从而形成"良性循环"，最终取得事业成功。

并不是所有的人都能欣然接纳他人这面镜子给予的负性反馈。有些人自以为是，对他人的负面评价不予考虑地一概拒绝、固执己见，或加以辩解推向客观、归诸他人，因此很难改善自我，获得好的人际关系、成功的事业。

因此，我们要不时地对照"他人"这面镜子来正我、修身。

训练 4-5　我眼中的我，他人眼中的我

设计理念：他人是自我的一面镜子，个体通过他人反馈形成自我概念。

活动目的：了解自我评价是否与他人一致，更客观地评价自己。

道具准备：绿色、黄色和红色等有色笔，形容词表。

活动时间：30分钟。

注意事项：选择他评的"家长"、"同学"时，最好选择了解你、评价客观性强的。

操作步骤：

下面是一些描述个人特征的形容词，将最符合你的描述途上绿色，将较符合你的描述涂上黄色，将不符合你特征的描述涂上红色。

朴实的	单纯的	成熟的	有才华的
内向的	发脾气的	助人的	温和的
固执的	律己的	随便的	有信用的
冒险的	乐观的	勇敢的	独立的
刻苦的	慷慨的	热情的	腼腆的
顺从的	不服输的	有同情心的	外向的
自私的	快乐的	有进取心的	幽默的
认真的	爱表现的	懒惰的	有毅力的
果断的	谨慎的	可靠的	合群的

• 做完上述练习后，请将同样的表给你的同学，让她（他）根据对你的印象，分别涂上绿、黄和红色。

• 将同样的表交给你的家长，让他们也按照上述方法涂上色。

• 对比你所填的色与同学和家长所填色的相同数，即可了解你的自我评价是否与别人一致。

• **思考：**"为什么别人会这样看我？"

创新建议：此形容词表主要描述了你的性格特点，你还可以对其进行扩充以便更全面地了解自己。

（三）践行法——走万里路

歌德曾说过：一个人怎样才能认识自己呢？决不是通过思考，而是通过实践。实践是检验真理的唯一标准，同样，实践也是判定人对自己的认识和定位是否正确的唯一标准。可以从自己实践活动的结果，来反观自身。其实生活是一座大熔炉，它能检验出你

是哪块料，更适合做什么，通过成功与失败帮助你重新认识自己。所以，如果你认为你行、适合做什么，就去做吧，让事实、结果去证明你是否如你认为的那样真行、真适合；如果你认为你不行、不适合，也不要急着下结论，到生活中试试吧，让实践去检验真相到底如何。不要将认识停留在主观评价、意识层面，只有经过生活检验的才是实实在在的"真实自我"。

二、积极悦纳自我

（一）不必"完美至极"

古人云：金无足赤，人无完人。泰戈尔说：完美因缺陷而显得更美。

"完美"是人对自我完善的一种美好期望和追求。在现实生活中"完美"只是一个概念，不完美才是现实存在的。人正因为有这样那样的"不足、缺憾"，才更自谦地努力奋斗，不断提升自我，发掘更大的潜能。生活中，"不完美"也是一种别致，如经典残缺美之断臂维纳斯。美国的著名漫画家、诗人谢尔·希尔弗斯坦（Shel Silverstein，）所著《缺失的一角》（The Missing Piece），就讲述了一个关于缺陷的故事，大家可以从中获得一些启示。

专栏 4-1　谁最受欢迎

在一项实验（Aronson，1980）中，主试将不同的四卷访问录像带，分别播放给四组被试观看，让他们凭主观的感觉评分，以表示他们对受访者的喜欢程度。录像带的内容，都是访问者与受访者面谈，受访者的身份是大学生。四卷录像带中的人物都是一样的，只是访问者事先介绍以及访问过程有所不同。

第一卷录像中，访问者将他描述成一个能力杰出的大学生，他是荣誉学生、校刊编辑、运动健将等；在访问中，受访者尤其表现杰出，对访问者提出的所有问题，能毫不费力地答对92%。如此，受访者给人的印象是完美无缺的人。

第二卷录像带的内容与第一卷大同小异。访问者的介绍相同，受访者回答问题的方式及表现也相同，唯一不同的是，在访问过程中加了一段小插曲：受访者表现有点紧张，不小心将面前的咖啡打翻，弄脏了一身新衣服，场面相当尴尬。

第三卷录像带中，访问者将受访者说成是一个普通的大学生，在访问过程中，受访者也只有普通的表现。

第四卷录像带的内容，与第三卷大同小异，小异之点与第二卷中的插曲相同。

结果，经分析被试的评定，发现大家最喜欢的是第二卷中的受访者，其次是第一卷，再次是第三卷，最不喜欢的是第四卷中的受访者。

这一研究发现说明，才能平庸者固然不会让人倾慕，但全然无缺点的人，也未必讨人喜欢；最讨人喜欢的是精明而带有小缺点的人。

（二）学会自我欣赏

每个人既有优点、闪光之处，又有缺点、暗淡之处。若把目光仅聚焦在暗淡之处上，那只可能变得自我否定、自我贬抑，自我认同低也就不快乐。只有懂得欣赏自己的人才会懂得去开拓自己、发挥自己潜能，也只有这样，自己的人生画卷才会有创意，哪怕是一幅简单的素描，它的内涵也不会因此而逊色。

训练 4-6　天生我才

设计理念： 个体只有自我肯定、接纳才能获得自信。

活动目的： 帮助学生了解自己的长处，珍惜自己的潜能，学习自我欣赏、自我肯定，学习欣赏别人，增进自信和信任。

道具准备： "天生我才"练习表和笔。

活动时间： 15分钟。

注意事项： 注意问题是"最…"，所以每个回答只有一个，因此需要你斟酌鉴别不同方面的最闪亮之处。

操作步骤：

• 请每个同学填写"天生我才"练习表，然后在小组中与其他同学分享自己的答案。

"天生我才"练习表

请完成下列句子：

1. 我最欣赏自己的外表是＿＿＿＿＿＿＿＿＿＿＿＿（例如头发、高度、牙齿等）

2. 我最欣赏自己对朋友的态度是＿＿＿＿＿＿＿＿＿＿＿

3. 我最欣赏自己对求学的态度是＿＿＿＿＿＿＿＿＿＿＿

4. 我最欣赏自己的一次成功是＿＿＿＿＿＿＿＿＿＿＿

5. 我最欣赏自己的性格是＿＿＿＿＿＿＿＿＿＿＿

6. 我最欣赏自己对家人的态度是＿＿＿＿＿＿＿＿＿＿＿

7. 我最欣赏自己做事的态度是＿＿＿＿＿＿＿＿＿＿＿

• 了解小组里所有同学的答案后，开始讨论。讨论提纲如下：

• 你是否同意"每个人都有长处"？理由何在？

• 当你做了一件事，如帮助一位盲人安全过马路或考了理想成绩，你会欣赏自己的行为吗？

• 当你做了一件事，如一次重要的约会你迟到了或考试时完全不会回答问题，你会怎样看待自己呢？会责怪自己吗？为什么？

创新建议：你可以自行增加"天生我才"练习表的内容，扩大自我赏识的视野。另外小组讨论可以从同学圈转到亲友圈。

（三）做独特的自己

世界上找不到两片完全相同的树叶，同样也找不到两个完全相同的人。我们每个人在这个世界上都是独一无二，不可复制的。也许你不如他人漂亮，但你有内涵、气质，正如赵传所唱的《我很丑，但我很温柔》；也许你不如他人聪明，但你勤奋，勤能补拙；也许你不如他人富有，但你有相亲相爱的一家人……

人生的悲剧就在于失去了个性，失去了自我本色。如果后来人总是效仿前人，不开拓创新，也就没有人类和社会的进步可言。生活中不乏做独一无二的人，他们作为世人的榜样为我们敬仰和学习。如果当初张海迪也如别的人一样办工厂或钉鞋，她就不会写下《轮椅上的梦》，成为一代学习楷模；钱钟书如果也如某些作家一样热衷于名利，他也不会成为"中国当代的曹雪芹"……每个人的人生都是独特的，所以不要盲从，只要成为自己，做独一无二的自己！

三、勇于超越自我

个体心理学家阿德勒认为，追求卓越是人类的共性，是人发展的动力之一。人要善于分析自我的不足，明确理想与自我的差距，并敢于正视它。然后，积极采取行动，不断尝试，从而发展自我、超越自我。人从现实出发去追求超越，在追求的过程中应遵循"四 A 论"，即接纳（Acceptance），接纳自我与自我所在的现实环境；行动（Action），对自己决定的事，付诸行动，并全力以赴；情感（Affection），工作学习时情感投入，获得乐趣，乐在其中；成就（Achievement）成就，以上三者完成后的自然结果。

训练 4-7 十年后的我

设计理念：理想自我是个体对自己将成为什么样的一种构想，能指引着个体不断超越现实自我。

活动目的：帮助学生更加明确未来目标，清楚应该努力的方向，增强自信心。

道具准备：纸、笔。

活动时间：20 分钟。

注意事项：放开想象，根据自己的愿望去畅想十年后的你是什么样子，不要去评判可能性、合理性等问题。

操作步骤：

• 毕业后十年，大学同学再聚首。那时的你春风得意、踌躇满志。请您具体描述一下，那时你的生活是什么样子的？付出了哪些努力？越详细越好。

十年后的我，在事业上 _____，

为了取得事业成功，十年来我付出了以下努力 _____。

十年后的我，在家庭上 _____，

为此，我做了以下努力 _____。

十年后的我，_____

_____。（根据自己的想象，继续描述）

　　创新建议：你可以灵活地操作时间，例如可以依次想象 5 年后的你，10 年后的你，20 年后的你……通过此练习，可以帮助你更好地规划未来，增强生活的目的性和计划性。

本章提要

　　1. "自我"的概念是两个意义上的，一是弗洛伊德理论中的 Ego，是人格结构的一部分，从本我基础上发展起来，遵循现实原则，主要任务是协调本我、超我和现实三者之间关系，达到动态平衡。二是 Self，即个体自己，是目前常用的概念。

　　2. 根据不同分类标准，自我可以分为：主体自我和客体自我；物质自我、社会自我和精神自我；现实自我、投射自我、理想自我；公开自我、秘密自我、盲目自我和未知自我。

　　3. 自我意识是个体对自己存在的觉察和认识。根据心理过程，可以划分为自我认知、自我体验和自我控制。

　　4. 自我意识发展理论主要有四个：（1）奥尔波特的理论，认为自我意识发展是从生理自我到社会自我再到心理自我的过程。（2）米德的理论，他认为个体的自我意识是在个体借助语言符号与他互动的过程中产生的。自我发展模式分为准备阶段、模仿阶段和社会角色扮演三个阶段。（3）埃里克森的理论，他认为自我意识是在先天遗传和后天环境的交互作用基础上发展的，经过八个阶段，每个阶段度都有主要任务和面临的心理危机。发展顺利则形成积极人格品质，否则则形成消极人格品质。（4）洛文格的理论，关注自我发展的内部结构变化。认为自我发展经过七个阶段：前社会的、共生的阶段，冲动阶段，自我保护阶段，遵奉阶段，公正阶段，自主阶段，整合阶段。

　　5. 完善自我意识，首先要合理认识自我，可以通过自观法、他人反馈法、践行法来达成。其次要积极悦纳自我，放下完美概念，学会欣赏自我，做独一无二的自己。最后要超越自己，在认识自我不足与劣势基础上，积极行动完善自我，达到理想自我状态。

复习思考题

　　1. 你可以从哪些角度去理解"自我"的丰富内涵？

　　2. 你了解自我意识及其发展规律吗？

　　3. 你的自我意识存在偏差吗？有哪些？对你造成了什么影响？

　　4. 你是怎样的一个人？较全面地认识自己了吗？

　　5. 你能悦纳自我、超越自我吗？打算如何做到？

拓展训练

一、必练

1. 你认为本章最重要的知识点和实践策略有哪些？

（1）_____

（2）_____

（3）_____

（4）_____

（5）_____

（6）_____

（7）_____

（8）_____

2. 通过本章的学习，你认为自己的优点和不足是什么？

优点：（1）_____ （2）_____ （3）_____；

不足：（1）_____ （2）_____ （3）_____。

能接受并不完美的自己吗，为什么？（1）_____ （2）_____

（3）_____。

3. 你能悦纳自我、超越自我吗？写下你的打算？

（1）_____

（2）_____

（3）_____

（4）_____

（5）_____

（6）_____

二、选练

1. **价值大拍卖**

设计理念：价值观是个体行为的内部动力，支配着人的态度、认识、行动等。

活动目的：激发学生思考自己的价值观念；帮助学生体验和澄清自己的人生态度。

道具准备：拍卖槌，拍卖项目表。

活动时间：40分钟。

注意事项：人生本来就是取与舍，把握住自己想要的主次才能进退得当。

活动步骤：

导入语：人的一生是由无数次的选择所构成的，不同的选择，把人们导向不同的路途和方向，使各自的人生呈现出不同的色泽和价值，最终收获不同的果实。今天，我们进行一场价值拍卖会，在爱情、友情、健康、自由、美貌、爱心、权力、财富、欢乐、亲情等这些东西面前，同学们是怎样选择的呢？我们的选择不一样，体现了我们对人生的追求和事业的追求也不一样。希望通过这次价值拍卖会，让同学们更清晰地了解到自己的价值取向和人生态度。

• 介绍活动规则：

（1） 拍卖的东西如下表，每一样东西的底价都是2000元。

1. 爱情	6. 欢乐	11. 友情
2. 健康	7. 威望	12. 亲情
3. 美貌	8. 财富	13. 精湛的技艺
4. 爱心	9. 自由	14. 理想的事业
5. 知识	10. 诚实	15. 名垂青史

（2） 每人总共有10000元钱。

（3） 封顶价是5000元（此时可多人同时买进）。

（4） 最低以1000元为单位加价。

（5） 报价举手的同时叫价。

• 拍卖：从序号一"爱情"拍卖开始，学生叫价，价高者得之；以此类推，逐一拍卖，并记录成交情况，如×××投得爱情，3000元，成交。

• 小组讨论。

（1） 有没有同学什么都没有买？为什么什么也没买？

（2） 你是否后悔得到你所买的东西？为什么？

（3） 拍卖过程中你的感受如何？

（4） 假如现在已经是人生的尽头，请你看看你手上所有的是什么东西？他们对你来说是否仍有意义？

（5） 现在把你自己最想要的东西写下来，想一想在现实生活中怎样才能得到它呢？

• 个人思考。

（1） 你最初打算买进的5样东西是（按重要程度排序）：

（2） 你最终买进的东西是：

（3） 你的花费为：

（4）最终确定你想要的是东西是：

（5）用一句话概括出本次活动结束后的你的感受：

2. 大学生自卑心理诊断量表

下面这份"自卑心理诊断量表"，有助于你了解自己是否存在明显的自卑感及造成自卑的主要根源。本测验共 15 个问题，每个问题有 A、B、C 三种选择答案，请你在与自己情况较符合的答案上打"√"。

（1）你的身高与周围人相比如何？

    A. 较矮   B. 差不多   C. 较高

（2）早晨，照镜子后的第一个念头是什么？

    A. 再漂亮一点就好了   B. 想精心打扮一下   C. 别无他想，毫不在意

（3）看到最近拍的照片你有何想法？

    A. 不称心   B. 拍得很好   C. 还算可以

（4）如果有来世，下面三种选择中选哪类好？

    A. 做女人够受的，做男人好

    B. 做男人太苦了，做女人好

    C. 什么都行，男女一样

（5）你是否想过五年或十年后会有什么使自己极为不安的事？

    A. 多次想过   B. 不曾想过   C. 偶尔想过

（6）你受周围人们的欢迎和爱戴吗？

    A. 常有   B. 没有过   C. 偶尔有

（7）你被别人起过绰号、挖苦过吗？

    A. 常有   B. 没有过   C. 偶尔有

（8）老师批改过的试卷发下来了，同学要看怎么办？

    A. 把分数折起来让他们看不到

    B. 让他们看

    C. 将考卷全部藏起来

（9）体育运动后，有过自己"反正不行"的想法吗？

    A. 常有   B. 没有过   C. 偶尔有

（10）你有过在某件事上绝不次于他人的自信吗？

    A. 有过一次

    B. 从来没有

    C. 在某些方面自己有这种自信，但对不是特殊之事并不介意

（11）如果你所喜欢的异性同学与他人更亲近，你怎么办？

    A. 灰心丧气，以后竭力避开那位异性

    B. 跟那位同学公开或暗地里展开竞争

    C. 毫不在乎，一如往常

（12）　碰到寂寞或讨厌之事怎么办？

  A. 陷入深深的烦恼中   B. 吃喝玩乐时就忘了   C. 向朋友或父母诉说

（13）　当被别人称为"不知趣的人"或者"蠢东西"时，怎么办？

  A. 我回敬他"笨蛋！没有教养！"

  B. 心中感到不好受而流泪

  C. 不在乎

（14）　如果碰巧听到友人正在说你所要好的同学的坏话，你怎么办？

  A. 断然反驳："根本没有那种事！"

  B. 担心会不会真有那回事

  C. 不管闲事，认为别人是别人，我是我

（15）　不管怎样努力学习，如果你的主要功课都输给你的竞争对手，你怎么办？

  A. 尽管如此还是继续努力挑战，今后加劲干

  B. 感到不行，只好认输

  C. 从其他学科上竞争取胜

评分：

  把每题的得分加起来计算出总分，与下面的总分评价标准对照，看看自己是属于哪个类型的，再阅读有关四种自卑类型的说明。

记分规则参照表

题　号	答案		
	A	B	C
（1）	5	3	1
（2）	5	3	1
（3）	5	1	3
（4）	5	1	3
（5）	5	1	3
（6）	1	5	3
（7）	5	1	3
（8）	3	1	5
（9）	5	1	3
（10）	1	5	3
（11）	5	1	3
（12）	5	3	1
（13）	3	5	1
（14）	1	5	3
（15）	3	5	1

类型与得分对照表

类型	I	II	III	IV
得分	15～29	30～44	45～60	61～75

类型 I：环境变化造成自卑

你平时没有自卑感，是个乐天派，并且往往很自信。你对自己的才能、外表、风度充满自信和骄傲，极少有自卑感。如果你抱有自卑感的话，那是环境起了变化的缘故，譬如你进了出类拔萃的学校或其他场所而未能充分体现你个人的价值时，才能引起自卑。

类型 II：动机与期望过高引起自卑

你有过高的追求，有动机过强、期望过高的缺点。你不满足于现状，想出人头地，以至于去追求不切实际的目标。也可以说，你过分地计较得失胜负，追求虚荣，而无法实现时则往往陷入自卑，难以自拔。

类型 III：过早断定不行造成自卑

你在干事情前就贸然断定自己不行，自认为不如别人。这主要是你不了解周围人们的真实情况，不清楚使你焦虑的事情的本来面目。当你搞清楚后，会恍然大悟："怎么竟是这么回事？"随之则坦然自如。你的自卑感主要是你的无知造成的，症结在于自认为不行就心灰意冷。

类型 IV：性格怯懦造成自卑

用消极悲观的眼光看待事物，也与你的自卑有关。症结在于对自身的体魄和外貌缺乏自信，光是看到不足与不利之处，因而，遇事退缩胆怯。不管与人交往还是学习功课，懦弱导致你自酿苦酒。

推荐阅读

1. 张德芬：《遇见未知的自己》（2012 最新修订版）。湖南文艺出版社出版。本书是一部影响了数千万人的身心灵成长小说，主要讲述了一位迷失于都市生活的白领若菱在一个下雨的冬夜巧遇一名智慧老者，智慧老者帮助其从身心灵三个方面理清我们的人生模式是如何形成的、如何操控我们的身心并提供了解决这些模式的有效方法。在与智者数度交谈的过程中，若菱渐渐寻回了最真实勇敢的自我。本书为张德芬著身心灵三部曲之一，其他为《活出全新的自己》、《遇见心想事成的自己》，后又著《重遇未知的自己：爱上生命中的不完美》。

2. 李开复：《做最好的自己》。人民出版社出版。这本书用缜密的逻辑和真实的案例，用流畅生动的语言，来阐述作者成功的秘诀，引起读者强烈的情感共鸣。

3. （奥）阿德勒著，李心明译（2006）：《自卑与超越》。光明日报出版社出版。这是一本通俗且包含着极深的哲理和巨大的学术价值的心理学巨著。作者阿德勒为个体心理学的创立者，他提出了很有价值的"自卑情结"。认为每个人都有不同程度的自卑感，对优越感的追求是人类的共性。人要超越自卑，关键在于正确对待职业、社会和婚姻，在于正确理解生活。

4. 韩三奇：《自信比金子还宝贵》。中国方正出版社出版。这本书围绕"自信"这一主题，设置5个专题来指导一个人如何建立起自信心，切实能给当前社会中因自卑而焦虑、压抑的人们提供心理支持。

5. 《火柴人》（Matchstick Men）。美国电影，于2003年9月2日在美国上映，本片由德雷·斯高特执导，尼古拉斯·凯奇、萨姆·洛克维尔和艾莉森·洛曼主演。该片改编自埃里克·加西亚的小说《火柴人》，讲述主人公罗伊是一名患有精神强迫症的骗子，他和野心勃勃的搭档弗兰克联手，经营着小打小闹的骗子生涯，依靠罗伊高明的骗术，屡屡有人受骗上当。本片中尼古拉斯·凯奇将一个患有心理疾病的行骗艺术家的强悍与懦弱演绎得淋漓尽致，一方面他自信自己的骗术无懈可击，另一方面却没有提防搭档对自己设下的陷阱，一方面他努力做好一个父亲的角色借此缓解心灵上的空虚，另一方面却被徒弟和假冒的"女儿"欺骗着他的感情和善良。

参考文献

[1]　崔彦群. 自我理论及其研究概述 [J]. 文教资料，2009（2）：121-123.

[2]　[美] 乔纳森·布朗著，陈浩莺等译. 自我 [M]. 北京：人民邮电出版社，2004.

[3]　孙瑜. 当代大学生自我意识研究 [D]. 燕山大学，2015.

[4]　李明. 当代大学生自我意识发展的特点及其调控 [J]. 牡丹江教育学院学报，2015（11）：68-69.

[5]　覃丽. 高职院校大学生自我意识发展的现状及对策研究 [J]. 当代教育实践与教学研究，2016（02）：229-230.

[6]　郭文奇. 大学生自我意识发展的障碍及塑造途径研究 [J]. 兰州教育学院学报，2015（05）：147-148.

[7]　李佳川，孙洁，唐金根. 我国大学生自卑心理的研究现状分析与思考 [J]. 云梦学刊，2011（03）：130-132.

[8]　涂薇. 大学生自信的现状与教育对策 [J]. 高校辅导员学刊，2015（05）：74-78.

[9]　梁瑛楠. 大学生从众心理及原因分析 [J]. 科技创新导报，2010（02）：230-231.

[10]　郑洪利，樊富珉. 大学生心理素质训练教程 [M]. 上海：上海交通大学出版社，2005.

[11]　杨敏毅，鞠瑞利. 学校团体心理游戏教程与案例 [M]. 上海：上海科学普及出版社，2006.

第五章　自我管理能力发展训练

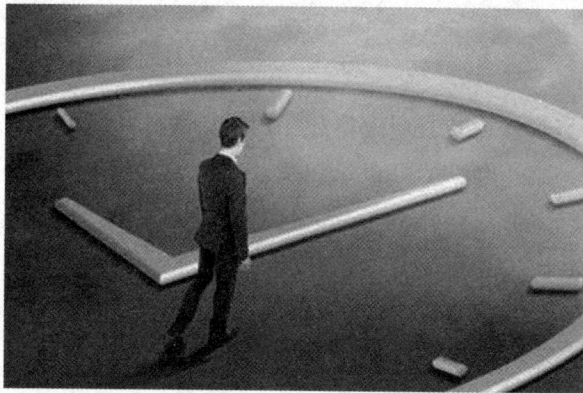

良好的自我管理能力是在竞争中立足的法宝。

现代社会到处充满着竞争，每个人都是参与竞争的独立个体，既要与他人展开竞争，也是他人竞争的对象。学会对自我的经营，即培养自我管理能力，则是竞争中立足的法宝。现实生活中，那些极其成功的经理人——韦尔奇、艾科卡、松下幸之助、格鲁夫、比尔盖茨……，他们都是自我管理成功的典范。在他们成长的过程中，并没有什么特别的才华，唯有一点与普通人不同，那就是他们善于自我管理。本章将剖析自我管理的基本概念、大学生常见的自我管理问题和产生原因，并设计一定的心理训练方法，提升大学生自我管理的能力。

自我管理是一种静态管理，是培养理性力量的基本功，是人把知识和经验转化为能力的催化剂。

——李嘉诚

谁要是游戏人生，他就一事无成；谁不能主宰自己，永远是一个奴隶。

——歌德

学习与行为目标

1. 了解自我管理的基本概念、大学生常见的自我管理问题及其产生原因。
2. 明晰自己的自我管理能力。
3. 掌握心理训练方法，提升自我管理能力。

第一节　自我管理能力概述

　　2013 年，清华大学双胞胎姐妹马冬晗、马冬昕凭借最牛学习计划表在微博上爆红。计划表从早上 6 点安排到凌晨 1 点，每天的学习时间精确到分钟。两姐妹学业成绩连年保持第一，被称为"学霸"。除了学习好，双胞胎姐妹还参加很多社团活动。顶着"学霸"的名头，马冬晗和马冬昕并不是只会读书的"书呆子"，本科期间，她们俩都在班委会、学生会、团委等组织承担了一定的社会工作。姐姐马冬晗是精仪系学生会历史上第一位女主席，妹妹马冬昕还当选了北京市海淀区第十五届人大代表。谈到如何平衡好学习和生活时，马冬晗说："我不一定比别人聪明，但我比较会控制自己。人要培养意志力，学会管得住自己。正所谓'业精于勤而荒于嬉，行成于思而毁于随'"。

（摘自《中国青年报》（2013 年 02 月 18 日 12 版）

　　双胞胎姐妹马冬晗、马冬昕，在大学里积极地设计规划自己的人生，管理好自己的时间和生活，从而成为令人羡慕的对象。然而，在大学生中，不少同学面对突如其来的"自由"（与中学相对而言），显得不知所措，不会管理、约束自己，最终一事无成。同一个大学校园，为何不同的学生会有不同的人生收获？原因就在于理想不同，价值观不同，对待学习、生活、工作的态度不同，说到底是自我管理不同！理想的高度决定了人生的高度，自我管理的不同决定了命运的不同。

一、自我管理的内涵

（一）自我管理的概念

　　自我管理（self management）是指个体主动应用认知及行为策略对自身的思维、情绪、行为以及所处环境进行目标管理的过程。

这个心理学概念源于美国伊利诺伊州大学的 Frederk H. Kanfer（1925—2002）提出的自我调节（self-regulation），自我调节包括三方面内容：自我监察（self-monitoring）、自我评估（self-evaluation）及自我强化（self-reinforcement）。

在我国，从古至今都一直强调自我管理的概念，在我们中华的传统美德里有"君子以自强不息、君子以厚德载物"，"己所不欲勿施于人"、"推己及人"、"内省慎独"等，都是进行自我约束、自我教育、自我管理的名言。孔子的仁学则把"修身、齐家、治国、平天下"作为核心的义理。

我国学者方卫渤、肖培在《管理自己》一书中指出："自我管理是指处在一定社会关系中的人，为实现个人目标有效地调动自身能动性，规划和控制自己的行动，训练和发展自己的思维，完善和调解自己心理活动的自我认识、自我评价、自我开发、自我教育和自我控制的完整的活动过程。"

（二）自我管理的分类

斯腾伯格的"心理自我管理"理论（theory of mental self government）试图用政府的概念去理解人的心理，将个体的自我管理系统类比为政府机构，认为人们在生活中需要像政府机构一样，对自己的思想和行为进行管理，分配自己的"资源"，但控制和管理的方式很多在可能的情况下，人们选择他们偏爱的风格来管理自己。

"心理自我管理"理论（theory of mental self-government）按照管理的功能、形式、水平、范围和倾向性五个维度，共划分出 13 种思维风格。

从心理自我管理的功能维度，斯腾伯格思维风格划分为三种，即立法型（legislative）、执法型（executive）和审判型（judicial）。立法型的人用自己的方式工作，喜欢创造并提出自己的规划，自己决定该干什么以及怎么干，并且偏爱没有组织好的问题。执法型的人喜欢从事结构、程序和规则相对固定的活动，现今的学校体系会将他们定义为"好学生"。审判型的个体偏爱对现有工作和别人的成果进行分析和评价，是现有体制得以巩固完善必不可少的群体。

从心理自我管理的形式维度，斯腾伯格将思维风格划分为四种，即专制型（monarchic）、等级制型（hierarchic）、平等竞争型（oligarchic）和无政府型（anarchic）。专制型风格占主导的人倾向于在同一时间内只思考和处理一件事情，并且处理事情时不易受外界干扰；等级制风格占主导的人可同时面对多种任务，处理事情有轻重缓急之分，在解决问题和做出决定时有组织性和系统性；平等竞争型风格占主导的人也能同时面对多种任务，但在处理时无主次之分；无政府型风格占主导的人会极其灵活地、随心所欲地工作，倾向于应用自由的方法解决问题，偏好在没有组织结构的环境下工作。

从心理自我管理的水平维度，斯腾伯格将思维风格划分为两种，即整体型（global）和局部型（local）。整体型风格占主导的人喜欢处理整体的、抽象的事物，做事喜欢从整体着眼；局部型风格占主导的人喜欢处理具体的任务，做事情倾向关注细节。

从心理自我管理的范围维度，斯腾伯格将思维风格划分为两种，即内倾型（internal）和外倾型（external）。内倾型风格的人喜欢独立工作，不太关注外界世界，比较关注内心世界，倾向于任务定向，而对他人不敏感；外倾型风格的人是人际导向的，喜欢与他人合作，关注外部世界。

从心理自我管理的倾向维度，斯腾伯格将思维风格划分为两种，即开放型（liberal）和保守型（conventional）。开放型风格的人喜欢有新意的、不确定的情境，做事偏爱标新立异；保守型风格的人喜欢熟悉的情境，做事愿意维持现有规则和程序。

二、大学生自我管理常见问题

大学生的自我管理，是指在学校这个环境中，大学生发挥其主观能动性，通过自我认识、自我学习、自我激励、自我协调、自我控制的过程，获得自我实现和个人的全面发展的过程。对大学生来说，面对着许多学习、生活、工作挑战，只有能独立地面对和解决这些问题，才能正确认识自己独立的人格、意志、兴趣和能力，并以自己的生活实践得到别人的认同。大学生的自我管理，包含社会发展目标、高校教育目标、个人学习生活目标和个人有效行为四者之间的关系及其有机的统一。

（一）学习目标不明确，自我管理能力不足

对于许多学生来讲，刚刚经过了高考的洗礼，进入大学以后就不知道自己的学习目标是什么。多少年来学习目标一直以"升学"为动力，而进入大学之后，突然觉得无所适从，加之大学管理以"自我管理"为主，使得部分学生无所事事。没有了目标，学习也失去了动力。面对宽松的学习氛围，大量的自我支配时间，由"硬"变"软"的学习环境，要求大学生有较强的自制力和自律。由于我国目前的高考教育制度，使学生习惯了中学阶段的保姆式的教学方式，不能适应大学的学分制教学管理。部分学生缺乏自我管理的能力和学习动力，学习自主性、计划性和目的性相对较差，不能合理有效地利用大量的课余时间。据调查显示，学生每天平均上网时数小于1小时、1~2小时、2~5小时和大于5小时者分别为40%、31%、23%和6%。

（二）时间管理理念缺乏，有些同学沉溺于网络

大学阶段是人生最宝贵的黄金时期，也是为将来发展做准备的重要阶段。大学相对来说，学生自己掌控的时间比较多，除了上课之外，学生自己安排课余时间。有些同学面对精彩纷呈的课余生活，就不知如何掌控自己，合理安排时间。在大学校园中，真正学会管理时间的学生只是少数，大部分学生到学期末才会感叹时间过得太快，有些同学到大学快毕业时才会如梦初醒，感叹四年的大学生活自己没有好好把握时间，总是假设如果时光倒流一定会好好珍惜时间，可惜没有时间隧道，无法实现这种假设。现在有相当一部分学生不能很好地安排自己学习生活的时间，总说自己很忙没有时间，但学习效率又很低。有的学生往往将大量的时间用在那些既无多大价值又无助于达到目标的事情上，这里有意志力薄弱、懒惰、能力不足等因素的作用；但更主要的原因是学生对自己的价值和目标还没有搞清楚；也有的学生虽然明确了自己的人生目标，但却并未将之与当前的发展任务相联系——而是任由时间流逝。

除了没有时间概念外，有些同学把大好青春年华挥洒在网络之中，有些甚至患上"网

瘾"[14]，无法正常学习和生活，导致降级、退学，还有人离校出走等。大学生中沉溺于网络的不是很多，但有增多的趋势。随着互联网的普及和发展，上网已成为人们尤其是青少年生活中的一部分，而如何把握自己，不沉溺于网络这个虚拟世界，的确值得我们思考。

（三）管理情绪能力欠佳，容易冲动

情绪管理（Emotion Management）就是善于掌握自我，善于调节情绪，对生活中矛盾和事件引起的反应能适可而止地排解，能以乐观的态度、幽默的情趣及时地缓解紧张的心理状态。如同亚里士多德所言：任何人都会生气，这没什么难的，但要能适时适所，以适当方式对适当的对象恰如其分地生气，可就难上加难。

进入青春期的大学生，处于特殊的身心发展期，表现出多样性、冲动性、矛盾性、波动性、易于心境化的情绪特点。他们自尊、自卑、自负；对某一种情绪的体验特别强烈、富有激情，对各种事物都比较敏感，再加上精力旺盛，因此情绪一旦爆发就较难控制。在激情状态下，表现得容易感情用事。情绪的外在表现和内心体验，并不总是一致的，在某些场合和特定问题上，有些大学生会隐藏、文饰和抑制自己的真实情感，表现得含蓄、内隐。同成年人相比，大学生的情绪仍是明显的，有时情绪激动，有时平静如水，有时积极情绪高昂，有时消极情绪颓废。同学关系的好坏或学习成绩的优劣，都能引起情绪的波动。最后是易于心境化，即尽管情绪状态有所缓和，但拉长了这种情绪状态，其余波还会持续相当长的时间。

（四）生活方式不健康，身体素质下降

《中国青少年体育发展报告（2015）》中提到"大学生耐力素质依然持续下降"，而且多项身体素质检测显示，大学生身体素质不如中学生。力量素质方面（包括仰卧起坐/男生引体向上），19 至 22 岁的大学生男生成绩与初高中生成绩持平。相似的是，大学女生成绩同样低于高中生和初中生。此外，柔韧性素质（坐位体前屈）指标也显示，大学生中城市男生成绩从 2010 年起持续下降，农村男生成绩不及高中生。究其原因，首当其冲是大学生普遍健身意识淡薄，一方面延续了高中的惯性，对体育锻炼不重视，此外，很多大学生生活无规律，生活方式不健康，侵蚀了大学生的体质。据一份调查数据显示，某校有 44%的本科生养成了熬夜的习惯，大三的学生在凌晨两点以后睡觉的比例高达 14%，只有 2.5%的学生起床后感觉精神充沛，38%的学生感觉比较疲惫。上大学之前生活有规律，考上大学，离开父母，部分学生由于缺乏自我管理能力，生活反而没了章法，不参加锻炼，还染上种种不良生活习惯。睡懒觉、熬夜泡吧、抽烟、喝酒、长期上网等无规律的生活习惯导致其身体机能下降。

（五）消费缺乏理性，经济支配盲目随意

目前我国大学生的生活费主要来源于家庭供给。来自家庭及亲友的资助占 80%，奖、贷、助学金占 10%左右，勤工助学平均占 7%左右。当代大学生绝大多数远离父母，掌握

---

14 网瘾是指上网者由于长时间地和习惯性地沉浸在网络时空当中，对互联网产生强烈的依赖，以至于达到了痴迷的程度而难以自我解脱的行为状态和心理状态。

着支配生活费用的权力。他们的消费名目繁多，除基本的生活和学习消费外，还有娱乐、人际、旅游、网络、通信、化妆品等形形色色的消费项目。部分学生缺乏经济适度的自我管理能力，缺乏科学理性的消费观，不能把握住适度消费的原则，使用在学习、生活方面的费用偏低，而在交际、娱乐等方面的费用过高，这已明显偏离了学生消费的正常轨迹。有的学生消费无目的性和计划性，经济支配上有着很大的盲目性和随意性，追逐时尚、铺张浪费、攀比成风。这种行为不仅造成了盲目消费，导致了物品的闲置和不必要的浪费，而且，由于大学生缺乏自我管理能力，攀比和从众容易造成虚荣心滋长，引发各种问题。

三、影响大学生自我管理的因素

大学生自我管理能力受到知识、情感、意志、社会、家庭、教育、人文等诸多因素的影响。而当代大学生缺乏自我管理能力的原因是多方面的，但从总体上看，主要有以下原因。

（一）社会环境的客观因素

一是受社会环境负面因素的影响。当前我国正处于社会转型时期，带来了一些负面影响。拜金主义，盲目追求高消费，对物质的需求欲望不断膨胀等社会不良现象和歪风邪气对大学生都有潜移默化的影响，从而给学生在人生观、价值观、世界观的选择上带来困惑，影响了学生的自我认识、自我评价和自我完善。这些负面影响导致部分学生金钱管理意识薄弱，经济用度的自我管理能力缺乏，使其注重物质享受，而忽略了知识的获取和技能的提高。

二是社会多元文化的影响。在多元文化思潮和价值观念的冲击下，当代大学生的价值取向呈多元化，其思想活动的独立性、道德价值的选择性、道德行为的多变性和差异性都日益增强。由于大学生正处于自主意识、认知能力完善期，容易受各种低级庸俗等不健康文化的影响，使其在价值准则和行为规范选择时出现困惑和疑虑，加之忽视良好道德修养的养成，导致部分学生道德价值取向的偏差，道德行为的失范，甚至道德沦丧。良好的道德修养能促进综合素质的全面提高，从而提高自我管理能力。

三是大众传媒特别是互联网对大学生综合素质的全面提高产生重要影响。互联网的出现，使文化交流的手段更加现代化，更加速了文化的传播。在资源丰富的网络环境中，先进的文化资源得到传播的同时，各种色情、暴力、吸毒等文字、图像和视频也在网络中迅速传播。大学生的生理和心理发展还不够成熟，自制力不强，容易受不良信息的诱导，造成价值准则的混乱，引起道德观念上的困惑，从而影响大学生良好道德品质的形成，阻碍大学生综合素质的全面提高，导致其自我管理能力缺乏。

（二）自我教育弱化的主观因素

在缺乏外在约束，如父母的督促、老师的引导、同学的帮助时，部分学生容易产生厌学情绪，沉迷于网络或游戏，缺乏学习动力，这就是大学生自我教育弱化的表现。而大学生在成长过程中缺乏自我教育就会导致自我期望值过高、识别能力偏低、耐挫力较差等缺陷。

（三）受传统教育模式的影响

长期以来，传统教育思想与模式深深地束缚着家庭教育和学校教育。学生只是简单地被灌输和控制，从而压制了学生的主动性、独立性、参与性和创造性。

首先，家庭教育上，父母大包大揽，缺乏培养子女自我管理的意识。父母习惯于安排子女的未来，习惯于满足子女的需要，习惯于替子女解决生活中的困难，而往往忽视如何培养子女学会做人、学会独立、学会自我管理等能力。在物质方面，父母认为再苦也不能苦了孩子，因而尽最大能力提供优越的物质条件，这使其在没有付出努力或缺少艰苦环境磨练的情况下，很多的物质和精神需要都能得到及时的满足，导致其有一些较突出的个性缺陷。如依赖性强，缺乏独立性；自我意识强烈，缺乏协作精神；软弱心态明显，缺乏社会责任感；价值取向多元化，道德观念模糊等。这些个性特征导致部分学生在生活上自理能力差，在学习上吃苦精神差，在集体活动中协作意识差，在困境中心理承受能力差，不能有效地进行自我管理。缺乏自我管理能力者不能有效地完善自我，不能适应社会发展的需要，也将不能成长为真正负责任的社会人。

其次，学校教育制度还停留在应试教育阶段，教师还处于"替代父母"阶段。由于我国目前的高考教育制度，仍然是适应应试教育的制度，因而学校教育在教育理念、模式和环节上没有形成学生自我管理教育的体系。在教育理念上，以服从教育为主，缺乏独立人格教育；在教育模式上，重视文化教育，轻视综合素质的培养；在教育环节上，注重智力开发，缺乏情感教育，使学生得不到完善的素质教育。因此在传统教育的影响下，家庭教育和学校教育不能充分地发挥培养学生自我管理能力的作用。

第二节 大学生自我管理能力提升

自我管理的方法有很多：心态管理、目标管理、形象管理、情绪管理、角色管理、行为管理、人际管理、时间管理、财务管理、健康管理等都是自我管理的重要方面。在本节主要涉及时间管理、财务管理和健康管理三个部分的内容。

一、时间管理

美国著名管理大师杜拉克指出，时间是世界上最短缺的资源，除非严加管理，否则就会一事无成。时间乃永恒不变的资源。时间的流逝永不停息，我们大多数的人都觉得时间太少。目前为止，也没有人想得出如何把时间倒入容器中保存起来，等到需要时才拿出来用。时间管理原则认为钟表时间是无法管理的，而生活时间是可以管理的。一个人对自己的人生目标设计无论有多好，也要落实到对自己时间的管理，通过对时间的管理和最有效的安排，个体才能达到自己的生活目标、实现自己的理想。时间管理的中心原则是：把时间用在自己认为最有价值或最有助于自己达到目标的事情上。时间管理的补充原则是：将时间用在某些事情上的唯一理由是为了实现自己的近期和远期目标。

GTD 是管理时间的方法，是 Get Thing Done 的缩写，翻译过来就是"把事情做完"，GTD 的核心理念概括一句话，就是：你必须记录下来你要做的事，然后整理安排自己一一去执行。GTD 的五个核心原则是：收集、整理、组织、回顾、执行。

第一步是"收集"：把所有在脑海里浮现的信息（任务，想法，项目等）记录到随身携带的小本了上（或者任何适合你的工具），把你的工作从大脑里面清出来，记录在可以看到的地方。GTD 把这个叫做"收集箱"。在纸上或其他设备里记录下工作时，应注意安排优先级，思考你的工作哪一项优先级最高，需要动脑筋。如表 5-1 所示。

表 5-1 确定优先级

	紧急	不紧急
重要	A 危机 紧急状况 有限期压力的计划	B 学习新技能 建立人际关系 保持身体健康
不重要	C 某些电话 不速之客 某些会议	D 琐碎的事情 某些信件 无聊的谈话

通常，A 区的项目丞待解决，需要快速高效地完成，B 区的项目需要及时完成，但当 A 区的事务过多时，可以适当地忽略或托别人来帮忙完成；C 区的项目虽然不紧急但很重要，所以它们应该列入你的长远规划；D 区的事情能在空闲时再考虑实施或解决。同时还要注意，不要等待事情变成最重要最紧急的时候才去做，而是应该合理安排。

第二步是"整理"：不把任何信息放回收集箱，处理完一件任务就打一个对勾；如果任何一项工作需要做，就马上执行去做（如果花的时间少于两分钟）；或者委托别人完成，或者将其延期；否则就把它存档或删除，或是为它定义合适的目标与情境，以便下一步执行。

两分钟原则：不能不提一下处理的两分钟原则，我想更细的是：1 秒+2 分钟原则，对突然打断的事情，一秒钟评估，两分钟内能解决的，无论任何事情，马上着手解决掉。如果不能在两分钟内解决，就进行下一步处理。这里不能拖，一件事一件事来，一心不二用，两分钟处理完一件事，马上回到主要任务上来。

第三步是"组织"：将那些委派他人去做的工作放入等待处理清单；没有具体的完成日期的未来计划放入将来处理清单；具体的下一步工作放入下一步处理清单。

第四步是"回顾"：每日回顾、每周回顾一次，对自己的工作和其他事情进行回顾，看看哪里做的不好，需要改进，重新做出调整计划。对比自己的年度目标，回顾自己在过去一周取得的进步，制定下一周的计划。

第五步是"执行"：就是集中精神执行计划。

训练 5-1　生命线

设计理念： 时间是什么。

活动目的： 明晰时间的意义。

道具准备： 纸、笔。

活动时间： 45 分钟。

活动方法：

在时间的长河里，个人的生命是非常短暂的，怎样才能使你的生命过得更有意义，这应该是我们每个人经常思考的。或许你仍沉湎于曾经的辉煌，或许你在为充满坎坷的过去而自暴自弃，其实，当你对人生作一个预测，你会发现，过去无论阳光普照还是荆棘丛生，你所要面对的是现在，你已经度过了人生的四分之一或五分之二，那么在余下的岁月里，你该怎样度过？

生命线的画法：

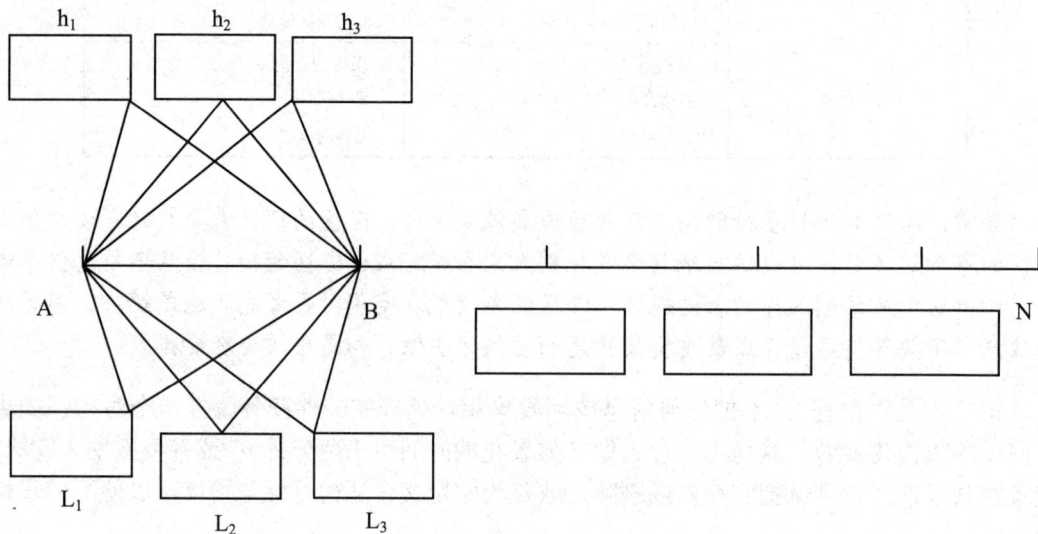

上面一条线代表你的生命线，起点是你出生的时候，终点是你的预测死亡年龄。请根据你自己的健康状况，你家族的健康状况及你所在区域的平均寿命，提出你预测的死亡年龄。然后在这条线上找到你现在的位置。请静静思考一下你过去岁月中你最感到荣耀的三件事，和你最伤感的三件事，以及你将来生活中最迫切想实现的三件事，并请注明其发生的时间（将事件填写在下面）。

• 请三名志愿者登台展示并与他人分享。

大学生活是一个自醒自悟的时期。然而，在这个过程中，一些外来的支持与帮助是不可缺少的。随着年龄的增长，同学们的自主意识在增加，我们已经不愿意总听父母、老师、成年人说：你应该怎样怎样，因为我们已经经常自己在想，我们应该怎样怎样，下面来听听，我们同龄人的心声，或许它将给你和我，每一位在座的人一些思考和一些启迪：

- 请同学们认真读三遍加拿大幽默作家史蒂芬·利柯库的话："人生的进程实在很奇妙，孩童时常说，如果，我长大了，要如何如何……，到了少年期则说'如果我会赚钱的话，要如何如何'，长大成人之后又为'我结婚以后要如何如何……'。结婚后呢？只有再延续下去，等我退休以后……他终于退休了，当他回顾过去的景致时，只觉一片朦朦胧胧，像冷风吹过，如轻烟迷漫一般，根本看不到他当初所界定的间隔，待他了悟人生其实就是当日当时的生活连续时，距离蒙主宠召的日子已为期不远了。"
- 请每个同学思考 5 分钟，可以写一个演讲提纲或打个腹稿。
- 请几位志愿者登台演讲，每位同学演讲的时间控制在 3 分钟以内。
- 每人写一篇心得。

注意事项：强调保密、自愿参与的原则。

创新建议：可以将此活动设计为班会等形式在课外开展。

训练 5-2　时间馅饼

设计理念：意识到时间的限制和可贵是改变的第一步。

活动目的：说明我们用于发展和准备的时间的有限性，激发学生对时间的紧迫感与重新安排自己时间的动机。了解自己时间管理的实际状况，发现自己在时间的运用和安排上可能存在的问题。学生了解自己的价值观和生活目标，也是让学生用此和自己现有时间的运用做对比。

道具准备：纸、笔。

活动时间：90 分钟。

活动方法：

活动 1："撕撕"我们的人生

用一张有 0—100 刻度的小纸条代表一个人的一生，假设每一个人都活到 100 岁，让学生将自己已经走过的人生撕下来；再让他们想想自己希望取得成功的年龄，然后将此以后的人生再撕下来。把这段用来成长、发展、奋斗的时间与其他撕下来的相比较，请学生思考体会。

活动 2：时间馅饼

让学生将自己一周的学习生活时间，主要包括：学习时间（专业学习），工作时间（参与社会工作，如班干、学生会或社团里的工作等），休闲时间（休息、睡眠及体育活动），家庭时间（与家人进行沟通交流），个人时间（做自己感兴趣的事），思考时间（独自思考某些问题）。根据实际投入时间的多少按百分比分配在一个圆中。

活动 3：时光隧道

在略为低沉、悲伤的音乐背景烘托下，引导学生进行一个想象活动。想像一下假设自己已经走完了一生，穿过时光隧道飞到了自己的葬礼上，听到家人、同学、朋友、师长、同事、领导、邻居们给自己下的评论。然后将想象的内容写下来。

请根据自己在"时光隧道"活动中所探索和了解到的价值观和生活目标，完成一张"个人声明书"。即将自己的价值观与目标转化为个人的"宪法"、今后行动的准则和人生的宣言。

最后让学生重新制作"时间馅饼"，引导学生根据自己的价值观和生活目标对自己的学习生活时间重新做合理、有效的调整。

注意事项：强调保密、自愿参与的原则。

创新建议：各项活动可以逐一完成，也可采取单项或组合的方式完成。

二、财务管理

本·富兰克林（Ben Franklin）曾说过："时间就是金钱"。反过来，我们可以这样理解，金钱真的像时间一样，是一种必须有效管理的资源，否则，当它处于无计划状态下，就有可能会影响到大学生正常的学业和生活。其实，这仅仅是表面现象。大学校园里虽然仍有不少贫困学生是因为经济的拮据在一定程度上影响了学业，如过多的打工现象。但是，危害更大的是，一些学生不懂得金钱管理的意义，从没有考虑过将个人及家庭在大学教育中投资成本与获得的效益进行分析，以为上大学仅仅是为了一张文凭，因此终日里浑浑噩噩、逃课成了家常饭，考前突击，甚至"雇枪手"、走"捷径"，浪费资源。大学生的消费现状主要包括：从众消费和盲目消费，攀比消费和情绪化消费，享受消费和高消费，超前消费和负债消费。我们曾在一节心理实验课上，让学生写出最困惑的问题，其中："乱花钱，管不住自己"相关的说法出现频率高达90%。说明金钱管理应该列入大学新生的心理教学中。

训练 5-3　我的支出合理吗？

设计理念：金钱管理是大学适应的重要组成部分，也是开始社会生活的重要方面。

活动目的：明晰支出方式。

道具准备：纸、笔。

活动时间：30分钟。

活动方法：

活动1：记录支出

• 每位学生根据个人的支出记录，自问：我对目前自己的消费是否满意？我花的钱，是否都是生活所必需，对否达到最大的合理化？我想做何改变。

活动2：预算平衡

• 设计一张类似下面的表格，把本学年的支出和财源加起来（依据你现在父母资助、自己打工甚至要资助他人的情况，机动调整收支情况）：

今年的财源：

父母给的钱，每个月可能打工赚的钱或其他来源（乘以这月年的月份数）

总和： 元

今年的支出

定期的大笔支出

学费

杂费

书籍费

住宿费

保险费

其他

总定期支出：

每月固定支出

通信费

餐费

洗理费

交通费

娱乐费

其他

每月支出：

每月总支出：月支出*本学年月份

总支出：总定期支出+每月总支出

（比较总收入和总支出，便可对个人预算是否平衡做到心中有数）

• **思考**：全年的财源能够支付开销吗？每个月都达到收支平衡了吗？总预算符合自己的目标吗？自己必须做何调整呢？（比如需要打工赚钱或申请助学贷款等）

● 教师提醒

若你个人预算缺口太大，你有多种途径可以解决经济困境：刻苦学习获得最高奖学金，找一份兼职工作，申请一份勤工助学岗，借贷或使用信用卡。

当然每种途径都有利也有弊：获奖学金的人及数额毕竟有限，难度也很大，只能锦上添花，难保雪中送炭；兼职稳定、来源有保证，但费时费心，处理不好会影响学业，本末倒置；勤工助学岗优点是既能锻炼人，又能结交人际圈，但因数额有限，只能缓解少量的经济压力；借贷虽可支付现在无法承担的生活方式，但应好好思索自己的长期目标，如果你还想继续深造，往往可能因毕业时欠了一大笔钱而使你很难去做那时继续想做的事情；目前，使用信用卡的人多起来，也许有学生会有所考虑。但有一句古老的谚语说："如果一件事听起来好得太离谱，可要小心别上当"这句话很适用于信用卡的情形。如果你平常每个月能偿清，且不必付循环利息，那么信用卡的确很好用，但若你长期处于负债状态，信用卡会让你亏损连连。使用信用卡容易透支，而且办理信用卡的银行或机构通常都定出很高的利率，很快会使你债务更多。

注意事项：保密和自愿参加的原则。

创新建议：可以根据学生的情况不同进行调整。

训练 5-4　投资效益分析

设计理念：金钱管理是大学适应的重要组成部分，也是开始社会生活的重要方面。

活动目的：明晰大学作为一种积累个人价值的过程，亦受到经济作用的制约。

道具准备：纸、笔。

活动时间：30 分钟。

活动方法：

让我们以金钱投资的角度来思考一下我们上大学的投资成本，是一件很有意义的事情。现在出现了一种怪圈，一些学生放弃大学里拥有的教育资源，却花巨资报考社会上的培训，视学校的课堂为旅馆，想来便来，想走便走。即使人在教室而心在外，睡觉有之，发短信有之。而在社会的培训中却是分秒必争地学习，除部分教师讲课因素外，一个潜在的原因是一些学生以为报班是交了钱的，一节课要几十元的，当然要格外珍惜，而似乎大学的课堂是免费的。其实，在你上大学之日起，除了国家投资外，你的父母已经为你支付了巨资，加之，如果你没有上大学，你会拥有一份全职的工作，你也会有一份不错的薪水，因为上大学，你就必须牺牲这份工作机会，而这些都要计入你的大学成本的。这样一算，你会吃惊地发现，你在学校的每节课可能是社会上培训班费用的若干倍，你还会逃学或混日子吗？

● 设计一张类似下面的表格，填完后自问：我的大学投资有意义吗？

以下列步骤来计算你在大学教育中每堂课所投资的金钱。

步骤 1. 把你花在这学期中所有的费用加起来（不包括那些不上大学也要付的钱，如房租、餐费、交通费等）。

步骤 2. 把你不上大学大概一个月的薪水估出来（参考当地高中生学历的人打工的平均报酬），乘以学期月份得出总收入。

步骤 3. 将前两个步骤中的费用加起来即为你每月大概投入的金钱数额。

步骤 4. 把你每周上课的时数加起来，再乘上这学期的周数。

步骤 5. 将步骤 3 的数值除以步骤 4 的数值：

$$\frac{每学期的总投入}{每学期的总上课时数} = \underline{\hspace{2cm}} 元/每节课$$

• 思考：

（1）你投资在学业上的时间、精力和努力，有那些附加价值？你可以用每堂课多少钱的方式来表示吗？如果不行，为什么？

（2）你觉得你的金钱投资是否物有所值，是否与你追求的目标相一致？你应该做哪些改变呢？

成本效益分析有助于引发我们的思考，在任何有利的投资中，效益必须大于成本。当然，此处所考虑的成本和效益并不单单从金钱的角度来衡量，我们在考虑效益时，应该明确大学教育的回报率是很高的，有些和受教育的历程有关，如学习乐趣、个人成长的机会和结交朋友等，有些则和未来的收入及能自由地选择有兴趣的职业有关。但前提是你必须把握的是现在，在未来社会中，能力取代文凭是一种必然趋势，能力的获得靠的是你脚踏实地接受大学的教育。你目前要做的就是清醒地认识到你所做的一切都应该使你的成本效益最大化。

注意事项： 分析和感悟的过程要比计算的过程更重要。

创新建议： 此方法可迁移到其他领域。

三、健康管理

现代社会迅速发展，对人们的身心健康提出了更高的要求。社会经济的发展，给人们带来了幸福的生活，但由于生活节奏加快，价值观念急剧变革，知识爆炸，竞争激烈，人际关系越来越复杂，自然环境严重破坏，社会公害日益严重，致使各种疾病尤其是非传染性慢性疾病明显增加，严重影响着我们的健康和生命。因此，我们应该增强自我保健意识，提高自我保健能力。

目前，我国高校健康教育和管理刻不容缓，教育部公布的 2010 年全国学生体质与健康调研结果表明，大学生身体素质继续呈现缓慢下降。大学生健康是近年来社会各界关注较多的一个问题。作为社会特殊群体，大学生加强对自身的健康管理，不但对自己、家庭还是社会都是有益无害的。

健康管理分为身体健康管理和心理健康管理两部分，由于本书心理健康管理的理念贯穿其中，故本节仅就大学生身体健康管理提升进行训练。

训练 5-5 健康管理

设计理念： 健康管理是大学适应的重要组成部分，身体健康是顺利完成大学生活学习的根本保证。

活动目的：提升大学生身体健康自我管理意识。

道具准备：纸、笔。

活动时间：30分钟。

活动方法：

（1）请同学们拿出纸笔，对比自身情况，回答以下几个问答：

① 每天用于锻炼身体的时间是多少？占自己一天时间的百分比是多少？

② 是否吸烟、酗酒、偏食？

③ 每天起居有常吗？

写完这些答案，同学们会大吃一惊，发现除了体育课外有的同学花在锻炼身体上的时间少之又少，有的同学还吸烟酗酒或偏食，有些同学还有意节食；更为严重的是大部分同学熬夜成常态，有的同学沉溺于网络。这些不良的习惯正一步步侵蚀我们的身体，透支着我们的健康。

（2）请志愿者分享自己的答案，大家结合各自实际展开讨论。

注意事项：保密和自愿参加的原则。

创新建议：可以根据学生的情况不同进行调整。

本章提要

1. 自我管理（self management）是指个体主动应用认知及行为策略对自身的思维、情绪、行为以及所处环境进行目标管理的过程。

2. 斯腾伯格的"心理自我管理"理论将自我管理按照不同的标准分为不同的水平。

3. 大学生自我管理常见问题有：学习目标不明确、自我管理能力不足；时间管理理念缺乏，有些同学沉溺于网络；管理情绪能力欠佳，容易冲动；生活方式不健康，身体素质下降；消费缺乏理性，经济支配盲目随意。

4. 大学生自我管理能力受到知识、情感、意志、社会、家庭、教育、人文等诸多因素的影响。而当代大学生缺乏自我管理能力的原因是多方面的，但从总体上看，主要有以下原因：客观上的社会环境因素，主观上的自我教育弱化的因素及传统教育模式的影响。

复习思考题

1. 自我管理的概念是什么？它是如何分类的？

2. 结合实例，谈谈你是如何进行时间管理、财务管理和健康管理的？

拓展训练

一、必练

1. 拖延症克星——15分钟效率法则。

如何克服拖延症？让我们练习在开始学习时，强迫自己不要像往常一样先去做类似查看微博、微信等一些琐碎的、与学习无关的事。

活动程序：

（1）　选出一件自己要做的正事（这会让你很清楚要完成的目标）；

（2）　把所有干扰项都关掉 15 分钟，不要让它们在这个时间段来打扰你；

（3）　没有干扰没有中断地做正事 15 分钟；

（4）　15 分钟后，如果坚持不住，那就放弃或是做其他事情。

领导者总结：你按照以上方法开始学习任务的结果是，当你单线程地学习 15 分钟以后，你肯定就不想停下来。即便是那些你原先一点动力都没有的事，在沉浸了 15 分钟以后，你也变得乐意去完成它了。就像读完书的前几章，你就会渐渐入境，很想把后面的章节也读完。

2. 记录我的一天，如用于学习的时间、用于上网的时间、用于吃饭休息的时间等。

二、选练

1. 阅读下面的故事，结合本章内容，写一篇读后感。

在我看来，要成为好的管理者，首要任务是自我管理，在变化万千的世界中，发现自己是谁，了解自己要成为什么模样，建立个人尊严。

自我管理是一种静态管理。人生不同的阶段中，要经常反思自问，我有什么心愿？我有宏伟的梦想，但我懂不懂什么是有节制的热情？我有与命运拼搏的决心，但我有没有面对恐惧的勇气？

我有信心、有机会，但有没有智慧？我自信能力过人，但有没有面对顺境、逆境都可以恰如其分行事的心力？

14 岁，当我还是个穷小子的时候，我对自己的管理方法很简单：我必须赚取足够一家人存活的费用。我知道没有知识就改变不了命运，没有本钱更不能好高骛远，我还经常会记起祖母的感叹："阿诚，我们什么时候能像潮州城中某某人那么富有？"我可不想像希腊神话中伊卡罗斯一样，凭借蜡做的翅膀翱翔最终悲惨地堕下。于是我一方面紧守角色，虽然当时只是小工，但我坚持把每样交托给我的事做得妥当、出色；一方面绝不浪费时间，把剩下来的每一分钱都用来购买实用的旧书籍。

22 岁成立公司以后，我知道光凭耐忍、任劳任怨已经不够，成功也许没有既定的方程式，失败的因子却显而易见，建立减低失败机率的架构，才是步向成功的快捷方式。知识需要和意志结合，静态管理自我的方法要伸延至动态管理，理性的力量加上理智的力量，问题的核心在于如何避免让聪明的组织干愚蠢的事。（摘自《李嘉诚的自我管理》）

2. 绘出大学四年的自我状态，如何管理自己的情绪、时间、健康和金钱。

推荐阅读

1. 彼得·德鲁克，朱雁斌译：《21 世纪的管理挑战》。其中的第 6 章《自我管理》被学者广泛引用。

2. 阿兰·拉金，刘祥亚译：《如何掌控自己的时间和生活》，本书告诉我们：这个世界上根本不存在"没时间"这回事。如果你跟很多人一样，也是因为"太忙"而没时间完成自己的工作的话，那请你一定记住，在这个世界上还有很多人，他们比你更忙，结果却完成了更多的工作。

3. 李开复：《做最好的自己》。流畅、生动语言加之产生共鸣的案例，作者用缜密的逻辑和真实的案例来阐释成功的秘诀。

参考文献

[1]　孙晓敏，薛刚. 自我管理研究回顾与展望 [J]. 心理科学进展，2008，16（1）.

[2]　罗竞红. 当代大学生缺乏自我管理能力的影响因素及对策 [J]. 成都大学学报（社科版），2008（4）.

[3]　屈删孝. 探析加强大学生自我管理的有效途径 [J]. 国家教育行政学院学报，2010（3）.

[4]　于佳鑫，申淑征. 浅析大学生自我管理的特征和方法 [J]. 民族教育，2015（7）.

[5]　周欣，车文路. 试论大学生自我管理能力培养 [J]. 高等教育，2016（15）.

第六章 人际交往能力发展训练

我可以做你不能做的事，你可以做我不能做的事。我们在一起就可以做伟大的事。

"知己难求""人生得一知己足矣"，我们常常会发出这样的感慨。很多同学都渴望自己拥有真心的朋友，渴望与他人建立一种诉说内心秘密的深层关系。其实，不论对什么年龄阶段的人，都会有这种寻求知己好友的心理需求。但在与他人交往的过程中，我们却往往为此而苦恼。本章将重点探讨人际交往的涵义、大学生人际交往中的问题及如何提高人际交往能力。

如果你能够使别人乐意和你合作，不论做任何事情，你都可以无往不胜。

——威廉·詹姆士

学习与行为目标

1. 了解人际交往的内涵。

2. 走出人际交往中存在的心理问题，正确判断。

3. 通过训练掌握人际交往的技巧，提高人际交往能力。

第一节　人际交往能力概述

人到底能承受多少孤独呢？1954 年，美国心理学家做了一项实验。该实验以每天 20 美元的报酬（在当时是很高的金额）雇用了一批学生作为被测者。

为制造出极端的孤独状态，实验者将学生关在有防音装置的小房间里，让他们戴上半透明的保护镜以尽量减少视觉刺激。又让他们戴上木绵手套，并在其袖口处套了一个长长的圆筒。为了限制各种触觉刺激，又在其头部垫上了一个气泡胶枕。除了进餐和排泄的时间以外，实验者要求学生 24 小时都躺在床上，营造出了一个所有感觉都被剥夺了的状态。

结果，尽管报酬很高，却几乎没有人能在这项孤独实验中忍耐三天以上。最初的 8 个小时还能撑住，之后，学生就吹起了口哨或者自言自语，烦躁不安起来。在这种状态下，即使实验结束后让他做一些简单的事情，也会频频出错，精神也集中不起来了。实验后得需要 3 天以上的时间才能恢复到原来的正常状态。

实验持续数日后，人会产生一些幻觉。到第 4 天时，学生会出现双手发抖，不能笔直走路，应答速度迟缓，以及对疼痛敏感等症状。

通过这个实验我们明白了：人的身心要想正常工作就需要不断地从外界获得新的刺激。也就是说，人需要沟通和交往。沟通与交往不仅维持着人类社会的存在，更是维持个体的身心健康的基本要素，是个体社会化的必由之路。

一、沟通与交往内涵

（一）人际交往的定义

从人与人关系角度来理解沟通与交往，"沟"与"交"表示人与人之间的关系像田间的水渠纵横交错，很多时候都会存在交往的沟壑或者误区。比如，代沟、行沟等。这个沟不是不可逾越的鸿沟，只要将其打通，就可以排队障碍，实现通达，这就是所谓的"沟通""交往"。

1. 人际交往

人际交往受到包括心理学家在内的众多学者的关注。自 20 世纪 80 年代以来，有关人际交往的内涵表征在不断地变化。有学者认为，人际交往是人与人关系的总和；有学者认为人际交往是个体与周围人之间心理和行为的沟通过程，是人们在社会中进行各种活动的基础；有学者认为，人际交往是人们运用语言或非语言符号交换意见、传达思想、表达感情和需要的过程；也有学者认为人际交往是指人与人之间通过一定方式进行接触，从而在心理和行为上发生相互影响的过程，包括动态和静态的两种含义。动态的人际交往是指人与人之间物质和非物质的相互作用的过程，即通常意义上的人际交往；静态的人际交往是指人与人之间通过动态的相互作用建立起来的情感联系，即人际关系。

由此可见，人际交往是指人们运用语言或非语言符号交流意见、传达思想、表达感情和需要的过程，包括物质和精神两个层面的交往。它是人类特定的社会现象，人们通过不断地交往逐步完成社会化的过程，同时通过与他人的互动实现个性的发展。

2. **人际沟通、人际交往与人际关系辨析**

从词源上讲，沟通原指挖沟使两水相通，后泛指彼此相通，是人们分享信息、思想和情感的过程。沟通具有多重含义，有的学者强调沟通的目的，认为沟通是有目的施加影响的过程；有的学者强调沟通是有来有往的双向活动；有的学者强调沟通是信息的双方共享的过程。由于强调沟通的双向性和对称性以及沟通的复杂性，我们很难给沟通进行描述和下定义。但无论从哪个角度来讲，沟通的涵义都包含以下四个方面：人际沟通首先是信息的传递；人际沟通不仅要被传递到，还要被充分理解；有效的沟通并不是沟通双方达成一致的意见，而是准确地理解信息的含义；人际沟通是一个双向、互动的反馈和理解过程。

事实上，人际沟通就是人们在共同活动中彼此交流思想、感情和知识等信息的过程。它是沟通的一种主要形式，主要通过言语和非言语（副言语、表情、手势、体态以及人际距离等）来实现的。

人际交往与人际沟通二者在程度上稍有不同，人际交往是人际沟通的进一步深入。通过，沟通一段时间以后，人们才再进行交往。大多数情况下，"人际沟通"与"人际交往"两个概念没有严格的区分，两者分别在什么情况下使用主要考虑用词习惯。当我们要去解决一个矛盾或冲突时，经常会说"你去沟通一下"，而不说"你去交往一下"；当我们描述两者感情达到一定程度时，经常使用"交往深厚"，而不用"沟通深厚"而表达。

人际关系是指在交往过程中人与人之间形成的心理的和社会的关系，其本质是交往过程中双方形成的心理距离。人际关系是人际沟通与交往的结果，人际沟通与交往是实现人际关系的途径。人际关系侧重在沟通与交往的基础上所形成的心理状态和结果，而人际沟通与交往侧重人与人之间的联系及接触的过程、行为方式等。人际关系具有相对的稳定性，而人际沟通与交往则更侧重一个动态的过程。

（二）沟通与交往的类型

根据交往双方互相满足对方心理需求的程度可以将交往分为点头之交、朋友和知己好友。

1. 点头之交

点头之交是指那些我们知道其名字，有机会时会和他们谈话，但与他们的互动在质和量上都有限的人。或许班级里很多同学都是你的点头之交，因为你们除了班里必要的接触外，从来都没有主动联络过，在其他场合的会面也纯属偶然。

2. 朋友

当相处时间越长，我们会和许多认识的人发展出比较亲切的关系。朋友就是这些我们自愿和他们建立更多个人关系的人。

当想到"朋友"这个词时，你的心中会有什么样的感觉？好朋友具有以下特点：第一是温暖、有感情。朋友之间能相互支持、相互鼓励，之间会有情感的交流；第二是值得信任。信任是相信朋友不会出卖自己、背叛自己和伤害自己。第三是能自我表露。由于感受到温暖并有彼此的信任，我们会向朋友做自我表露，与他分享个人的情感。自我表露的浓度与关系的亲密程度密切相关，关系越亲密，自我表露就越深，反之亦然；第四是有所承诺。好朋友在对方需要时会想办法彼此协助，愿意为对方付出；最后的特点是，朋友是期待关系的增进和持久。转学、换工作、搬家都不会破坏友谊，有些朋友一年只见一两次面，却仍然是朋友，因为他们在一起，总能自在地分享变换感情，并且能彼此给忠告。

3. 知己好友

知己好友是最亲密的朋友，是那些可以和我们分享内心深处感受和秘密者，他不同于一般的朋友。虽然普通朋友之间有某种程度的自我表露，但他们并没有分享生活的每一个层面，而亲密朋友则能了解同伴内心最深的感受。这种亲密度也表现在一个人愿意为了自己亲密朋友的利益、感受而放弃与其他人的关系，同时也会比其他人更多地涉入对方的生活，给他更大的影响。

（三）人际关系的形成与发展

1. 人际吸引的条件

人际吸引是人与人之间情感上相互喜欢、相互需要，依赖的状态，是人际关系中的一种肯定形式。人为什么喜欢别人或被别人喜欢呢？在人际交往过程中，相互之间的吸引是有一定规律的。

（1）熟悉与邻近。

熟悉能增加吸引的程度。此外如果其他条件大体相当，人们会喜欢与自己邻近的人。熟悉性和邻近性二者均与人们之间的交往频率有关。处于物理空间距离较近的人们，见面机会较多，容易熟悉，产生吸引力，彼此的心理空间就容易接近。常常见面也利于彼此了解，使得相互喜欢。

但交往频率与喜欢程度的关系呈倒 U 型曲线，过低与过高的交往频率都不会使彼此喜欢的程度提高，中等交往频率时，彼此喜欢程度较高。

（2）相似性。

人们往往喜欢那些和自己相似的人。相似性主要包括：信念、价值观及人格特征的相似；兴趣、爱好等方面的相似；社会背景、地位的相似；年龄、经验的相似。实际的相似性很重要，但更重要的是双方感知到的相似性。

（3）互补。

当双方在某些方面看起来互补时，彼此的喜欢也会增加。互补可视为相似性的特殊形式。以下三种互补关系会增加吸引和喜欢：需要的互补；社会角色的互补；人格某些特征的互补，如内向与外向。当双方的需要、角色及人格特征都呈互补关系时，所产生的吸引力是非常强大的。

（4）外貌。

容貌、体态、服饰、举止、风度等个人外在因素在人际情感中的作用也是很大的。尤其是在交往的初期，好的外貌容易给人一种良好的第一印象，人们往往会以貌取人。外貌美能产生光环效应，即人们倾向于认为外貌美的人也具有其他的优秀品质，虽然实际上未必如此。

（5）才能。

才能一般会增加个体的吸引力。但如果这种才能对别人构成社会比较的压力，让人感受到自己的无能和失败，那么才能不会对吸引力有帮助。研究表明，有才能的人如果犯一些"小错误"，会增加他们的吸引力。

（6）人格品质。

人格品质是影响吸引力的最稳定因素，也是个体吸引力最重要的因素之一。美国学者安德森（N.Anderson，1968）研究了影响人际关系的人格品质。表 6-1 是主要研究结果。我们可以看出，排在序列最前面、喜爱程度最高的六个人格品质是：真诚、诚实、理解、忠诚、真实、可信，它们或多或少、直接或间接同真诚有关；排在系列最后受喜爱水平最低的几个品质如说谎、假装、不老实等也都与真诚有关。安德森认为，真诚受人欢迎，不真诚则令人厌恶。

表 6-1　影响人际关系的主要个性品质

最积极的品质	中间品质	最消极品质
真诚	固执	古怪
诚实	刻板	不友好
理解	大胆	敌意
忠诚	谨慎	饶舌
真实	易激动	自私
可信	文静	粗鲁
智慧	冲动	自负
可信赖	好斗	贪婪
有思想	腼腆	不真诚
体贴	易动情	不善良
热情	羞怯	不可信
善良	天真	恶毒
友好	不明朗	虚假
快乐	好动	令人讨厌
不自私	空想	不老实
幽默	追求物欲	冷酷
负责	反叛	邪恶
开朗	孤独	装假
信任	依赖别人	说谎

2. 人际关系发展的阶段

人际关系是指在沟通与交往过程中人与人之间形成的心理的和社会的关系。离开了人际间的沟通与交往，人际关系就不能建立和发展。事实上，任何性质、任何类型的人际关系的形成，都是人际沟通与交往的结果；人际关系的发展与恶化，也同样是相互沟通和交往的结果。沟通与交往是一切人际关系赖以建立和发展的前提，是形成、发展人际关系的根本途径。

人际关系的形成与发展是一个由无到有、由浅入深的过程。根据交往的深度可分五个阶段（如图 6-1 所示），人际间的友谊与爱情即在此过程中形成（Levingeer&Snoek，1972）。

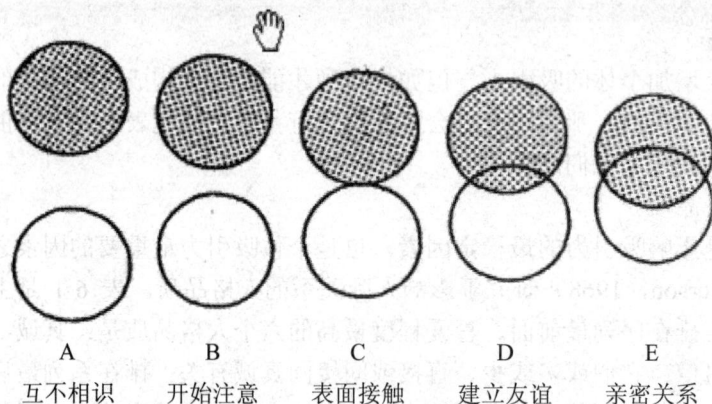

| A | B | C | D | E |
| 互不相识 | 开始注意 | 表面接触 | 建立友谊 | 亲密关系 |

图 6-1　人际关系的发展（引自 Levingeer&Snoek，1972）

第一阶段：彼此陌生，互不相识，甚至彼此均未注意到对方的存在（如图 6-1 A 所示）。

第二阶段：单方（或双方）开始注意到对方的存在，单方或双方也可能知道对方是谁（如同校同学），但从未接触过（如图 6-1 B 所示）。

第三阶段：单方或双方受到对方的吸引，与之（或彼此）接近，构成表面接触（如图 6-1 C 所示）。即使当时双方或单方心存情谊，但在此阶段也只有很表层的自我表露，例如谈谈自己的学习、职业、工作、对最近发生的新闻事件的看法等。虽然这时形成的只是很表面的人际关系，但这一阶段所形成的第一印象，在人际关系的发展上甚为重要。如单方或双方对对方的印象不深，很可能他们之间的交往关系到此为止。生活中很多人是同学同事多年，彼此交往泛泛，就是因为他们之间的关系只是停留在表面接触阶段的缘故。一个人在日常生活中往往与很多人维持着此种关系。如果双方都有好感，产生了继续交往的兴趣，那么就可能进入第四阶段。

第四阶段：双方交感互动，开始了友谊关系（如图 6-1 D 所示）。此阶段双方在心理上有一个重大的转变，逐渐开始将对方视为知己，愿意与对方分享信息、意见与感情，双方有了进一步的自我表露，建立了基本的信任感，彼此有比较深入的情感卷入，开始谈论一些相对私人性的问题。例如，诉说工作学习中的感受、生活中的烦恼，讨论家庭中的情况等。这时，双方关系已经超越了正式规范的限制，比较放松，比较自由自在，如果有不同意见也可以坦率相告，没有多少拘束。人际关系发展到彼此都能自我表露的程度时，就到了友谊形成的阶段。友谊是人愿意与他人建立和维持良好关系的一种情感需求。正如大文豪薄伽丘说："友谊真是一种最神圣的东西，不光是值得特别推崇，而且值得永远赞扬，它是慷慨和荣誉的最贤惠的母亲，是感激和仁慈的姊妹，是憎恨和贪婪的死敌；它时时刻刻都准备救人，而且完全出于自愿，不用他人恳求。"但是，一个人在日常生活中，能使自我表露的对象并不太多。因此，同学同事很多，却难得有几个知己的朋友。

第五阶段：朋友之间的友谊也有程度深浅之分。就朋友间的自我表露而言，有的朋友只重在信息与意见等的交换，而感情上则表露的较少，这是以事业或学问为基础的友谊关系。也有的朋友在信息与意见的交换外，更重视感情的表露，彼此间在感情上达到相互依赖的地步。人际关系发展至此，无疑是达到了"你中有我、我中有你"的地步（如图 6-1 E 所示）。如双方属同一性别，就成为莫逆或至交；如双方是异性，而且在感情上有添加性的需求、奉献与满足的心理成分，就成为爱情。

3. 人际关系的破裂过程

人际关系的本质是情感的相互联系、相互卷入、相互拥有。它的基础是关系的双方必须有共同的情感。共同情感的存在，彼此的关系就存在；共同情感消失，彼此的关系就破裂。人际关系从融洽状态走向终结，通常经历五个过程。

（1）分歧。分歧是共同情感消失的开端，这意味着人际关系双方不同点扩大，心理距离增加和彼此的接纳性下降。也许在以前的节假日，你和好友都喜欢出去旅行，而这次的假期，你主张留在学校学习，而好友执意要去游玩，双方互不迁就，难以达成共识，那么你们的分歧就已经开始了。随着分歧而来的，是双方在知觉和理解上都朝不利于双方关系的方面倾斜，都感到开始难以准确地判断对方。这是因为当出现分歧时，双方情感的融洽程度下降，才会对对方的情感和动机状态没有把握。

（2）收敛。分歧开始后，关系开始出现裂痕，沟通量也会出现下降，谈话会高度注意、高度选择，并且都试图减少彼此的紧张和不一致。在这一阶段，关系的发展还没有使双方明确表示对彼此的关系不再有兴趣，情感上的拒绝水平也还较低，双方在表面上仍试图维持关系状态良好的印象。但实际上，此时彼此的关系已出现明显的困难。自发沟通的减少，自然会降低双方情感融洽的程度。一般而言，如果第一阶段出现的分歧没有得到顺利的解决，双方将在较长时期都以收敛的方式交往，关系将出现进一步的恶化。

（3）冷漠。这一阶段，双方开始放弃增进沟通的努力，关系的气氛将变得冷漠，此时，人们已不太愿意进行直接的谈话，而是多凭非语词方式来实现必要的沟通和协调。比如，往床头上粘纸条表达自己的意愿。但是这个时候的非语词沟通是缺乏热情的，目光冰冷，也没有热情的期待。这一阶段维持的时间一般都较长。一方面是因为期望关系能朝好的方向发展，而不愿意一下子就明确终止关系。另一方面是考虑到自身的利益，人们在情感和实际的生活中很难一下子适应突然失去某种关系的支持。

（4）逃避。随着关系的进一步恶化，双方会尽可能地回避，特别是避免只有两个人在一起无所适从的窘境，避免直接的询问、提出要求等，而是经过第三者来实现沟通。在这一阶段，人们往往感到很难判断对方的情感状态和预言对方的行为反应，在知觉和理解上很容易出现纯粹主观的错误和误解。这主要是因为人们都有强烈的自我保护倾向，对许多本来正常的人际行为都会有过敏的反应。

（5）终止。在先前关系恶化的基础上发生一次直接的、激烈的冲突，会导致关系立即终止，这时关系终止是有明显标志的。而在另一些情况下，关系的终止则是前几个阶段关系恶化的自然延续。交往的隔断、彼此利益依存关系的解脱，冷漠和逃避的关系状态就会转变为关系的最后终结。如果人际关系的一方突然消失（去世或隔断音讯），因为不是人际关系的相互情感卷入、连带的消失，所以不是真正的关系终止，而只是交往的隔断。

（四）良好沟通与交往的原则

1. 平等原则

人际沟通和交往，首先要坚持平等的原则，这是建立人际关系的前提。人们心理之间的人际沟通，是积极的、相互的、互惠的。人们需要爱和尊重，都希望得到平等对待。无论是公务，还是私交，都没有高低贵贱之分，要以朋友的身份进行交往，才能深交。

2. 相容原则

相容原则主要是心理相容，即人与人之间的融洽关系，与人相处时的容纳，包含以及宽容、忍让。主动与人交往，不但与自己性格相似的人交往，还要与自己性格相反的人交往，求同存异，处理好竞争与相容的关系，更好地完善自己。人际交往过程中并不是只存在一种意见，常会因为意见不同而引发冲突，如果有意见分歧，需要宽容他人的想法，善于换位思考，设身处地为对方着想，与他人友善的交流，才能有共同发展。

3. 互利原则

互利原则是指相互尊重、相互帮助、相互关心。人际交往是一种双向行为，帮有"来而不往，非礼也"之说，只有单方得好处的人际交往是不能长久的。所以要双方都受益，不仅是物质的，还有精神的，所以交往双方都要讲付出和奉献。

4. 信用原则

交往离不开信用。没有信用，人际交往无法深入，人际关系无法维持和发展。朋友之间，言必信，行必果，不卑不亢，端庄而不过于矜持，谦虚而不矫饰虚伪，不俯仰讨好位尊者，不藐视位卑者，显示自己的信心，取得别人的依赖。遵守信用，才能与他人建立一个和谐的人际关系。

5. 宽容原则

人际交往中往往会产生误解和矛盾。这就要求在交往中不要斤斤计较，而要谦让大度、克制忍让，不计较对方的态度，不计较对方的言辞，并勇于承担自己的行为责任。宽容是有度量的表现，是建立良好人际关系的润滑剂，能"化干戈为玉帛"，赢得更多的朋友。

（五）沟通与交往中常见的心理效应

我们每天都需要与他人进行交流，每天都在形成着各种各样的印象，但这些印象有时并不能反映客观事实。这就是沟通和交往过程中心理效应的作用。这些心理效应有时表现其有利的一面，有时也会产生一些消极的影响。了解这些心理效应，有利于促进良好的沟通与交往，建立良好的人际关系。

1. 首因效应和近因效应

人际沟通与交往中给人留下的第一印象至关重要，它对印象形成的作用最大。首因即最先的印象。首因效应是指初次对人的知觉所形成的印像往往最鲜明最牢固，对以后的人际知觉及人际交往产生深刻的影响。如对对方的表情、身材、容貌以及声音等的印象好，才能出现双方继续交往的兴趣；如果头一次见面就你看不中我，我看不中你，那两人就没法再交往下去。这种初次的印象会影响人们对他人以后一系列特性的认知，即所谓的"先入为主"。虽然第一印象是最鲜明最牢固的，但它并非总是正确的，随着长期的交往和了解，它会不断地得到修正和改变。

近因即最后的印象。近因效应是指最后的印象对人的认知具有强烈的影响。比如，当给人先后提供两种信息，两种信息间隔一段时间，结果后来的信息有较大的影响力，因影响力较大的信息是新近出现的，故而称为近因效应。在人与人的交往中，有时候左右人们对人认知评价的是最后形成的印象。

首因效应与近因效应不是根本对立的，它是一个问题的两个方面。人们在相互交往和认识过程中第一印象很重要，而最后或最近的印象也很重要。一般来说，在对陌生人的认知过程中，首因效应比较明显；在对熟人或对久违的人的认知中，近因效应所起的作用则更为明显，近因效应在大学生的人际交往也是普遍存在的。

2. 晕轮效应

晕轮效应也称光环效应，是指在人际认知中，人们常常把对方所具有的某个特性泛化到其他一系列尚不知道的特征上，也就是从已知的特征推及未知的特征，从局部信息而形成一个完整的印象。在对人知觉时，有些大学生常从或好或坏的局部印象出发，扩散而得出全部好或全部坏的整体印象，就像月晕一样，从一个中心点而逐渐向外扩散成越来越大的圆圈，故称之为晕轮效应。人们常说的"爱屋及乌""情人眼里出西施"就是晕轮效应的一种表现。晕轮效应对不同的人影响程度不同。独立性强、灵活的人受其影响小；情绪不稳定而适应性差的人则受其影响较大。如果能有意识地训练自己从不同角度、不同方面去观察评价他人，便可较好地矫正晕轮效应造成的偏差。另外，在防止自己受到晕轮效应影响的同时，还应在交往中利用该效应的影响。比如优化自己的言谈举止，培养良好的外在形象等，以便于在交往中获得更大的成功。

3. 投射效应

投射效应是指在人际交往中，认知者形成对别人的印象时总是假设他人与自己有相同的倾向、特征，即把自己的特征投射到其他人身上。例如，一个真诚的人，在和别人交往时认为别人也会是真诚的；一个功利的人，会认为别人在和他交往时也是有目的的；一个对别人不怀好意的人，不会轻易相信身边的任何一个人。投射可以分为两种类型。第一种类型的投射是指个人没有意识到自己具有的某些特征，而把这些特征加到他人身上。比如，一个人若是对另一个人怀有敌意，那么这个人总感觉到对方对他怀有刻骨仇恨，似乎对方的一举一动都带有挑衅的色彩。第二种类型的投射是指个人意识到自己具有的某些不称心的特征，而把这些特征加到他人身上。如考场上想作弊的学生，总感觉到他人都在作弊，自己若不作弊就吃亏了。又如，惯讲假话的人总以为别人在骗他，不愿相信别人。这种类型的投射有一个明显的特征，即意识到自己的某些不称心的特征时，个人更愿意将这些特征投射到自己尊重的人，甚至伟人身上。其逻辑是，伟人有这些特征并不至于损害其形象，我有这些特征也无碍大局。通过这种投射，重新评估这些特征，以求心理上的平衡。

由于人类有许多本质上共同的特性，因此投射效应有时会帮助人们互相理解，但过多地受制于此，便会适得其反。

4. 定势效应

定势效应也叫刻板效应，是指在人们头脑中存在某些固定化认知，影响着对人的认知和评价。例如，认为女生心细，男生粗心；老年人保守，年轻人爱冲动等。可见，定势效应表现为将交往对象机械地归入某一类群体中，并把自己对该类群体的习惯化概括附加到交往对象身上。

定势效应有两方面的作用，积极作用使认知他人的过程简化，有利于对被认知的人和事物做出概括性反应，它给予人的是经验。但定势效应在人际交往中的消极影响也显而易见，将同样的特征赋予团体中的每一个人，而不管其成员的实际差异如何，所以很可能形成某种偏见，影响交往的顺利进行。人的认识源于实践经验，但个人经验往往是不完整的、有限的。完全依据有限的个人经验对事物做出归纳、概括与判断，便很可能出偏差。因此，若能时时提醒自己把交往对象看成一个独特的人，以此为基础进行交往就会大大弱化刻板印象。

二、人际交往理论

（一）社会交换理论

在社会交换理论（social exchange theory）看来，人际交往是一个社会交换的过程，人们之间的所有活动都是交换，是一种准经济交易：当你与他人交往时，你希望获取一定的利益，作为回报，也准备给予他人某种东西，他人也是如此。这种理论假定交换中的个体都是自利的（self-interested）：人们试图使自己的收益最大化，并使自己的成本最小化，从而确保交换结果是一个正的净收益。在这里，交换的东西是非常广泛的，可以是物质的，也可以是"社会性"的，包括信息、金钱、地位、情感和物品等。

交换关系中的每个个体都会评估自己和他人在贡献和收益两方面的相对大小。如果他们觉得自己的投入获得了大致相等的回报，他们就会认为这种社会关系是公平的。有学者指出，公平性的关系是比较稳定和愉快的关系，当关系中存在不公平时，双方都有可能产生不舒服，产生恢复公平的动机。一些学者还讨论了权利对于交换结果的公平性的影响，他们认为，在其他条件相同条件下，权力较大的人在社会交换中收益更多。需要注意的是，在实际生活中，人际交往是在特定的社会交换结构中展开的，关系的发展必然受到这种结构的制约。

（二）自我表露理论

广义地来说，社会交换过程也包含情感的交流，而情感交流是与自我表露分不开的。所谓自我表露就是我们常说的"敞开心扉"，即把有关自我的信息、自己内心的思想和情感暴露给对方。良好的人际关系是在交往双方的自我表露逐渐增加的过程中发展起来的。

自我表露（self-disclosure）可以增加他人对你的喜欢。自我表露本身具有很强的象征性，它给对方一个强有力的信号：你对他（她）相当信任，愿意有进一步的交往。而且，对他人的自我表露可以引发他人做自我表露，由此可以增进相互理解，相互信任。

Briggs 认为：自我表露对他人的益处包括：

一是他们知道彼此相似与不同点在何处，还能了解相似与不同的程度；二是准确地向他人表露自我，是健康人格的体现；三是自我表露增强了自我觉察的能力；四是分享体验帮助个体发现这不是他们唯一存在的问题；五是自我表露可以从他人获得反馈减少不必要的行为。

一般来说，表露的范围和深度是随着关系的发展而逐步增加的，对于不同的关系对象，在不同的发展阶段，自我表露的广度和深度明显不同。Briggs（2001）也认为：自我表露也存在风险，主要包括：最实质的风险包括来自不同目标人的攻击、嘲笑、拒绝与不关心等；个人表露可能会受到听者的伤害；不适当的自我表露，可能会引起他人的退缩或拒绝，对不适宜的人或在不适当的时间过分表露的人，被认为是社会化不良的标志。

在人际交往中，个人往往将部分隐私袒露给自己信任的亲友。除了隐私需要，人还有沟通的需求，需要向"知己"说一些知心话。亲密关系本身也要求人们坦诚相待。但是，这并不意味着关系亲密的人之间就不应该有任何隐私。只有隐私需求和沟通需求之间保持适度的平衡，亲密关系才能正常发展。

（三）交往分析理论（PAC 理论）

交往分析理论（transactional analysis，简称 TA）又称 PAC 理论，是由美国心理学家艾瑞克·伯恩（Eric Berne，1910—1970）所创立的一种用于心理治疗的理论，其基本哲学是反对决定论的，认为人有着战胜早期或现实的经验和环境的能力。交互分析理论提供了一种对人际交往进行分析的方法，这一理论逐渐被推广为一种帮助人们了解别人、了解自己、了解人与人之间关系的人际交往分析工具。

1. 自我状态与交往

人际交往是人与人之间相互作用并产生相互影响的过程。人际交往的过程必然受到个体人格特征的影响。交互分析理论认为每个人的人格都是由父母自我状态、儿童自我状态和成人自我状态这三种自我状态构成的。随着人际交往的内容、对象和环境的改变，自我状态也要变化。

父母（Parent，简称 P）自我状态学自父母与其他权威人物。当一个人的人格结构中 P 成分占优势时，他的行为表现为：凭主观印象办事，独断专行，滥用权威。这种人讲起话来总是："你应该……"、"你不能……"、"你必须……"。

成人（Adult，简称 A）自我状态占优势的人，以客观、理智为标志。其行为表现为：待人接物冷静、慎思明断、对自己负责、对他人尊重。其语言特征："我个人认为……"、"我的想法是……"。

孩童（Child，简称 C）自我状态占优势的人，以单纯和服从为特征，表现为像孩子一样没有主见，任性、感情用事，服从和任人摆布，喜怒无常，感情用事，一会儿天真可爱，一会儿乱发脾气，让人讨厌。他的表现都是即兴的、不负责任、追求享乐、玩世不恭、遇事无主见，逃避退缩，自我中心，不管他人。这种人讲起话来总是"我是……"、"我想……"、"我不知道……"、"我不管……"等。

在 P、A、C 三种成分中，P、C 具有盲目性、被动性与两面性。而 A 具有自觉性、客观性与探索性，致力于弄清事物真相、事物间的关系与变化规律，能够站在别人的角度审视自己，具有反省能力。根据 PAC 理论，不同的心态可以构成不同的交往组合。当交往双方的相互作用构成一种平行关系时，交往就是可持续的，对话可无限制地继续下去。这种交往有 6 种具体形式：P-P、A-A、C-C、C-P、A-P、C-A。其中 A-A 交往是最成功的。

2. 人生态度与交往

人际交往的过程除了受三种自我状态的影响外，还受人生态度的影响。自我状态的影响是短暂性的，而人生态度的影响是长期的。

交互分析理论认为：人生态度是我们对待自己和他人的一般看法。我们每个人都有一套对自己的一般性的感受，即"我好"或者"我不好"；也有一套对他人的一般性的感受，即"你好"或者"你不好"。在人际交往中，人们会表现出四种不同的人生态度，即"我不好——你好"、"我不好——你也不好"、"我好——你不好"、"我好——你也好"。抱着不同的人生态度与人交往就会形成不同的人际关系。

抱有"我不好——你好"人生态度的人容易听任别人的摆布，缺乏自信，自卑和不胜任感，需要别人的帮助，做事不成功，常常表现出顺应的儿童自我。确信"我不好——你也不好"人生态度的人既不喜欢自己，也不喜欢别人；即不满意自己，也不满意别人；既不相信自己，也不相信别人。无论别人是否真诚，他都一概拒绝对方的关怀和帮助。总是在顺应的儿童自我和威严的家长自我这两种自我状态上徘徊。认定"我好——你不好"人生态度的人不能正视自己的内心世界，更不能客观地看待别人，从不信任他人，总是认为一切都是人家的错，常常用威严的家长自我对待别人。"我好——你也好"的人生态度才是正确的人生态度。抱着这种人生态度的人，喜欢自己，也喜欢别人；相信自己，也相信别人。他们常常通过表现慈爱的家长自我来帮助别人；通过表现自然的儿童自我来享受生活；运用自己的成人自我来进行决策，采取行动，完成任务。而只有在非常的压力下或者身体极度疲劳、健康状况很差时才会表现出威严的家长自我或顺应的儿童自我。

交互分析理论认为，大多数心理失调，实质上是人际交往中交往态度的失调，改变失调的对策就是调整人际交往的态度。只有抱着"我好——你也好"的人生态度的人才是健康的人，他们既有自豪感，又有平等心，能够在人际交往中与对象建立平等的良好的人际关系。

第二节　大学生人际交往能力提升

费斯汀格（Festinger et al., 1950）曾以麻省理工学院已婚学生宿舍的居民为研究对象，研究他们之间的邻居友谊与空间远近的关系。结果显示，从互不相识到入住一段时间后所结交的新朋友，几乎离不开四个接近性特征：邻居、住同楼层、信箱靠近、走同一个楼道。

由此看来，经常见面是友谊形成的一个重要因素。

朋友不是等来的，与他人交往也需要技巧，不主动与别人沟通交流，我们就无法了解别人在想什么，更无法得知对方是否愿意与自己成为朋友。对于正在成长的大学生来说，提高人际交往能力，并在交往中保持最佳状态，不仅是每个大学生适应现实生活的需要，更是将来步入社会，实现个人理想的需要。

一、学会人际沟通

人际沟通是指人们运用语言、非语言等方式与他人传递信息，交换意见，表达思想、感情、需要的联系过程，是沟通的一种主要形式。人们在交往中总要把自己的所见所闻告诉其他人，把自己的想法和感受告诉别人，同时也了解到交往对象的观点和态度，进而决定是否修正自己的观点或设法改变其他人的观点，这就需要人际沟通。

心理学家认为，一个人除了睡眠的 8 小时以外，其余时间 70%要花在人际间的各种直接或间接交往沟通上。因此，人际沟通是生存的需要，也是一种生活方式，但它并不是一种本能，而是一种能力。也就是说，沟通不是人天生就具备的，而是在人际交往过程中培养和训练出来的。人际沟通主要有言语和非言语两种形式，因此可以将人际沟通分为言语沟通和非言语沟通两种。言语沟通是通过语言这种媒介而实现的信息交流，是人们对书面语言和口头语言的应用，是人际沟通的主要手段。非言语沟通是通过语言以外的媒介，主要是各种表情（面部表情、言语表情和身段表情）而实现的信息交流。非言语沟通是言语沟通重要的补充形式，能起到增强表达、促进理解的作用。

要想人际沟通顺畅，一是要提高自己理解别人的能力，二是增加别人理解自己的可能性。只有这样能听（倾听）会说（表达），才可以更好地与他人进行人际交往。在日常生活中，我们总是急于表明自己，自己说的比对方还要多，当然在人际沟通中，接受者适当地提供反馈或进行补充是非常必要的，但过多的"说"，会干扰沟通对象的思路，还会影响其情绪，尤其是生硬地打断对方的谈话并沿着自己的思路滔滔不绝，对方往往会产生反感甚至恼羞成怒。同样，心不在焉地与他人沟通或对交往对象的谈话毫无反应都会使得人际沟通失去意义。

训练 6-1 沟通高手

活动目的：倾听是一项重要的品格，是人际沟通的一个重要因素。沟通失败有许多原因，其中之一就是我们没能去听。让学生体会倾听的重要性，通过练习学习倾听的技巧。

道具准备：秒表。

活动时间：40 分钟。

操作步骤：

活动 1：用心聆听

```
                        ┌──────────────────┐
                        │     选择倾听      │
                        └──────────────────┘
                          警觉并做好准备
                          感兴趣

┌──────────────────┐                           ┌──────────────────┐
│     表达回应      │                           │       关注        │
└──────────────────┘                           └──────────────────┘
  通过核实进行理解                                记笔记（内容、事实等）
  提议、建议/行动                                 排除干扰

┌──────────────────┐                           ┌──────────────────┐
│  将所讲的话过一遍  │                           │       理解        │
└──────────────────┘                           └──────────────────┘
  认清意图                                             问
                                                  有效倾听
```

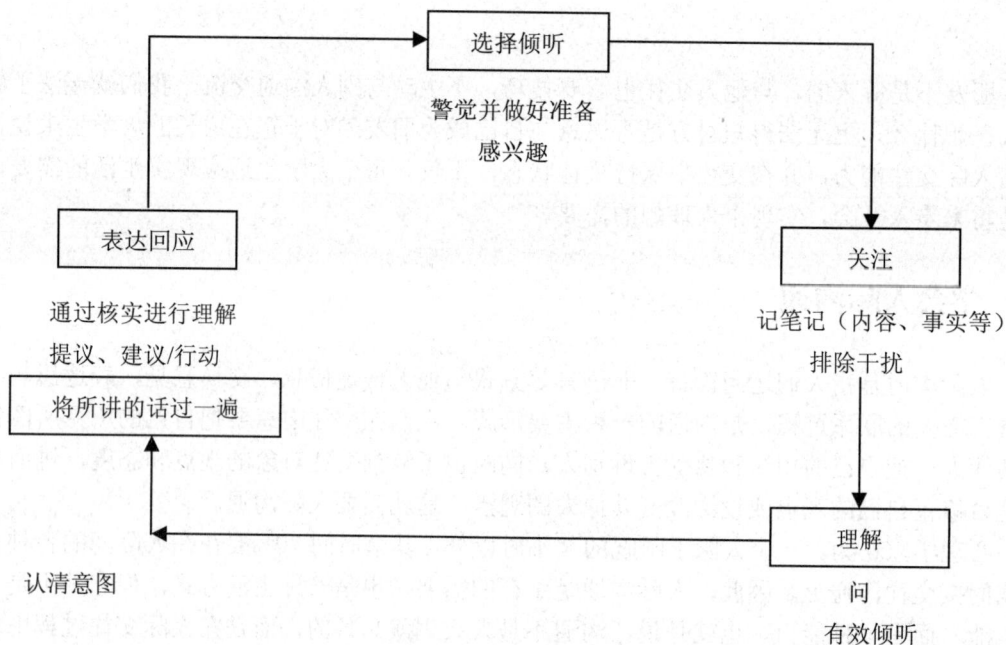

　　三名同学为一组，第一名同学讲述一件自己亲身经历的事，第二名同学倾听，并做适当回应，最后复述故事，并尽可能谈谈第一名同学在事情发生时的感受，第三名同学做裁判，评价第二名同学的回应及复述是否正确。评价结束后，三名同学角色调换，轮流做讲述者、复述者和裁判。

　　注意事项：轮流发言。

　　创新建议：可根据有效倾听模型制作倾听评估清单，也可让学生自己做个人行动（倾听）计划。

活动2：让别人开口

　　教师讲述案例：

　　晓萌是个开朗的、活泼、热情的女孩子，她积极主动地与周围人交往，希望自己广交朋友。她不放过任意一个与别人交流的机会，无论在宿舍、课间、出游，身边的任何一个话题她都参与，而且经常是话题的发起者。口齿伶俐、思维敏捷的她说得话最多，占用的时间也最长，她总是千方百计地把别人的注意力吸引到自己这边来，毫不留情地驳斥别人的观点，屡屡占尽上风，自我感觉颇佳。渐渐地，她发现同学不再专注倾听了，而是无动于衷，甚至开始不耐烦。于是她就赶紧转换话题，可同学们不仅不感兴趣，反而开始回避她了，主动与她交谈的人就更少了。

　　学生讨论沟通的意义，谈谈如何让交往的对方也能表达自己的意见，愿意把交流进行下去。

　　创新建议：在情境模拟中掌握以下技巧，"嗯"或点头表示听懂；提问或重复表示感兴趣并深入；微笑、目光、皱眉、感叹表示情感体验。

训练 6-2 我说你画

活动目的: 学会全局思维、清晰表述、准确回应;体验有效的信息沟通要素包括准确表达、用心聆听、思考质疑、澄清确定等。

道具准备: 两张样图,纸、笔。

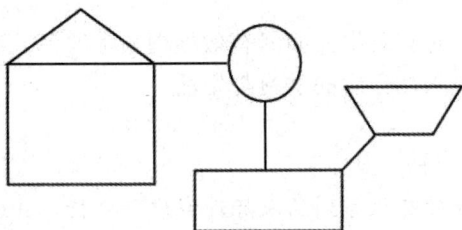 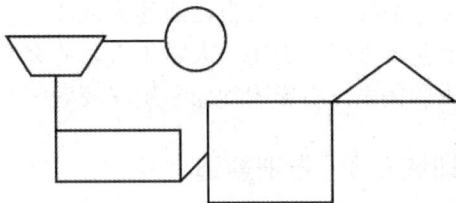

样图(一)   样图(二)

活动时间: 10~15分钟。

活动方法:

(1)第一轮请一名自愿者上台担任"传达者",其余人员都作为"倾听者","传达者"看样图(一)两分钟,背对全体"倾听者",下达画图指令。

(2)"倾听者"们根据"传达者"的指令画出样图上的图形,"倾听者"不许提问。

(3)根据"倾听者"的图,"传达者"和"倾听者"谈自己的感受。

(4)第二轮再请一名自愿者上台,看着样图(二),面对"倾听者"们传达画图指令,其中允许"倾听者"不断提问,看看这一轮的结果如何?

(5)请"传达者"和"倾听者"谈自己的感受,并比较两轮过程与结果的差异。

注意事项: 第一轮与第二轮两张样图构成基本图形一致,但位置关系有所区别;两轮中的"传达者"可以为同一人,也可以为不同的人;邀请"倾听者"谈感受时要选择有代表性的,如画得比较准确的和特别离谱的,这样便于分析出造成不同结果的多种因素,从而找到改进的主要原因。

创新建议: 样图可视具体情况做适当调整。

二、处理人际冲突

人际冲突是指由于利益关系、观点不一、个性差异等引发的人际交往对象之间的紧张状态和对抗过程。人际冲突具有以下几个显著特点。一是客观性。即人际冲突在人们的社会交往中是客观存在不可避免的。二是对抗性。即人际冲突的双方存在对立的观点或者利益,双方都企图让对方服从或满意具有非常重要的意义。三是主观性。即人际冲突是双方个体主观的感受。从心理认识的角度看,只有个体在冲突中主观感受到了愤怒、恐惧、焦虑等种种情绪时,冲突才存在。四是动态性。即人际冲突是冲突双方相互影响、相互作用,并不断激化或者减弱的变动的过程。在日常生活中,人际冲突主要有两种表现形式:一是显性的冲突,表现为直接用行为来对抗、侵犯、伤害对方;二是隐性的冲突,仅表现为心理上和情感上的对抗或不相容。

人际冲突是人际交往中普遍存在的一种社会互动行为，在人们的社会生活中随时可见。大学生作为一个特殊的群体，他们处在人生的第二个"心理断乳期"，他们非常关注自我，注重个性表达，情绪体验非常丰富，情绪波动起伏不稳定，加之其自身发展尚不成熟，性格发展还不稳定，社会经验不足，因而在人际交往中常常面临人际冲突困境。尽管人际冲突并非全是破坏性的，但绝大多数冲突会让大学生感到消极的情绪体验，严重地会使大学生采取消极行为，对自己或他人造成伤害。

大量调查研究表明，大学生人际冲突现象时有发生。如何有效处理人际冲突，建立良好的人际关系，将影响到大学生在校期间及步入社会后的学习与生活。

训练 6-3　告别窘迫

活动目的： 回顾自己的人际交往经历，针对交往遇到的人际冲突进行分析，并通过模拟情景加深理解。

道具准备： 纸、笔。

活动时间： 40 分钟。

活动方法：

活动 1：集思广益

调查：请写出自己在人际交往过程中经常遇到的人际冲突有哪些？能否合理有效地解决？

讨论：收集同学们的回答，归纳整理，根据所涉及的问题分为若干类，全班学生也分为相应的若干组，把整理好的问题分别发放到每个组，每组重点讨论一类问题。讨论结束后，每组选派 1 到 2 名同学，讲讲大家曾遇到过哪类人际冲突，当时是如何解决的，是否有更好的解决办法，组员可做补充。

活动 2：攻克难关

就人际交往中经常出现的人际冲突情景，进行角色扮演，反复练习。

参考情境：

（1）同一宿舍，一同学要播放音乐，一同学要考试复习；

（2）打扫宿舍分工存在分歧；

（3）不喜欢别人坐自己的床铺；

（4）一同学花钱大方，一同学生活节俭，两人在生活上发生摩擦。

注意事项： 模拟情景细化。

创新建议： 可结合班级同学在交往中出现的人际冲突开展活动。

三、构建社会支持系统

一艘货轮在烟波浩淼的大西洋上行驶。一个在船尾搞勤杂的黑人小孩不慎掉进了波涛滚滚的大西洋。孩子大喊救命，无奈风大浪急，船上的人谁也没有听见，他眼睁睁地看着货轮拖着浪花越走越远……

求生的本能使孩子在冰冷的海水里拼命地游，他用尽全身的力气挥动着瘦小的双臂，努力使头伸出水面，睁大眼睛盯着轮船远去的方向。

船越走越远，船身越来越小，到后来，什么都看不见了，只剩下一望无际的汪洋。孩子的力气也快用完了，实在游不动了，他觉得自己要沉下去了。放弃吧，他对自己说。这时候，他想起老船长那张慈祥的脸和友善的眼神。不，船长知道我掉进海里后，一定会来救我的！想到这里，孩子鼓足勇气用生命的最后力量又朝前游去……

船长终于发现那黑人孩子失踪了，当他断定孩子是掉进海里后，下令返航，回去找。这时，有人规劝："这么长时间了，就是没有被淹死，也让鲨鱼吃了……"船长犹豫了一下，还是决定回去找。又有人说："为一个黑奴孩子，值得吗？"船长大喝一声："住嘴！"

终于，在那孩子就要沉下去的最后一刻，船长赶到了，救起了孩子。

当孩子苏醒起来之后，跪在地上感谢船长的救命之恩时，船长扶起孩子问："孩子，你怎么能坚持这么长时间？"

孩子回答："我知道您会来救我的，一定会的！"

"你怎么知道我一定会来救你？"

"因为我知道您是那样的人！"

听到这里，白发苍苍的船长"扑通"一声跪在黑人孩子面前，泪流满面："孩子。不是我救了你，而是你救了我啊！我为我在那一刻的犹豫而耻辱……"。一个人能被他人相信也是一种幸福。他人在绝望时想起你，相信你会给予拯救更是一种幸福。

如果陷入困境，你有多大把握能得到他人广泛、及时而有效的帮助？这些"他人"都包括谁？以上两点构成了个体所拥有的"社会支持系统"的核心。

所谓社会支持是指被支持者所觉察到的来自重要他人或其他群体的尊重、关爱和帮助。社会支持系统是指个体在自己的社会关系网络中所获得的，来自他人的物质和精神上的帮助和支援。一个完备的支持系统包括亲人、朋友、邻居、老师等，还包括由陌生人组成的各种社会服务机构。

每个人的能力都是有限的，没有一个人能独立解决所有的问题。对于陷入困难的人而言，社会支持系统犹如雪中送炭，带给被支持者持久的温暖、安全感及重新生活的勇气、信心和力量，而一个社会支持系统匮乏的人，一旦陷入困境，极易陷入孤立无援的状态。大学时期是人生的转折点，是心理和人格发育逐步趋于成熟的时期，这一时期不良心理问题发生率较高。因此，大学生更需要来自社会多方面的支持。如何在与他人交往过程中，结交好友的同时，建立自己稳固的社会支持系统对大学生具有重要的意义。社会支持系统是积极意义的人际关系，是一种"双赢"的社会网络，在这个网络中，我们可能获得温暖、爱、归属和安全感。不管遇到什么困难，都能获得有力支持。

训练 6-4　我的支持系统

活动目的：通过人际交往主动构建自己的社会支持系统。

道具准备：纸、笔。

活动时间：30分钟。

活动方法：

请你填写自己的社会支持系统，可以在前面横线处填写一个或多个名字，并在后面写明填写该名字的原因（最好以实例说明）。

我的社会支持系统

当我遇到困难时，我可以求助于（或当你处于困境时，你能得到谁的帮助）：

1. 家庭里的＿＿＿＿＿＿＿＿＿＿，因为＿＿＿＿＿＿＿＿＿＿＿＿＿＿。

2. 学校里的＿＿＿＿＿＿＿＿＿＿，因为＿＿＿＿＿＿＿＿＿＿＿＿＿＿。

3. 朋友中的＿＿＿＿＿＿＿＿＿＿，因为＿＿＿＿＿＿＿＿＿＿＿＿＿＿。

4. 社会上的＿＿＿＿＿＿＿＿＿＿，因为＿＿＿＿＿＿＿＿＿＿＿＿＿＿。

5. 其他＿＿＿＿＿＿＿＿＿＿＿＿，因为＿＿＿＿＿＿＿＿＿＿＿＿＿＿。

思考：

• 你是否没有按顺序填写，理由何在？

• 你为什么认为他们会帮助你？你是如何与他们进行交往的？

• 你与自己社会支持系统中的人多长时间没联系了？

注意事项：朋友越多，社会支持系统越强大吗？

创新建议：可结合其他章节中相关内容进行深入分析。与小组同学分享自己的答案，并讨论如何构建自己的社会支持体系。

本章提要

1. 人际交往就是在社会生活活动过程中，人与人之间的意见沟通，信息情报交流与相互作用的过程。

2. 人际交往的类型：点头之交、朋友和知己好友。

3. 大学生人际交往的涵义严格地说有广义和狭义之分。广义的人际交往是指大学生和与之有关的一切人的相互作用过程。狭义的人际交往是指大学生在校期间和周围与之有关的个体或群体的相处及交往，它是大学生之间以及大学生与他人之间沟通信息、交流思想、表达感情和协调行为的互动过程。其中最主要的是师生交往和同学交往，同室交往是大学生的一种特殊的人际交往。

4. 大学生人际交往中的心理问题主要表现为以下三个方面：认知、情感、人格。

5. 选择理论认为，人有爱的需要和自我价值感需要，这一需的满足必须从环境、从与他人的关系中获得。每个人的行为和思想都是自己的选择，人的行为只有兼顾了自己和他人的需要，才能现实地、有效地使自己的这一需要得到满足，这才是负责任的行为，才能有效地控制自己的生活，从而体验到"成功的统合感"。

复习思考题

1. 什么是人际交往？当代大学生人际交往具有哪些趋势？
2. 在你的交友过程中，是否存在认知上的偏差？这些偏差给你造成了什么影响？
3. 如何提高人际交往能力？
4. 请用人际交往理论分析你自己体会最深的一次人际交往实践。

拓展训练

一、必练

1. 你认为本章最重要的知识点和实践策略有哪些？

（1）_____

（2）_____

（3）_____

（4）_____

（5）_____

（6）_____

（7）_____

（8）_____

2. 通过本章的学习，你对自己的沟通与交往能力有哪些新的认识？

3. 画一张自己的人际关系图，用距离的远近代表彼此关系的远近，思考与不同人的交往方式有什么不同，并和自己熟悉的同学分享一下自己的体会。

二、选练

自我测试：大学生人际关系综合诊断量表

说明：在每个问题后的答案里，你认为符合你自己情况的打"√"，计1分。

1. 与异性交往太少。

2. 和生人见面感觉不自然。

3. 过分地羡慕和妒忌别人。

4. 关于自己的烦恼有口难言。

5. 对连续不断的会谈感到困难。

6. 在社交场合感到紧张。

7. 时常伤害别人。

8. 与异性来往感觉不自然。

9. 与一大群朋友在一起，常感到孤寂或失落。

10. 极易受窘。

11. 与别人不能和睦相处。

12. 不知道与异性相处如何适可而止。

13. 常被别人谈论、愚弄。

14. 担心别人对自己有什么坏印象。

15. 总是尽力使别人赏识自己。

16. 暗自思慕异性。

17. 时常避免表达自己的感受。

18. 对自己的仪表（容貌）缺乏信心。

19. 讨厌某人或被某人所讨厌。

20. 瞧不起异性。

21. 不能专注地倾听。

22. 自己的烦恼无人可倾诉。

23. 受别人排斥与冷漠。

24. 被异性瞧不起。

25. 不能广泛听取各种意见、看法。

26. 自己常因受伤害而暗自伤心。

27. 与异性交往不知如何更好地相处。

28. 当不熟悉的人对自己倾诉他的生平遭遇以求同情时，自己常感到不自在。

记分方法

Ⅰ	题目	1	5	9	13	17	21	25	小计：
Ⅱ	题目	2	6	10	14	18	22	26	小计：
Ⅲ	题目	3	7	11	15	19	23	27	小计：
Ⅳ	题目	4	8	12	16	20	24	28	小计：

打"√"的给1分，打"×"的给0分，总分：

结果解释

量表总分解释：

1. 0～8分。说明你在与朋友相处的困扰较少。你善于交谈，性格比较开朗，主动关心别人，你对周围的朋友都比较好，愿意和他们在一起，他们也喜欢你，而且你能够从与朋友相处中得到许多乐趣。

2. 9～14分。你与朋友相处存在一定程度的困扰，你的人缘一般。

3. 15～28分。你在同朋友相处上的行为困扰较严重，你不善于交谈，可能性格孤僻或者自高自大。

分量表得分解释：

下面根据各个小栏上的得分，具体说明受测者与朋友相处的困扰行为及其纠正方法。

1. 记分表 I 栏上的小计分数，显示出受测者在交谈方面的行为困扰程度

如果得分在6分以上，说明受测者不善于交谈，只有在极需要的情况下才同别人交谈，总难于表达自己的感受，无论是愉快还是烦恼；受测者不是个很好的倾听者，往往无法专心听别人说话或只对单独的话题感兴趣。

如果得分在 3～5 分，说明受测者的交谈能力一般，能够诉说自己的感受，但不能讲得条理清晰。如果受测者与对方不太熟悉，开始时往往表现得比较拘谨与沉默，不太愿意与对方交谈。但这种状况一般不会持续太久。经过一段时间的接触，受测者可能会主动与人搭话，这方面的困扰也就会随之减轻或消除。

如果得分在 0～2 分，说明受测者有较高的交谈能力和技巧，善于利用恰当的说话方式来交流思想感情，因而在与别人建立友情方面，往往更容易获得成功。

2. 记分表 II 栏上的小计分数显示出受测者在交际与交友方面的行为困扰程度

如果得分在6分以上，说明受测者在社交活动与交友方面存在严重的行为困扰。例如，在正常集体活动与社交场合，比大多数同伴更为拘谨；在有陌生人或老师在场时，往往感到更加紧张；往往过多考虑自己的形象而使自己处于越来越被动和孤立的境地。

如果得分在 3～5 分，说明受测者在社交与交友方面存在一定的困扰。受测者不喜欢一个人呆着，需要和朋友在一起，但却不善于创造条件并积极主动地寻找知心朋友。

如果得分在0～2分，说明受测者对人较为真诚和热情，不存在人际交往困扰。

3. 记分表III栏上的小计分数，显示出受测者在待人接物方面的困扰程度

如果得分在6分以上，说明受测者缺乏待人接物的机智与技巧。在实际的人际交往中，受测者也许有意无意地伤害别人，或者过分羡慕别人以致在内心嫉妒别人。因此，可能被人冷漠、排斥，甚至愚弄。

如果得分在 3～5 分，说明受测者是个多侧面的人，也许是一个较圆滑的人。对待不同的人，受测者有不同的态度，而不同的人对受测者也有不同的评价。受测者讨厌某人或者被某人讨厌，但却非常喜欢一个人或者被另一个人喜欢。受测者的朋友关系某些方面是和谐的、良好的，某些方面却是紧张的、恶劣的。因此，受测者的情绪很不稳定，内心极不平衡，常常处于矛盾状态中。

如果得分在 0～2 分，说明受测者较尊重别人，敢于承担责任，对环境的适应性强。受测者常常以自己的真诚、宽容、责任心强等个性特点，获得众人的好感与赞同。

4. 记分表Ⅳ栏上的小计分数，显示出受测者同异性朋友交往的困扰程度

如果得分在 5 分以上，说明受测者在与异性交往的过程中存在较为严重的困扰。也许受测者对异性存有过分的思慕，或者对异性持有偏见。这两种态度都有片面之处。也许是不知如何把握好与异性同学交往的分寸而陷入困扰之中。

如果得分在 3～4 分，说明受测者与异性同学交往的行为困扰程度一般。有时受测者可能觉得与异性同学交往是一件愉快的事，有时又可能觉得这种交往似乎是一种负担，不知道如何与异性交往最适宜。

如果得分在 0～2 分，说明受测者知道如何正确处理与异性朋友之间的关系。受测者对异性同学持公正的态度，能大方自然地与他们交往，并且在与异性朋友交往中，得到了许多从同性朋友那里得不到的东西。受测者可能是一个比较受欢迎的人。无论是同性朋友还是异性朋友，多数人都比较喜欢和赞赏受测者。

推荐阅读

1. 张笑恒：《读心术——瞬间了解和影响他人的心理策略》。中国妇女出版社出版。本书运用心理学的原理，结合实际案例，对人际关系中可能遇到的各种问题进行了详尽的解析，使你能够迅速地提高人际交往的能力，掌握人际交往的主动权。

2. 凡禹：《人际交往的艺术》。北京工业大学出版社出版。这本书将告诉你如何成功地做人、做事，指导你更好地走在人生旅途。

3. 刘欣：《人际交往的智慧》。万卷出版社出版。本书作者从自己多年从事公共关系的经验出发，为读者讲述了人际交往中应注意的礼仪、言谈、心态、原则等各方面的细节，同时旁征博引，通过数百条古今中外的小故事，为读者生动介绍了人际交往中可以借鉴的智慧。

4. 卡耐基：《人性的弱点》。本书从鲜活、经典的事例和浅显易懂的评述中提炼说话的基本要则；针对不同的交际对象及说话场合，介绍不同的实用语言技巧；于细微之处把话说得更金贵，提高语言的应用能力及交际能力；提升日常口才的重要价值，随时随地打造自己的"金口玉言"。

参考文献

［1］ Cory. Reality Therapy and Choice Theory, with Sample Case Study. retrieved March 17 2004 from http:// www.wglasser. com/rtctart. zip.

［2］ Glasser W. A new look at school failure and school success. Phi Delta Kappan, 1997, 78(8): 596-602.

［3］ Glasser W. Choice theory: A New Psychology of Personal Freedom(M). New York:

Harper Collins, 1998.

　　[4]　Glasser, W. Focusing on Chemistry Instead of Compassion-Psychiatry Takes Another Step in the Wrong Direction. retrieved March 17 2004 from http://www.wglasser.com/chemistr.htm.

　　[5]　Glasser, W. The Language of Choice Theory. New York: Harper Perennial, 1999.

　　[6]　Howatt, W. The Evolution of Reality Therapy to Choice Theory. International Journal of Reality Therapy. 2001, 21(1):7-12.

　　[7]　班杜拉，A，林颖，等译. 思想和行动的社会基础—社会认知论［M］. 上海：华东师范大学出版社，2001：553-563.

　　[8]　蔺桂瑞，杨芷英. 大学生心理健康与人生发展［M］. 北京：高等教育出版社，2010.

　　[9]　谢晶，张厚粲. 大学生人际交往效能感研究［J］. 心理研究，2008，1（6）：67-71.

　　[10]　汪江，刘静，赵鹏云. 人际沟通与交往艺术［M］. 沈阳：辽宁大学出版社，2012.

第七章　恋爱能力发展训练

甜蜜的爱情像春雨一样滋润着我们的心田。

　　哪个少年不多情，哪个少女不怀春。青年期性功能的成熟与性意识的觉醒，使得正值青春妙龄的大学生对爱情充满着浪漫的幻想与憧憬。在大学这个主要由18～23岁的青年聚集在一起的小社会中，大学生恋爱现象已由过去的犹抱琵琶半遮面转化为在爱河中公开倘佯，这既成为校园的一片风景，同时也成为一个教育焦点。本章将重点探讨爱情的本质、恋爱能力的内涵、大学生恋爱常见的心理偏差以及如何提高恋爱能力等问题。

　　当爱情轻敲肩膀时，连平日对诗情画意都不屑一顾的男人，都会变成诗人。

——柏拉图

爱是一种甜蜜的痛苦。

——威廉·莎士比亚

学习与行为目标

1. 了解爱情的本质，大学生常见恋爱心理偏差及原因。
2. 评价自我的爱情状况。
3. 利用心理训练提升恋爱能力。

第一节　恋爱能力概述

柏拉图有一天问老师苏格拉底，什么是爱情？苏格拉底叫他去麦田里走一次，要不回头地走，在途中要摘一颗最大最好的麦穗，但是只可以摘一次。柏拉图觉得很容易，充满信心地出去。谁知道过了半天，他仍然没有回去。最后，他垂头丧气地出现在老师跟前，诉说空手而回的原因。他说，很难得看见一株看似不错的，但是却不知道它是不是最好的，不得已，因为只能摘一株，所以只好放弃。再看看有没有更好的，到已经走到尽头，才惊觉自己手上一颗麦穗也没有。这时，苏格拉底告诉他，这就是爱情。

爱情到底是什么呢？一千个人估计会有一千种描绘和体验。

一、爱情的内涵

（一）爱情的定义

爱情是什么？古往今来，多少圣人先哲、文人墨客都努力去诠释它。我国汉府民歌《上邪》这样表达爱情"我欲与君相知，长命无绝衰。山无陵，江水为竭，冬雷震震，夏雨雪，天地合，乃敢与君绝。"英思想家培根说："爱情就像银行里存一笔钱，能欣赏对方的优点，就像补充收入；容忍对方缺点，这是节制支出。所谓永恒的爱，是从红颜爱到白发，从花开爱到花残。"人本主义心理学家卡尔·罗杰斯说：爱是深深的理解和接受……

《现代汉语词典》这样定义爱情"爱情是男女相爱的感情"，但这个定义比较模糊。马克思主义观点认为，"爱情是一对男女基于一定的客观物质基础和共同的生活理想，在各自内心形成对对方的最真挚的仰慕，并渴望对方成为自己终身伴侣的最强烈的、稳定的、专一的感情。性爱、理想和责任是构成爱情的三个要素。"这个定义从人的自然属性和社会属性、生理心理基础阐述了爱情的本质，比较全面深刻，我们一般采用此定义。

爱情具有排他性、冲动性、直觉性、自愿平等特点。（1）排他性即"唯一性"，这是爱情的最大特点。双方一旦成为恋人，就会强烈地排斥对方与他人发生恋情。与父母之爱、友谊之爱等则显著不同。排他性分为"外排他"和"内排他"。"外排他"指反对自己的恋人与其他异性发生感情关系；"内排他"则是一种自律，不让其他异性爱上自己而干扰甜蜜的热恋。排他性对维持爱情的稳定有帮助。爱情专一、不分心旁人是恋人间的基本要求。但发展到极端的排他倾向就成了一种病态。（2）冲动性，是爱情力量和魅力的重要表现。恋爱关系中的人感情的爆发强度和速度都胜于其他人际爱，常出现难以自控的冲动情况。例如思念成灾，深夜幽会；中国留学生"吻瘫"机场、发生性行为等。尤其当恋爱受外来阻力时，爱的激情可能使双方做出丧失理智的行为如私奔、殉情等。（3）直觉性。由于性爱注重身体外表吸引力、气质相投等感觉因素，因此直觉性也是爱情的重要特点。所谓一见钟情就是感受到对方的外在美而产生感情。一见钟情就是以直觉为心理基础的，但由直觉主导的爱情带有盲目性和片面性。

专栏 7-1　真爱是什么

爱情使者丘比特问爱神阿弗洛狄忒："LOVE 的含义是什么？"

爱神回答：

"I" 代表 Listen（倾听），爱就是要无条件无偏见地倾听对方的需求，并且予以协助。

"O" 代表 Obligate（感恩），爱需要不断地感恩与慰问，付出更多的爱，浇灌爱苗。

"V" 代表 Valued（尊重），爱就是展现你的尊重，表达体贴，真诚的鼓励，悦耳的赞美。

"E" 代表 Excuse（宽恕），爱就是仁慈地对待，宽恕对方的缺点与错误，维持优点与长处。

一个成熟称得上真爱的恋情必须经过四个阶段：

第一个阶段：共存（codependent）。这是热恋时期，情人不论何时何地总希望能腻在一起。

第二个阶段：反依赖（counterdependent）。等到情感稳定后，至少会有一方想要有多一点自己的时间做自己想做的事，这时另一方就会感到被冷落。

第三个阶段：独立（independent）。这是第二个阶段的延续，要求更多独立自主的时间。

第四个阶段：共生（interdependent）。这时新的相处之道已经成形，你的他（她）已经成为你最亲的人。你们在一起相互扶持、一起开创属于你们自己的人生。你们在一起不会互相牵绊，而会互相成长。

各阶段之间转换所需的时间不一定，因人而易。好多人都通不过第二或第三阶段，而选择分手，这是非常可惜的。两人相遇相恋不容易，应带着理解和宽容，共同努力，将爱情之舟驶向幸福的彼岸。

（二）爱情理论

关于爱情的理论，有爱情起源理论和爱情分类理论，本章主要介绍其中的 Zick Rubin 的爱情态度理论、John Lee 的爱情风格理论、爱情依恋理论以及 Robert Sternberg 的爱情三元论（林艳艳，2006；杨成洲，2009）。

1. Zick Rubin 的爱情态度理论

心理学家 Zick Rubin 是对爱情进行系统科学研究的第一人，通过对爱情和喜欢的测量研究，他指出爱情是指心里总是想着所爱的人。Rubin 将爱情定义成对某一特定的他人所持有的一种态度，并建立了爱情量表（love scale）和喜欢量表（liking scale）。他认为浪漫爱情包含了需求的依恋（attachment）、关爱（caring）和亲密（intimacy）这三个成分。需求的依恋是指得到伴侣关爱、亲近和身体上的接触的需求。关爱包括与自己同等地重视伴侣的需求和幸福。亲密包括与伴侣共同分享想法、欲望和感受。

2. John Lee 的爱情风格理论

加拿大社会学家李·约翰（John Lee）认为爱情的三原色是"激情"、"游戏"和"友谊"，这三种颜色的再组合便构成爱情的次级形式：占有型爱情（包含激情和游戏的成分）、利他型爱情（包含激情和友谊）、实用型爱情（包含游戏和友谊的成分）。于是他总结出爱情的 6 种类型：（1）Eros，即"激情型"，这种爱情风格是指一个人所追求的爱人在外表上酷似自己心目中业已存在的偶像；（2）Ludus，即"游戏型"，是逢场作戏、玩世不恭的花花公子式的爱情；（3）Storge，即"友谊型"，是一种缓慢地发展起来的情感与伴侣关系；（4）Mania，即"占有型"，指那种以占有、忌妒、强烈情绪化为特征的爱情；（5）Agape，即"利他型"，或称之为无私的爱，在这种爱情之中，爱被视为他（她）的义务，并且是不图回报的；（6）Pragma，即"实用型"，是一种务实的或功利的风格，譬如把对方的出身以及其他客观情况都考虑在内。

对一个特定的人，他（她）不一定在其所有的爱情关系之中都表现出同一种风格。也就是说，不同的关系会唤起不同风格的爱。即使在同一关系中，人们也有可能随着时间的推移而从一种风格转向另一种风格。

3. 爱情依恋理论

Bowlby 通过对离开照顾者（通常是母亲）的婴儿或儿童行为的长期观察提出了依恋理论。他认为所有重要的爱（love）的关系（包括与父母的、与恋人的）都是依恋关系。一个人早期的依恋经验对其成人后的情感方面有很大的影响，依恋根植于人的天性之中。Hazan 和 Shaver 将成人的爱情关系视为一种依恋过程，即伴侣建立爱情连结的过程，提出了三种"依恋风格"：安全依恋、逃避依恋、焦虑/矛盾依恋。

但后来运用较广的是 Bartholomeco 和 Horowitz 于 1991 年提出的四类型模式，他们将成人的依恋关系分为以下四类。（1）安全型（secure）：认为自己是值得爱的，他人也是值得爱和信任的。（2）专注型（preoccupied）：认为自己是不值得爱的和没有价值的，但他人是可接受的，这种类型的个体总是努力赢得他人的接纳，并以此支持消极的自我表现形象。（3）恐惧型（fearful）：对自己和他人的态度都是消极的，这种类型的成人可能处于害怕他人的拒绝而避免与他人发生联系。（4）冷漠型（dismissing）：对个人的看法相对积极，认为自己是有价值的，但认为他人会拒绝自己，这种类型的成人会以避免与他人发生联系来作为保护自己不受伤害的手段。

4. Robert Sternberg 的爱情三元论

Sternberg 运用定量分析与定性分析相结合的研究方法，在进行大量文献综述和实证研究的基础上提出了爱情的三元理论。Sternberg 认为每种爱情关系都包含有三种基本元素，但每个爱情的元素比例不同。第一个元素是亲密感（intimacy）：两个人心灵契合、相互了解，彼此相知相惜。第二个元素是激情（passion）：主要是各种渴望与需求的表现——自尊、呵护、联系、支配、顺服以及性满足。第三个元素是决定与承诺（promise）：包括短期的和长期的两方面。短期是指做出决定要爱某个人，而长期是指做出承诺要维系这份爱。

爱情的要素或许只有三个，但组合的结果却可以产生七种不同的爱。（1）喜欢（liking）：只具备亲密感的爱；就像两个彼此感到很亲近、童心、很有温馨感的好朋友，却擦不出爱的火花。不过，却有发展出进一步关系的可能。（2）迷恋（infatuated love）：只包含激情，一见钟情即属于迷恋的爱情。迷恋可以是突如其来发生，又很快地烟消云散。通常来时伴有身心上的极度亢奋症状，例如心跳加速、荷尔蒙分泌增加等。（3）空洞的爱（empty love）：只包含承诺的元素。中国传统的媒妁之言或指腹为婚的婚姻关系即属这一类。或者在长期婚姻关系中的尾声或接近尾声时也会呈现此种状态。（4）浪漫爱情（romantic love）：亲密+激情。这类的爱情，男女双方不仅因为外表而互相吸引，同时也心心相印，但却没有办法给予承诺。（5）伴侣之爱（companionate love）：亲密+承诺。当婚姻中的肉体吸引力（激情主要来源）已逝，产生的是一种深厚长远、有承诺的友情时，这两种要素就成为不可或缺的了。（6）昏庸之爱（fatuous love）：激情+承诺。也称作情欲之爱，双方在一见钟情后立即陷入热恋，然后闪电结婚的爱情属于此类。互定终身的基础是建立在激情上，而没有定下亲密的共识。通常此类的关系都无法维持长久。（7）完美的爱（consummate love）：包含三种爱情元素。每个人几乎都希望能发展出这样理想的爱情，相知甚深且又有足够的浪漫感觉和对关系的共识与承诺。如图 7-1 所示。

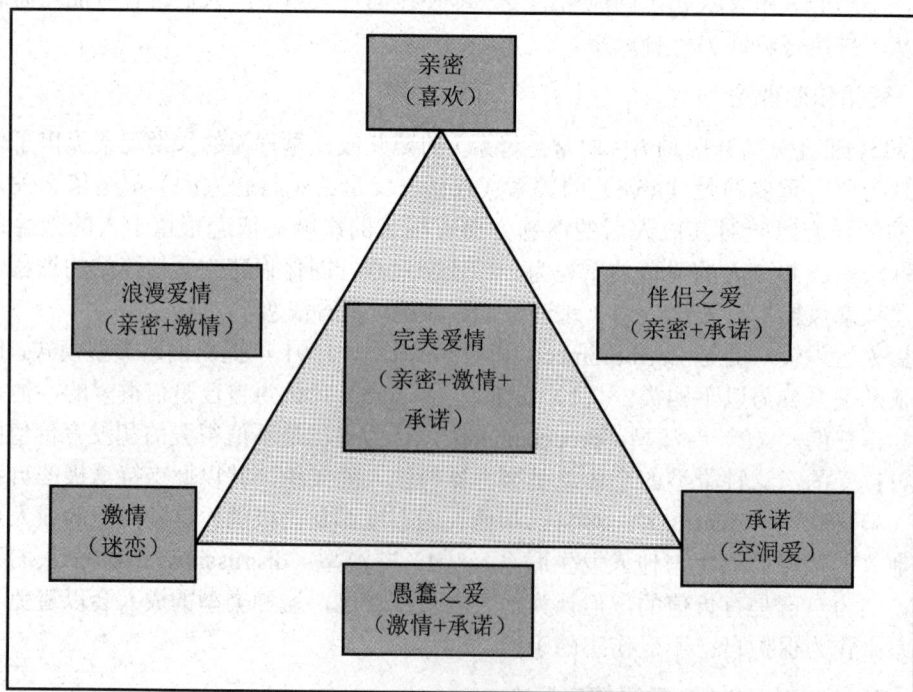

图 7-1　Sternberg 爱情三角形理论

之后，Sternberg 归纳整理了大量的、第一手的个体爱情故事，总结出了有代表性的 26 个，有成瘾（渴望依恋，执着，一想到失去伴侣便焦虑）、艺术性（因伴侣迷人的外表而坠入爱河，注重伴侣的状态）、支配（独裁或民主）、牺牲（奉献自己）、战争（一系列压倒性的、持续的战争）等（陈思远，2008）。它的优点是考察了个体差异，在普通人层面上有广泛的意义，缺点是仍需要跨文化的验证。

专栏 7-2　激情和浪漫能持续多久

永远保持激情，让浪漫的爱坚贞不渝、地老天荒，这是每个人都有的梦想。但现实生活中能做到吗？常识告诉我们很难。社会心理学的研究也证明了，激情和浪漫爱会随着时间而冷却，而共同的理想、共同的兴趣、共同的价值观以及宽容和习惯等因素在维持感情中的重要性会与日俱增。

印度学者古普塔（U.Gupta，1982）等的一项研究很有说服力如图 7-2 所示。他们访问了印度西北部城市斋浦尔的 50 对夫妻，发现由爱情结合的夫妻婚后 5 年，彼此爱的情感会不断减少；与此形成鲜明对照的是，由家庭之命而结合的夫妻，开始的爱情水平并不高，但他们的感情会慢慢增加，5 年后大大地超过了因爱而结合的夫妻们。

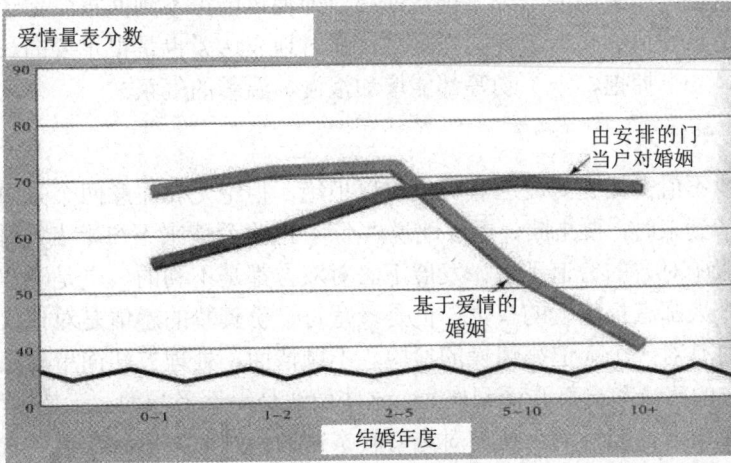

图 7-2　古普塔的研究

二、恋爱能力概述

（一）恋爱能力的含义

爱的能力是指和他人建立亲密关系的能力，它对人的一生发展有着重要的意义。具备了爱的能力会引导一个人去真正地爱他人，也真正地爱自己，能真正体验到爱给人带来的快乐和幸福。恋爱的过程也是培养爱的能力的过程。

心理学家弗洛姆认为，"爱是人的一种主动的能力，一个突破把人和其他同伴分离之围墙的能力，一种使人和他人相联合的能力；爱使人克服了孤独和分离的感觉，但他允许他成为他自己，允许他保持他的完整性。"

（二）恋爱能力的组成

爱的能力是一种综合素质的融合，是在爱的过程中一系列能力的集合。

1. 迎接爱的能力

迎接爱的能力，包括是施与爱和接受爱的能力。首先应准备好自己，懂得真爱是什么，有健康的恋爱价值观，知道自己喜欢什么，需要什么，适合什么。对自己对他人对万事保持敏感和热情，主动关心他人，热爱他人。当别人向你表达爱时，能及时准确地对爱的信息作出判断，并根据自己意愿坦然地作出选择。

罗兰曾说过：如果你爱一个人，先要使自己现在或将来百分之百地值得他爱，至于他爱不爱你，那是他的事，你可以如此希望，但不必勉强去追求。所以无论你是去爱还是被爱，准备好"值得爱"的你才是首要的。

2. 表达爱的能力

当你爱上一个人时，能否用恰当的方式和语言向对方表达出来呢？表达爱需要勇气，需要信心。表达爱是在表明爱一个人也是幸福，即使可能得不到回报。你让对方知道被一个人爱着，这是一种很崇高的境界。恋爱中，适时地表达爱也是很重要的。一句"我想你了""我爱你"，一个拥抱，一个吻等都能增加浪漫、温馨的气氛。

3. 拒绝爱的能力

自己不愿或不值得接受的爱应有勇气加以拒绝。拒绝爱要注意两个方面：一是在并不希望得到的爱情到来时，要果断、勇敢地说"不"，因为爱情来不得半点勉强和将就。如果优柔寡断或屈服于对方的穷追不舍，发展下去对双方都是不利的。二是要掌握恰当的拒绝方式，虽然每个人都有拒绝爱的权力，但是珍重每一份真挚的感情是对他人的尊重，也是一种自珍，同时是对一个人道德情操的检验。不顾情面，处理方法简单轻率，甚至恶语相加，结果使对方的感情和自尊心受到伤害，这些做法是很不妥当的。三是行动语言要一致。不能语言拒绝了对方，但行动上还与对方有较亲密的接触，如单独吃饭、看电影等，使对方容易误解，认为还有机会，纠缠在与自己的情感中。

4. 鉴别爱的能力

鉴别爱是指能较好地分清什么是好感、友情和爱情。有鉴别爱的能力的人，是个自信也尊重别人的人。有鉴别爱的能力的人，会自然地与别人交往，主动扩展交往的范围，珍惜友谊，会尽量多体验他人的感受。过于的自我孤立，对过于站在自我的角度考虑问题，往往会对他人和自我感受的认识发生偏离。

5. 解决爱的冲突的能力

爱的冲突一方面来自日常生活中的不一致，或不协调；另一方面可能来自于性格的差异。相爱的人不是寻求两人的一致而是看如何协调、合作。爱需要包容、理解、体谅。会用建设性的方式去解决冲突。沟通是非常有效的方式。恋人间需要有效的沟通，表达清楚自己的思想、感受。伤害性的争吵或者冷战都不利于问题的解决。

6. 面对失恋的心理承受力

有相恋就有失恋。失恋使人痛苦，这是很自然的事，每个人都会有，只是程度不同而已。面对失恋，大学生应该端正认识并积极地处理失恋，而不应该自暴自弃。首先，要用理智来克制自己的感情，不要被痛苦冲昏了头脑，跟着感情走。做到失恋不失德。不应死缠对方不放，或者要挟对方，甚至伤害对方。应该宽容和谅解，友好地说一声"再见"。其次失恋以后要设法处理失恋情绪，不要老是想着恋爱的事情，这样于事无补，只会增加伤感。处理失恋的方法有很多，有宣泄法、转移法、升华法等。做到失恋不失志。将失恋升华为奋进的动力。事实上，爱情如果不以事业为基础，那么这种爱情是不稳固的爱情。一位哲人说：只有事业有所成，爱情才有所附属。失去了爱情还可以再找，"天涯何处无芳草"？而如果荒废了学业，那么即便暂时拥有爱情，也是岌岌可危的爱情。

7. 保持爱情长久的能力

爱情需要两个人真正地关心对方，走进对方的内心世界，以对方的快乐为自己的快乐。要保持爱情的常新，需要智慧、耐力、持之以恒及付出心血，同时又有自己的个性，有自己的追求与发展。学新的东西，善于交流，欣赏对方，是爱的重要源泉。

三、大学生常见的恋爱心理偏差

（一）恋爱动机不纯

恋爱动机是激发和维持恋爱行为的内部驱动力。它促使个体趋向一定恋爱对象并导致恋爱行为。当今大学生的恋爱动机呈现多元化趋势，有精神满足型（选择恋人时，对对方的事业心和精神境界有较高要求，注重对方的实际价值）、物质满足型（即物质型、现实型，他们偏重于追求恋爱对象的经济条件如家世背景））、生理满足型（由于生理发育的成熟，产生性亲近的要求）、心理满足型（在空虚、百无聊赖中寻找恋爱刺激，满足其好奇心理）（郑长波，2004）。

胡春贞（2009）调查了960位大学生的恋爱动机，结果显示：40.6%的学生选择"寻找情投意合的伴侣"，28.9%的学生选择"丰富自己的精神生活"，7.5%的学生选择"为未来积累经验"，4.5%的学生认为"有人爱可以证明自己的魅力"，还有18.5%的学生作了其他选择。另外在"谈恋爱"的学生中，仅有7.4%的学生认为自己的恋爱会走向婚姻的殿堂。

在大学生多元化的恋爱动机中，有纯洁、健康的良性动机，如精神满足型；也有不纯洁、不健康的动机。例如，有些大学生为了满足性需要谈恋爱，抱着"不求长久只求曾经拥有"游戏态度。有些女大学生认为"学得好，不如嫁得好"，为了物质需求恋爱，被同学戏称为"卖身求荣"，更有甚者"傍大款""做二奶"。也有大学生为了寻求感情寄托，摆脱孤独而谈恋爱，随意性很大，一旦爱情破灭，则会留下心理创伤。

爱情是纯洁高尚的，在追求爱情的过程中，大学生应在正确恋爱观的指引下端正恋爱动机，避免出现动机的简单化、盲目性、过于功利化等。

（二）恋爱选择不慎

个体的恋爱动机不同，决定了恋爱对象的选择不同。恋爱对象的不同也决定了恋爱方式的不同。

1. 单恋

单恋指一个人爱上另一个人，但另一个人不爱这个人。单恋分为有感单恋和无感单恋。有感单恋是对方知道你的爱意但不接受，无感单恋是对方不知道你对他（她）的爱意，即暗恋。单恋是一个人的恋爱，是一厢情愿的爱恋。多数单恋者走的是一条不归路，注定"受伤的总是我"。单恋是"爱情错觉"的产物。"爱情错觉"是指因受对方言谈举止的迷惑，或自身的各种主观体验的影响而错误地主动涉足爱河，或因自以为某个异性对自己有意而产生的爱意绵绵的主观感受。

大学生心智尚未完全成熟，易出现单恋现象，且较多地发生在内向、敏感、富于幻想、自卑感强的人身上。避免单恋首先是要能避免"爱情错觉"，要学会准确地观察对方的反应（表情、言语、姿态等），用全面的、联系的、辩证的观点分析对方信息的意义，不可片面地只凭一两次的信息断定对方的心意。一旦单恋已经发生在你身上，那就需要勇敢地克服心魔，超越自我。

2. 多角恋

多角恋是一个人同时被两个或两个以上的异性所追求或自己同时追求两个或两个以上的异性并建立了爱情关系。三角恋、四角恋等多角恋现象在大学校园里也不少见，容易发生在外表形象好、才华出众、家庭条件优越等大学生身上。导致多角恋的原因有：恋爱对象选择标准不明确，弄不清哪一个更适合自己，只好多方追逐和应付；爱恋动机不良，在不同恋爱对象之间游走获得不同的欲求和快乐；虚荣心强，认为追逐多人竞争的对象很有身份和面子，退出则承认失败等。

多角恋是导致爱情纠纷的主要原因之一。由于爱情具有排他性、冲动性，因此多角恋潜伏着极大的危险性，一旦其中的个体理智失控，就会给对方甚至社会带来极大危害，例如曾报道一女大学生因三角恋被开除色诱绑架前男友。

3. 网恋

"你网恋了吗？"当网络风靡校园成为一种学习资源的同时，也成为了一种恋爱方式。网恋指个体以超越时空限制的网络为载体，相识、相吸、相知、相许，与情感对象进行虚拟与现实兼俱的情感互动过程。网络搭建的人际交往互动的新平台，扩大了交往选择圈，满足了情感需要，成为大学生"缘分的天空"。网恋已经成为一种比较普遍的恋爱方式。

大学生网恋具有比例高、公开化的特征，同时还很速成、轻率。有的同网友聊过几次便相见恨晚，坠入爱河，轻率见面。这种轻率行为是不可取的，因为网络毕竟是虚拟的、隐蔽的，不能通过它真实、深入地了解一个人，也不能用网络互动代替"面对面"的交流功能。正如网聊盛行时流行的这句话"在网络的另一边，你不知道和你聊天的是人还是狗"所警示的一样。大学生网恋可分为以下类型：游戏型、感情寄托型、追求浪漫型、表现自我型、追求时尚型、随波逐流型等。不管是哪种类型都将网恋视为一种网络情感交流的方式，"不仅可以把现实社会的种种规则完全抛开，而且可以模糊性别和身份，把所有的事情都当作游戏。"

生活中不乏从网络走向现实的成功爱情，但并不是每个网恋都会以美好结局而告终，更多的是"见光死"。因为在虚拟的网络世界里的人展现的往往是非现实人格，要么是反向人格，要么是理想人格等，无法真实地走入现实生活。所以大学生应辩证地看待网恋，在爱情中合理利用网络。

4. 同性恋

同性恋（Homosexuality）这一术语最早是由德国医生 Benkert 于 1869 年命名的，指的是对同性的人具有性爱吸引力并持续表现性爱倾向，同时对异性不能做出性反应。同性恋现象自古就有，但由于与人类的道德伦理观念相悖，很长一段时间把它归为精神疾病中的性变态一类。随着人们观念的开放和宽容，目前不再把它作为心理疾病的一种，而作为一种性取向，因此无道德好坏之分，只是选择不同问题。同性恋分为素质性（由生理因素造成的，例如先天遗传、大脑结构、激素水平）和境遇性同性恋（由心理社会因素造成的，例如创伤性异性交往经历，恋母情结等）。相关调查显示（罗曼，2007），同性恋青年的自杀企图明显高于普通青少年。

大学是同性恋身份得以确认并通过接触同性恋信息而发生身份认同的集中期。同性恋大学生是个隐秘存在、人数不多但却不容忽视的群体，他们大多面临强大的内外部压力，易出现心理问题和心理危机。对于真同性恋我们应给予心理支持和人文关怀。但目前大学校园内也存在着部分假同性恋，尤其是拉拉（女同性恋的别称）中居多。她们从同性的"恋情"中获得的是对好奇心理、崇尚个性以及时尚需求（时髦、耍酷）的满足，而非性生理和心理的满足。在大学生拉拉当中，有半数以上者都表示，女生之间的同性恋是现在校园中的一种时尚。

在这个多元化的社会，尽管同性恋被越来越多的人所接受，但是也不能把同性恋作为耍酷的理由，为同性恋而同性恋。因此，大学生应客观理智地选择自己的性取向，分清自己的感情是同性依恋还是情欲之爱，万不可轻率地以同性恋为标榜。

（三）恋爱行为不当

大学生恋爱普遍化、公开化同时，也出现了许多不适当、甚至过激、挑战道德的行为。主要有：（1）举止不文明，例如在图书馆、教室等公共场合进行过于亲昵行为，旁若无人。（2）行为过激，例如死缠烂打地追求本已拒绝自己的恋爱目标，令其生活学习严重受扰；对方提出分手后，不能理智对待，出现伤人或伤己的行为。（3）情欲冲动无视道德。不能正确地处理恋爱中的性问题，放任自我的情欲冲动。（4）恋爱至上，把恋爱当作大学必修课，把学业当作选修课。不能正确地对待爱情和学业的关系，以至于荒废学业，毕业失恋也失业。

恋爱是一所个人成长的学校，谈恋爱是一件纯洁、高尚、认真的事情。因此大学生应合理地看待恋爱，做出适宜的行为，才能在恋爱中收获幸福甜蜜和成长。

（四）恋爱道德不足

恋爱是一对男女的交往，作为一种社会交往必须符合社会道德规范。大学生恋爱中就存在一些恋爱道德失范的现象，主要有恋爱动机不纯，为了满足性欲、虚荣、物质条件而谈恋爱；为了满足物质需求，当二奶等。

大学生应树立良好的恋爱观，恋爱中遵循自愿、平等、尊重等原则，真诚坦白，有较强的责任心，有文明健康的恋爱方式，冷静理智地对待失恋。大学生恋爱应把一致的思想、共同的信仰和追求放在首位，把心灵美好、情操高尚、心理相融作为恋爱的第一标准。正如莎士比亚所说，爱情不是花荫下的甜言，不是桃花源中的蜜语，不是轻绵的眼泪，更不是死硬的强迫，爱情是建立在共同的基础上的。例如，我们敬爱的周恩来总理和邓颖超的爱情就是建立在志同道合基础上的，这样的爱情才能经受住艰难困苦的考验。

四、大学生恋爱心理偏差产生原因

（一）个体因素

随着性生理的发育成熟，大学生对异性产生了交往的欲望和性冲动，渴望追求爱情。同时大学生心理发展尚未完全成熟，人生观和价值观仍在确立过程中。心理发展滞后与生理成熟的矛盾必然会体现在大学生恋爱过程中。大学生有强烈的异性交往的需要，但又缺乏交往的经验技巧。凭直觉、外在条件选择对象，排他性、冲动性强，但理性成分少，意志自觉性差。性接触的需要出现亲昵行为，但道德观念薄弱、理智不强、自控能力较弱，把握不好性界限和底线。总之，性生理和心理发展的不同步性，容易导致大学生出现恋爱心理偏差。

（二）社会因素

随着市场经济的深入发展，受西方文化的冲击，我国传统的道德文化、人文精神、审美文化等正逐渐弱化、失落。这也深刻地影响着曾经为净土的校园。大学生受到多元文化、思潮的冲击，不良社会思想和风气的影响，出现了发展偏差。例如，人生观和价值观扭曲，注重个人享乐，追求感官快乐，导致爱情的功利化、物质化色彩浓重；只考虑自己的性需求与欲望，性道德意识薄弱；只强调恋爱权利，追求浪漫，不重视责任和义务；唯爱至上，荒废学业等。

（三）家庭、学校因素

爱的教育尤其是恋爱与婚姻教育在我国还是比较滞后的。无论在家庭还是在学校，婚恋教育都欠缺系统性、长期性，教育观念保守，教育方式、内容简单滞后，没有把握教育的主动权。在没有正规途径的引导下，学生通过书籍、报刊、录像等途径自学获得性知识，难免被误导，严重影响了正确婚恋观的形成和婚恋能力的培养。一项对大学生性知识获得途径的调查发现（胡春贞，2009），大学生中有41.77%的人认为"科学性教育的途径很封闭"，33.17%的大学生认为"根本无法通过正当渠道获得性知识"，有19.33%的被调查者认为"非法性诱惑的途径畅通"。进一步调查发现，40.81%的大学生现有性知识来自于朋友，而来自于父母、教师的分别只占12.19%和7.87%。

第二节 大学生恋爱能力提升

著名心理学家艾里克·弗洛姆（Erich .Fromm）在《爱的艺术》中说："爱是一门艺术，它要求人们要有这方面的知识并付出努力。如果不尽自己最大的能动性去发展自己的整个人格并以此达到一种创造性倾向，那么所有爱的努力都注定要失败；如果没有爱自己邻人的能力，如果没有真正的谦恭、真正的勇敢、真正的信心和真正的自制的话，那么人们在个人的爱中也就永远得不到成功。"

一、树立科学的恋爱观

恋爱观，是指人们对恋爱问题所持的基本观点和态度，是人生观的组成部分。恋爱观包括恋爱价值观、道德观等，是回答为什么恋爱、选择什么样的恋爱对象以及怎样追求爱情生活等的观念系统。恋爱观直接影响着恋爱动机、恋爱方式、恋爱行为等一系列活动。大学生在强调恋爱权利的同时，也应将爱作为一种责任和义务，理解爱的真谛是理解、关爱和付出，另外还要有健康的恋爱方式，道德的恋爱行为等。

训练 7-1 姑娘与水手

设计理念：恋爱观至关重要，它直接影响着个体能否发展适当的亲密关系。

活动目的：帮助学生澄清自己的爱情价值观、道德观。

道具准备：评价表，笔。

活动时间：15 分钟。

操作步骤：

• 阅读完下面的故事内容后，请按照自己对故事中的五个人物的好感度，从很有好感到没有好感排一个顺序。

故事内容：一艘船遇上了暴风雨，沉了。船上有 5 个人幸运地分别上了两艘救生艇。一艘艇上有水手、姑娘和老人；另一艘有姑娘的未婚夫和他的亲戚。气候恶劣，波浪滔天，两只救生艇被打散了。

姑娘乘的救生艇漂到一个小岛上。在岛上姑娘惦记着她的未婚夫，千方百计地想找他，但一点线索都没有。有一天，她发现大海中有另一个小岛，于是请求水手把救生艇修理一下，带她去那个岛找她的未婚夫。水手答应了姑娘的请求，但是提出了一个条件，就是姑娘必须和水手睡一夜。陷入两难的姑娘不知道如何是好，于是去请求老人给他一些建议。了解了姑娘的情况后老人对姑娘说："其实对于你来说，怎么做正确，怎么做错误我实在不能说些什么。你扪心自问，按你的意愿去做吧。"姑娘万般无奈，但又寻夫心切，于是答应了水手的要求。

第二天水手也履行了承诺，把艇修理好，带姑娘去了另一个岛找她的未婚夫。远远地，她就看到了岛上未婚夫的身影，不顾船未靠岸，姑娘就冲了过去，拼命往岛上跑，一把抱住他的未婚夫。在未婚夫温暖的怀抱中，姑娘犹豫是否该向他坦白昨晚自己和水手的事。思前想后，她最后还是告诉了未婚夫。未婚夫听后勃然大怒，一把推开了她，并吼她说："我再也不想见到你了。"然后就跑走了。姑娘伤心地在海边走，见到了她未婚夫的亲戚。这时，亲戚走过来安慰姑娘说："我看到你们俩吵架了，有机会我会帮你在他面前说说的，在这之前，让我来照顾你吧。"后来姑娘的未婚夫依然没原谅她，最后姑娘也因为报答亲戚的悉心照顾而和亲戚结婚了。

• 请在"评价表"上按照自己的好感程度对故事中的 5 个人作出好感评价排序，并简要说明理由。

故事人物	好感顺序	理　　由
姑娘		
水手		
未婚夫		
老人		
亲戚		

参考标准：根据人物的排名顺序，可以体现一个人的价值观和道德观。故事中每个人物所代表个人的价值观：姑娘-理想主义，水手-实用主义，老人-现实主义，未婚夫-务实主义，亲戚-机会主义。

注意事项：按照自己的观点进行好感排序，不要考虑社会性评价。

创新建议：这个活动小组内做最好，通过组内交流，可以听取到他人的不同意见。受到小组成员的启发可以修正自己的意见。

二、提高迎接爱的能力

迎接爱就是准备好"将爱之我"，首先自己要有爱，有一颗爱己爱人之心。如果自我就缺乏爱，怎么能再给予别人爱呢。畅销书作家艾克哈特·托勒说："如果你爱自己，你就会像爱自己那样爱其他的每个人。只要你对其他人的爱不及对自己的爱，你就不会真正地爱你自己，但是如果你同样地爱所有的人，包括爱你自己，你就会爱他们像爱一个人，这个人既是上帝又是人类，这样的人就是一个爱自己，同样也爱其他所有人的伟大而正义的人。"其次要懂得爱。懂得爱情是什么，自己想要什么样的爱情，如何去获取爱情、经营爱情。即具备有爱的知识和能力。人本心理学家马斯洛说：爱的需要涉及给予和接受爱，我们必须懂得爱，必须教会爱、创造爱、预测爱。

专栏 7-3　米尔的"储爱槽"

米尔认为，如果你想爱一个人，首先要看自己"有没有爱，有多少爱"。每个人都渴望爱，心中都有一个心型的储爱槽来存储自己的爱。在父母养育我们的过程中，他们把自己的爱一点点存入我们的储爱槽中。我们的储爱槽不仅仅是父母的，随着年龄的增长，会有其他人帮我们储爱，比如好朋友、好老师。如果我们的储爱槽充满了爱，那么我们就会拥有健康的爱，不会过多的计较爱的得与失，爱也能保持持久性。可是如果父母婚姻不幸福而经常争吵，会导致我们储爱槽里的爱无法存满。当我们缺少爱时，我们不知道什么是爱，爱情来到身边也不敢相信，不敢去接受，害怕失去。储爱槽里的爱会被时间渐渐消耗，所以在成年后我们还是需要最亲密的人不断往我们的储爱槽里添加爱。

父亲

母亲

孩子

训练 7-2　爱情宣言

设计理念： 恋爱之前首先要明确自己想要的爱情是什么样的。

活动目的： 帮助学生澄清自己的爱情。

道具准备： 纸、笔。

活动时间： 15 分钟。

操作步骤：

• 一千个人就有一千种爱情，你认为爱情是什么呢？请用 5 个句子描述。

爱情是_____。

• 每个人心目中都有一个理想的白马王子或白雪公主的形象，请用词语或句子来具体描述之，越具体越多越好。

我心中的白马王子（白雪公主）是这样子的：_____

_____

_____

_____。

• 在恋爱关系中，你能给予恋人什么？希望从恋人那儿得到什么呢？请用 5 个词语或句子描述你认为最重要的东西。

我能给予恋人_____；

我希望从恋人那获得_____。

• 爱的能力是一系列能力的组合，目前你已经具备哪些能力？

我具备的爱的能力有_____。

不具备_____。

注意事项： 完成句子时，打开思路，将最重要的观点表达出来。

创新建议： 可以和同学、好友一起来完成，看看别人眼中的爱情，对你会有启发。另外思考一下自己为什么会有这样的爱情观，它是否合理健康。

训练 7-3 非诚勿扰

设计理念： 迎接爱的能力首要的是对自己爱情的明晰程度。

活动目的： 帮助个体更加明确自己的条件和择偶条件。

道具准备： 纸、笔。

活动时间： 15 分钟。

操作步骤：

• 假如你要在电视节目或报纸上征婚，请写一份征婚启事，内容包括自我介绍、择偶条件等。字数、体例不限，可任意发挥。

_____

_____。

创新建议： 除了"征婚启事"，还可以书写"爱情宣言"、"结婚宣誓"等。这些都能帮助你理顺爱情思路，便于更好地表达爱情。

三、提高表达爱的能力

《大话西游》里至尊宝不无遗憾地说："曾经有一份真挚的爱情摆在我的面前，但是我没有珍惜。等到失去的时候才后悔莫及，人世间最痛苦的事莫过于此。如果上天能给我一个机会再来一次的话，我会跟那个女孩子说我爱她。如果非要给这份爱加上一个期限，我希望是一万年！"所以当爱来临时，一定要去抓住它，表达出你的爱。表达爱是当你有了爱以后要勇敢地去示爱，让对方知道你的心意。勇敢坦诚地表达爱是自爱、自尊、自信的表现，是成熟的表现。

表达爱要讲究方法，要根据对方的性格特点在恰当的时间、用恰当的方式表达你的爱意，才能一举成功。例如：（1）坦率求爱法，开门见山、单刀直入地直接示爱。适用于双方交往有一定感情基础或彼此倾慕心照不宣的情况。示爱台词有"做我女朋友吧""你能做我孩子的妈妈吗？"等。（2）婉转求爱法，避免直露的生硬，巧妙运用智慧，机敏地求爱。马克思向燕妮表白爱情就是一个成功的典范。在一次约会中，马克思显得满脸愁云，他说："燕妮，我已经爱上了一个姑娘，决定向她表白爱情，不知她同意不同意。"燕妮一直暗恋着马克思，此时不禁大吃一惊："你真的爱她吗？""是的，我爱她，我们相识已经很久了。"马克思接着说："她是我碰到的姑娘中最好的一个，我将从心底里爱她！""这里还有她的照片，你愿意看吗？"说着递给燕妮一个精致的小木匣。燕妮接过用颤抖的手打开后立刻吓呆了——原来里面放着一面镜子，"照片"就是她自己！即刻，一股热流涌上心头，沉浸在幸福和甜蜜之中的燕妮猛扑向马克思的怀抱。

训练7-4 爱情发声练习

设计理念：有了爱之后要勇敢地、恰当地表达爱，这是一种爱的能力。

活动目的：帮助个体掌握表达爱的艺术。

道具准备：纸、笔。

活动时间：30分钟。

操作步骤：

• 表达爱的方法很多，直接表达、委婉表达等，请你尽可能地去搜集所有可行的方法。并与同学进行讨论哪些方法更好。

表达爱的方法有 _____。

经大家讨论最好的5种表达方式是 _____。

• 按照大家讨论出的最好的5种表达方式，在小组内男女两人一组进行角色扮演游戏，男女轮流扮演示爱者。

注意事项：角色扮演是很好的学习途径，一定要投入角色中去，否则达不到预期效果。

创新建议：通过这个活动大家可以总结出最佳示爱台词，以供学习参考。

四、提高拒绝爱的能力

当遇到不想接受的爱的时候，就要坚决地拒绝爱。拒绝爱的时候一定考虑到对方的性格特点、选择适当的方式。例如对于死缠烂打型的男生，女生一定要态度坚决且以后尽量避免单独交往；对于性格敏感多情的男生或女生，一定注意表达的尊重性、委婉性。表达时可以先赞美对方，然后再修饰理由，理由要合乎情理，最好从对方的角度提出有利的方面，让对方觉得拒绝也是为了他（她）好。例如："你是一个很有才华的男生（女生），但是我还没准备好谈恋爱，若你把时间浪费在我这，可能会错失真正的姻缘。"这样可以维护对方的心理平衡，减少拒爱给对方的内心挫折。

训练7-5 感情是不能勉强的

设计理念： 当不爱时，要敢于拒绝爱或结束爱，这是一种爱的能力。

活动目的： 帮助个体掌握拒绝爱的方法。

道具准备： 纸、笔。

活动时间： 30分钟。

操作步骤：

• 请你尽可能多地搜集拒绝对方表白的表达方式。可以邀请你的舍友们一起来一个脑力大激荡，越多越好，先不要评判好不好。另外可以分分类。

_____。

• 从中评选出"十大最具杀伤力"的拒爱表达和"十大最善解人意"的拒爱表达，并讨论理由。

"十大最具杀伤力"的拒爱表达有：_____。

"十大最善解人意"的拒爱表达有：_____。

创新建议： 此活动亦可以用"角色扮演"来操作，即男女一组交互扮演表白者和拒爱者来进行拒绝爱的活动，从中评选出最佳拒爱表达和最具杀伤力拒爱表达等。

五、提高鉴别爱的能力

爱有很多种，也有浓淡程度的不同。在大学生的爱情中，要注意区分爱情与好感、友谊之间的不同。

好感与爱情是大学生异性交往中经常遇到又难以区分的两种感情。青年人在性发育成熟时，便开始被异性所吸引，对异性产生好感，这种好感有时也像爱情一样，能够带来快乐、愉悦、兴奋的感受，但是这并不能说好感就等于爱情。异性之间的好感一般来讲是广泛的、无排他性的，而爱情则是专一的、排他性的、具有性爱的因素。好感常常表现为人们一时出现的情绪感受；而爱情则是长时间的相互了解中形成的。

友谊是同学、同事、朋友之间在相互了解和依赖的基础上，形成的一种亲密、平等、真挚友好的情谊关系。而爱情是在性吸引和满足性的欲望的基础之上的一种情感。作为友谊，无论是同性之间的还是异性之间的，彼此不会拥有对方身体的渴望，而爱情则是渴望拥有对方的身体。现实中确实有不少大学生把一般的友谊误解为爱情，常有同学讲，那个男同学为什么总是帮我们送报纸、送信；为什么在一些活动那个女生总是对我特别关心等。日本青年心理学家曾对异性间的友谊和爱情的异同做过区分，他认为在五个方面有不同：

(1) 支柱不同：友谊的支柱是理解，爱情的支柱是感情；

(2) 地位不同：友谊的地位是平等，爱情的地位是一体化；

(3) 体系不同：友谊的系统是开放的，爱情的系统是关闭的；

(4) 基础不同：友谊的基础是信赖，爱情则纠缠着不安和期待；

(5) 心境不同：友谊充满"充足感"，爱情则充满"欠缺感"。

六、提高解决爱的冲突的能力

即使最甜蜜的爱情也避免不了出现吵架、冷战等矛盾冲突，毕竟两个人存在着个体差异。吵架并不可怕，关键要掌握艺术。恶性吵架会损害两个人的感情，而建设性的吵架反而会成为感情的催化剂，使得感情在经历冲突之后变得比以前更加稳固。

心理学家建议，在开战前 30 秒先问自己三个问题：（1）究竟是什么让我生气；（2）这件事情是否很糟糕，需要通过吵架来解决；（3）吵架能解决问题吗？回答完这三个问题，你会发现，有些事情根本不值得吵架。

万一吵架了，那吵架时也要遵守以下规则：（1）就事论事，对事不对人，且不可扩大战事。不要由恋人的这件事无限度地扩大到其他相关的亲人、朋友身上去，一律杀无赦。不要进行人身攻击。例如："你竟然把我的生日给忘记了，让我觉得你不够爱我"是在表达自己的感受，对事不对人。"你这个人真是太自私了，从来不想着为我付出什么"是人身攻击。（2）直接表达自己的感受和情绪，不要用绝对化、攻击性字眼，不用轻蔑的语气、表情等。可以用这个句型表达"当我看到（听到）你做（说）……时，感到……"。（3）不回避，不打冷战。冷战是无硝烟的战争，是一场耐心的赌博，看谁先妥协，但冷掉的是感情。所以不要想着用各种形式去惩罚对方，因为同时也在惩罚自己。（4）不争输赢。吵架是没有赢家的，吵架的结果应该是协调两人意见达成一致看法。美国婚姻专家说：吵架的任一方赢了，对良好的夫妻关系来说都是失败的。（5）吵架忌讳翻旧账、搬家兵、伤人自尊。翻旧账会挫败对方解决矛盾信心，产生无奈和绝望。搬家兵容易让矛盾复杂化，影响家人对恋人的态度进而影响你们的关系。伤自尊的话，例如"我从未见过你这么没出息的男人""哪个女人像你这样小心眼"会令对方无地自容，产生逃离你的冲动。

训练 7-6 爱情碰碰车

设计理念： 建设性吵架是感情的催化剂，能巩固亲密关系。

活动目的： 帮助个体学会吵架。

道具准备： 纸、笔。

活动时间： 20 分钟。

操作步骤：

• 以下列出了恋人之间容易引起吵架的的情况，请你写出在这些情况下的建设性表达和破坏性表达。

（1） 一个很重要的约会时，你的恋人迟到了 1 小时，你非常生气。

建设性表达：_____；破坏性表达_____。

（2） 你的恋人撒谎周末有事不能陪你，结果和你不喜欢的朋友瞎玩一天，你知道后很生气。

建设性表达：_____；破坏性表达_____。

（3） 你的恋人打了一晚上游戏（或通宵 KTV），结果第二天旷课睡觉，你知道后很生气。

建设性表达：_____；破坏性表达_____。

（4）你的恋人毫无节制地买电子类或化妆类产品，搞得每月东借西凑生活费，你很生气。

建设性表达：_____；破坏性表达_____。

• 你可以继续添加其他吵架情况或者把你与恋人吵架的情形用不同的表达方式演示，看有何不同效果。

• 将你所做的和同学们的比较一下，学习如何更好地表达。

注意事项：注意练习"当我看到（听到、知道等）你做（说）……时，感到……"的表达。

创新建议：可以直接与你的恋人或朋友面对面练习如何进行建设性的吵架，重演以往吵架经历。

七、提高恋爱受挫能力

香港中文大学心理专家林孟平博士告诉我们要这样对待失恋。他说："在爱情路上并非总是一马平川，很多人都会经历失恋。失恋不一定是不好的事，它可能帮你避免了未来的悲剧与更多的伤痛，也使你对自己有个更清楚的认识，对你的人生起到正面的作用。失恋的处理，也是一个非常有意义的学习过程。"

林孟平博士认为，当爱情不在要分手时，可以参考以下要点。

（1）你要认识到，失恋时伤心难过是难免的。尤其是男性，不要否认、压抑自己的情绪。

人们常说：男子汉大丈夫，流血不流泪。但就是因为男性不容易面对自己的失败，该哭时不哭，有人就长久地被情感折磨着，损耗自己的生命。失恋了，就痛痛快快哭，这种哀伤是需要一定时间和措施去处理的。

（2）分手要选择适当的时间提出。我曾经辅导过一个失恋的男大学生，他和女朋友当天晚上仍有约会，女朋友什么都没说，回到宿舍却打电话来说分手，第二天他就要大考，而且事先没有任何信号，所以他一下就崩溃了。因此，假如你要和对方分手，千万不要这么残酷。

（3）分手之前要有周详的考虑，尽量给对方一些准备的信号，让对方有充分的时间进行心理的适应并参与决定。单方面决定就宣布，对对方来说是不公平的。

（4）主动提出分手的一方，要勇敢地面对，不可逃避责任；也不要说"我们从来就没有爱过"来自欺欺人。这是非常不负责的，会让对方受到的伤害更重。

（5）在顾及对方感受和尊严的情况下，真诚地、具体地讲出为什么要分手。不过千万不要用批评的态度，不要把对方的毛病都挑出来，比如说"你就是没有男子气"、"我忍受不了一个女孩这么主观，说话这么凶"。分手时，仍要尊重和体谅对方。

（6）既然做了决定，不要出尔反尔，行动不要拖泥带水。有些人喜欢说："我虽然不再是你的恋人，还可以做你的哥哥"，这将会使痛苦延续下去，而且反映了他们的优柔寡断和不成熟。

（7）被动的一方，不要拒绝沟通。比如有些人，在对方提出分手时就说："我不听"，电话也不接，想以此逃避。这是非常不成熟的做法。相反地，要勇敢地争取机会做坦诚的讨论。被动的一方，不要死缠烂打。有人说"你不爱我我就去死"，如果对方还不"感动"，就真的去自杀了。这是非常软弱、非常可怕的一种行为，因为生命太宝贵了，而且，死缠烂打，结果令对方变得更加讨厌自己，使自己更难受与痛苦。

（8）被动的一方不可以意气用事。有些人"自尊"过高了，就要报复、就要示威，比如头一天女朋友提出分手，第二天他就要找个更漂亮的、大家都追求的女孩子，表示自己没有受伤，"你看，你不要我，我找得比你更漂亮！"其实这种行为非常幼稚，于事无补，还会给自己带来更多的伤害。

（9）被动的一方千万不要因此自卑，失恋只是生命中碰到的一个失败，不要以偏概全，把自己整个否定了。在感情上受伤，很容易自暴自弃。

（10）分手的初期最好不要见面。常见面时，情绪就容易被挑起来。如果是在一个教室上课，要尽量找看不见对方的角落。倘若自己主动找机会去"见"对方，实在是折磨自己。短期的退隐行为可以接纳。比如你是学校学生社团的干事，你失恋以后觉得自己状态不好，可以告诉朋友，这两三个星期你不能再来。我们要承认自己在一个很大的情绪创伤中，需要休息，需要冷静。但退隐不能很长，要尽快地调整自己的情绪，重新站起来。

（11）男女都可以提出分手，并非只有男的或女的主动。

（12）如果你处理不了，不要死撑下去，可以找朋友，找老师，找心理咨询，找任何一个人。不要让懊恼、痛苦长期损耗你的生命。

大学生要提高恋爱受挫能力，首先要学会"问题定向性应付"，即在爱情受挫后，用理智来驾驭感情，冷静地客观地分析原因，进而总结经验教训，提高自己的心理承受力和思想水平。认识到爱情只是生活的一部分，而非全部，学业、事业才是获得价值感的主源泉。其次学会"情绪定向性应付"，即通过适当的情绪宣泄和调节来减轻痛苦。例如宣泄（运动、旅游等）、合理化、升华等。

训练 7-7 爱情呼叫转移

设计理念： 失恋是人生的必修课。

活动目的： 帮助个体更好地应对失恋，从失恋中获得成长。

道具准备： 纸、笔。

活动时间： 20分钟。

操作步骤：

• **失恋助我成长。** 请完成下面的10个句子。

我失恋了，但我从中获得了＿＿＿＿＿＿＿＿＿＿＿＿＿＿＿＿＿＿＿＿。

• 失恋其实并没有那么可怕，可以通过许多途径来克服它。请你尽量罗列出应对失恋的方法，并分析列出的方法中，哪些是建设性的、可以采纳的？哪些是破坏性的、不能采用的？

＿＿＿＿＿＿＿＿＿＿＿＿＿＿＿＿＿＿＿＿＿＿＿＿＿＿＿＿＿＿＿＿。

创新建议：这个活动在小组做最好，相当于组成了"失恋战线同盟"，它能给与你极大的社会支持，而且你也能从他人的观点和方法中获益。

八、提高经营爱的能力

爱情开始了，是否就能朝朝暮暮、长长久久呢？就像我们所憧憬的"执子之手，与子偕老"？其实，爱情就像一个树，需要我们不断地用心浇灌和精心培育才能茁壮成长，叶茂枝盛。那我们怎样去经营爱才能长久地保持爱情呢？

心理学有一个概念叫"爱情银行"（韦哈雷，Willard Harler），认为每个人的心里都有个情感银行户头，有存款与取款。爱情的经营好比银行，一次安慰就相当于存款，一次无理取闹就相当于取款。如果你经常往恋人户头中存款，户头的款项愈多，你们的关系愈稳固。即使偶尔因疏忽无心支款，也不会有影响。如果户头款项很低，那每次的吵架则很容易透支款项。如果不经常存款而又不断透支的话，感情就会被推入破产边缘。成功爱情的秘诀是，充满你恋人的情感银行户头，使它的资产远超负债，你就会享受到醉人的甜蜜。如何在情侣的情感银行存款呢？就是用信任、关心、包容、倾听、陪伴、赞美等去给予对方爱。

婚姻辅导专家盖瑞·查普曼（Gary Chapman）认为每个人都需要爱的语言。经过 20 多年的研究，他将爱语归纳为 5 种：（1）肯定的言词，关键词是鼓励、肯定。心理学家威廉·詹姆斯（William James）说过，人类最深处的需要，就是感觉被人欣赏。（2）精心的时刻，关键词是同在一起、精心的会话。精心的时刻就是给予对方全部的注意力。例如，全神贯注的交谈，或是一顿只有你们两人的烛光晚餐，或是手拉手的散步等。活动其实是次要的，重要的是花时间"锁住"对方的情感。（3）接受礼物，关键词是礼物。礼物是爱的视觉象征。它可以是买来的、做的或是找到的。还有一种特殊的礼物，就是你自己，你可以把"在场作伴"作为厚礼献给你的情人。礼物是一件提醒对方"我还爱着你"的东西，事实上，这是最容易学习的爱的语言之一。（4）服务的行动，关键词是服务。指做配偶想要你做的事，你替他/她服务因而使他/她高兴，表示对他/她的爱。当男女热恋时，为对方服务是自愿的，甚至费尽心机的。（5）身体的接触，关键词是触碰，抚摸。例如，牵手、亲吻、拥抱、抚摸等。肢体接触是人类感情沟通的一种微妙方式，也是爱的表达的有力工具。我们要想获得甜蜜的爱情和美满的婚姻，就要去发现自己和恋人最希望的爱语是什么，然后用积极行动表达出来。

训练 7-8 爱情银行

设计理念：爱情经营好比银行，爱的表达犹如存款，爱的疏忽、冲突犹如取款。存款越多，关系越巩固，透支则会导致关系破裂。

活动目的：帮助个体学会爱的表达，更好地经营爱情。

道具准备：纸、笔。

活动时间：20 分钟。

操作步骤：

• 请列出你往恋人的情感银行户头存了多少款项？都有哪些？

_____。

- 请列出你从恋人的情感银行户头支出了多少款项？都有哪些？对你们的爱情有什么影响？

_____。

- 你认为恋人的主要爱语是什么？你把握住了吗？
- 和你的恋人交流以上问题。

注意事项：如果你没有恋人，也可以是好朋友。情感银行户头理论适用于所有的爱。

创新建议：可以用这个理论去检查你在亲人、好友等情感银行户头的存款情况，并思考如何把握对方的爱语去充盈银行账户的存款。

本章提要

1. 爱情指一对男女基于一定的客观物质基础和共同的生活理想，在各自内心形成对对方的最真挚的仰慕，并渴望对方成为自己终身伴侣的最强烈的、稳定的、专一的感情。性爱、理想和责任是构成爱情的三个要素。爱情具有排他性、直觉性和冲动性等特点。

2. 爱情理论主要有 Zick Rubin 的爱情态度理论、John Lee 的爱情风格理论、爱情依恋理论以及 Robert Sternberg 的爱情三元论。

3. 恋爱能力包括迎接爱的能力、表达爱的能力、鉴别爱的能力、拒绝爱的能力、解决爱的冲突的能力、面对失恋的心理承受力和保持爱情长久的能力。

4. 大学生常见的恋爱心理偏差有恋爱动机不纯、恋爱选择不慎、恋爱行为不当、恋爱道德不足等。大学生身心发展矛盾，社会文化影响和家庭、学校教育薄弱是造成恋爱心理偏差的主要原因。

5. 提升大学生恋爱能力主要从以下几个方面进行：树立正确的恋爱观，提高迎接爱、表达爱、拒绝爱、鉴别爱、恋爱受挫力以及经营爱的能力。

复习思考题

1. 爱情是什么？有哪些爱情理论？
2. 爱的能力包括什么？你具备了哪些能力？不具备哪些能力？
3. 大学常见的恋爱心理偏差有哪些？原因是什么？在你身上有哪些恋爱偏差？
4. 你打算如何提高自己的恋爱能力？

拓展训练

一、必练

1. 你认为本章最重要的知识点和实践策略有：

_____

_____。

2. 通过本节课学习，我发现自己所具有的爱的能力是：

_____

_____。

存在的不足是_____

_____

3. 通过本节课学习，请你针对某一个问题，设计一个训练方案。

_____

_____

_____

_____

_____

_____。

二、选练

自我测试　测测你的恋爱观

健康的恋爱观是爱情幸福的源泉。请回答下列问题，并将总分值与结果对照。

1. 对爱情的幻想是：
   a. 具有令人神往的浪漫色彩。（2分）　　b. 能满足自己的情欲。（1分）
   c. 使人振奋向上。（3分）　　　　　　　d. 没想过。（0分）

2. 希望恋爱如何开始：
   a. 在工作或学习中逐渐产生。（3分）　　b. 从小青梅竹马。（2分）
   c. 一见钟情，卿我难分。（1分）　　　　d. 随便。（1分）

3. 对未来妻子的主要要求是：
   a. 善于理家。（2分）　　　　　　　　　b. 别人都称赞她的美貌。（1分）
   c. 顺从你的意见。（1分）　　　　　　　d. 能在多方面帮助你。（3分）

4. 对未来丈夫的要求是：
   a. 有钱有地位。（0分）　　　　　　　　b. 为人正直、有上进心。（3分）
   c. 不嗜烟酒，体贴自己。（2分）　　　　d. 英俊、有风度。（1分）

5. 巩固爱情的最好途经是:
   a. 满足对方的物质要求。(1分)　　b. 用甜言蜜语讨好对方。(0分)
   c. 对对方言听计从。(2分)　　d. 努力使自己变得更完美。(3分)

6. 在下列爱情格言中,你最喜欢:
   a. 生命诚可贵,爱情价更高。(2分)　　b. 爱情的意义在于互相提高。(3分)
   c. 有福共享,有难同当。(2分)　　d. 为了爱,我什么都愿干。(1分)

7. 希望恋人和你在兴趣爱好上:
   a. 完全一致。(2分)　　b. 虽不一致,但能互相联系。(3分)
   c. 服从自己的兴趣。(1分)　　d. 没想过。(0分)

8. 对恋爱中的意外曲折怎样看?
   a. 最好不要出现。(1分)　　b. 自认倒霉。(2分)
   c. 想办法分手。(0分)　　d. 把它作为对爱情的考验。(3分)

9. 发现恋人的缺点时,你是:
   a. 无所谓。(1分)　　b. 嫌弃对方。(0分)
   c. 内心十分痛苦。(2分)　　d. 帮助对方改进。(3分)

10. 你对家庭的向往是:
    a. 能同爱人天天在一起。(2分)　　b. 人生有个归宿。(1分)
    c. 能享受天伦之乐。(1分)　　d. 激励对生活的追求。(3分)

11. 自己有一位异性朋友,你是:
    a. 征得对方同意才继续交往。(3分)
    b. 让对方知道,但不许干涉。(2分)
    c. 不告诉对方,认为是自己的权利。(1分)
    d. 因对方态度而决定是否告知。(1分)

12. 看到一位比对方更好的异性,你是:
    a. 讨好对方。(0分)　　b. 保持友谊,必要时再作说明。(3分)
    c. 十分冷淡。(2分)　　d. 听之任之。(1分)

13. 当你迟迟找不到理想的恋人时,你是:
    a. 反省自己的择恋标准是否实际。(3分)
    b. 一如既往。(2分)
    c. 心灰意冷,对婚姻感到绝望。(0分)
    d. 随便找一个算了。(2分)

14. 当所爱的恋人不爱你时,你是:
    a. 愉快地同对方分手。(3分)　　b. 毁坏对方的名誉。(0分)
    c. 千方百计缠住对方。(1分)　　d. 不知所措。(1分)

15. 恋人做出对不起你的事时，你是：

    a. 采取报复措施。（0分）   b. 到处诉说对方的不是。（1分）

    c. 只当自己瞎了眼。（2分）   d. 从中吸取教训。（3分）

16. 认为理想的婚礼是：

    a. 能留下美好而有意义的回忆。（3分）   b. 有排场，为别人所羡慕。（0分）

    c. 亲朋满座，热闹非凡。（2分）   d. 双方父母满意。（1分）

结果分析：

0～24分：恋爱观尚未确立，正处于游移不定之中。需要尽快确立自己的恋爱观。

25～36分：恋爱观不够正确，需要注意改进。

37～42分：恋爱观处于一般水平。

43～48分：恋爱观非常正确，值得坚持。

推荐阅读

1. ［美］弗罗姆著，李建鸣译（2008）：《爱的艺术》。上海译文出版社出版。这本书告诉我们：爱是一门艺术，既然为一门艺术，就要求我们有这方面的知识并付出努力。这里的爱包括父母之爱、男女性爱、友谊之爱、自爱等，内涵广泛。爱是人格整体的展现，要发展爱的能力，就需要努力发展自己的人格，并朝着有益的目标迈进，否则每种爱的试图都会失败。这本书教会我们爱是什么，为何我们需要爱，怎样发展爱等，能够指导我们的人生发展和获得幸福。

2. ［美］莎伦·布雷姆等著，郭辉等译（2010）：《爱情心理学》。人民邮电出版社出版。本书涵盖了心理学、社会学等多学科研究成果，是一本典型的关于爱情的心理学著作。内容涉及亲密关系、沟通、友谊、嫉妒、孤独、冲突、婚外情等众多方面，每一种视角都能给理解爱情带来崭新的见解与思想。著名漫画作家钱海燕亲绘插图，更能使你在轻松和愉悦欣赏图画的过程中，深刻思考和咀嚼爱情的真谛。

3. ［美］黄维仁著（2010）：《活在爱中的秘诀》。中国轻工业出版社出版。顶尖华裔心理学家"爱情博士"黄维仁总结近30年国际上最尖端临床心理研究并结合丰富的临床经验，总结出三个"活在爱中的秘诀"：刻意地经营友情、有效地处理差异与冲突、发展健全的真我。本书给我们一种切实可行的、建立和发展亲密关系和修复伤害的方法，具有很强的实践指导价值和意义。

4. 爱情电影《真爱至上》：本片是一部串连十个爱情故事的作品，影片以首相的爱情故事为主线展开十个发生于不同地方情节不一的故事。英国首相爱上了漂亮的单身母亲娜塔丽，但身份地位悬殊；首相的姐姐婚姻幸福，但丈夫受到秘书诱惑；被妻子背叛的作家跑到法国乡村疗伤，却与女管家发生了感情……不同的爱情以不同的方式降临在不同的人头上。各异的爱情遭遇却蕴涵相似的真情实感，真爱至上的主题贯穿其中。

5. 其他爱情电影推荐：《爱情故事》、《情书》、《当哈里遇见萨莉时》、《看得见风景的房子》、《布拉格之恋》、《四个婚礼一个葬礼》、《缘分的天空》。

参考文献

[1] 余琳. 大学生心理健康教育 [M]. 武汉：武汉大学出版社，2007.

[2] 林艳艳，李朝旭. 心理学领域中的爱情理论述要 [J]. 赣南师范学院学报（心理研究），2006（1）：40-44.

[3] 杨成洲，胡俊等. 浅议社会心理学视角下的爱情理论 [M]. 中国性科学（学术论著），2009，18（4）：17-20.

[4] 陈思远，李朝旭. 心理学视野中爱情分类研究的回顾与新进展 [J]. 唐山师范学院学报，2008，30（3）：138-141.

[5] 胡春贞. 大学生恋爱心理的偏差、成因与纠正策略 [J]. 河南教育学院学报（哲学社会科学版），2009，28（2）：111-112.

[6] 张文平. 大学生健康恋爱心理的培育策略探讨 [J]. 沈阳教育学院学报，2008，12（5）：78-80.

[7] 郑长波、李晓毅. 大学生恋爱动机调查与分析 [J]. 沈阳师范大学学报（自然科学版），2004，22（3）：179-180.

[8] 罗曼."同性恋"研究文献综述 [J]. 湖北经济学院学报（人文社会科学版），2007，4（4）：34-35.

[9] ［美］查普曼著，王云良译. 爱的五种语言 [M]. 北京：中国轻工业出版社，2006.

[10] 聂振伟. 心理健康教育 [M]. 北京：北京师范大学出版社，2006.

[11] 谢炳清，伍自强，秦秀清. 大学生心理健康教程 [M]. 武汉：华中科技大学出版社，2004.

第八章　情绪管理能力发展训练

情绪就像万花筒一样，能够变幻出喜、怒、哀、乐。

我们生活在多姿多彩的世界里，每天都可能在不同的情绪下生活，无论是刚出生的婴儿还是年近古稀的老人，都会有不同的情绪表现。积极的情绪有利于个体处理和解决问题，而长期处于消极情绪中，将会导致心理障碍，甚至影响健康。对大学生来说，有效的情绪管理，对于学习、人际关系以及身心健康等方面都有着重要的意义。本章将重点探讨情绪的基本理论、大学生常见的情绪问题以及情绪管理能力培养的途径等。

发怒，是用别人的错误来惩罚自己。

——康德

非淡泊无以明志，非宁静无以致远。

——诸葛亮

学习与行为目标

1. 了解情绪的内涵、大学生常见的情绪困扰及影响因素。
2. 认识自己的情绪。
3. 提升情绪管理能力。

第一节 情绪调节概述

一位美国科学家进行了一个测试。他先从世界各地的杂志照片和视频图像中，收集了大量的流泪人物面部图像，其中有男有女，有老有少，并把这些图像当作一个版本，然后用电脑把眼泪涂抹掉，作为另一个版本。随后，他请志愿者坐在电脑前，观看电脑中的幻灯片。每张幻灯片都呈现两个人的面部，其中一个面部有眼泪，另一个则没有。他要求每位志愿者说出照片中的人物处于何种情绪之中。

结果，志愿者们普遍认为，有眼泪的人大多处于悲伤之中，但没有眼泪的人就琢磨不透了，有人说那是悲伤，也有人说那是恐惧或者厌恶，总之是说法众多。据此，这位科学家认为，人们真哭时所表达的情绪是最不容易被误解的情绪。

还记得小时候玩过"我们都是木头人"的游戏，总是有人保持不了同一个表情，忍不住笑出来。俗话说，人非草木，孰能无情。无论高兴也好，伤心也好，郁闷也好……都是自身发出的一种情绪信号。丰富多彩的情绪世界就像万花筒一样无比灿烂。

一、情绪的内涵

（一）情绪及其构成

从 19 世纪以来，心理学家对情绪进行了长期而深入的研究，对情绪的实质提出了各种各样的见解。生物观点认为情绪是"神经过程的特殊组合，引导特定的表达和相应特定的感觉"。机能主义观点将情绪定义为"根据对个人的意义，建立、维持和破坏有机体与环境之间的关系的过程"。认知观点提出了一个情绪的工作定义："对重要事件的主观反应，以生理、体验和外部行为变化为特征"。社会文化观点认为情绪是社会或文化建构的综合特性。

目前，多数学者认为：情绪（emotion）是人对客观事物的态度体验及相应的行为反应。它由主观体验、外部表现和生理唤醒三种成分构成。其中，主观体验是个体对不同情绪状态的自我感受；情绪的外部表现包括面部表情和身体姿态等；而生理唤醒是指情绪产生的生理反应。

（二）情绪的功能

1. 适应功能

情绪是有机体适应生存和发展的一种重要方式。如动物遇到危险时产生害怕，从而发出呼救信号，就是动物求生的一种手段。人类继承和发展了动物情绪这一高级的适应手段。当婴儿出生时，脑部发育尚未成熟，还不具备独立的维持生存的能力，这时主要依靠情绪来传递信息，与成人进行交流，得到成人的哺育。成人也正是通过婴儿的情绪反应，及时体察他们的需要，为婴儿提供各种生活条件。在成人的生活中，情绪直接反映着人们生存的状况，是人们心理活动的晴雨表。无论是儿童或是成人，都通过愉快表示处境良好，通过痛苦表示处境困难。此外，人们还通过情绪进行社会适应。例如，人们用微笑表示友好，用移情和同情维护人际关系，通过察言观色了解对方的情绪状况，以便采取相应的措施等。总之，人们通过各种情绪了解自身或他人的处境与状况，适应社会的需要，求得更好的生存和发展。

2. 动机功能

情绪是动机的源泉之一，是动机系统的一个基本成分。它能够激励人的活动，提高人的活动效率。适度的情绪兴奋，可以使身心处于活动的最佳状态，进而推动人们有效地完成工作任务。研究表明，适度的紧张和焦虑能促使人积极地思考和解决问题。同时，情绪具有放大有机体生理内驱力信号的作用，从而能够更强有力地激发行动。如人在缺氧的情况下会产生补充氧气的生理需要，但这种生理驱力本身可能没有足够的力量去驱策行动，而此时所产生的恐慌感和急迫感起着放大和增强内驱力信号的作用，产生强烈的驱动力激发行为。

3. 组织功能

情绪是一个独立的心理过程，有自己的发生机制和操作规律，并对其他心理活动具有组织的作用。情绪的组织作用包括两个方面，一方面表现为对积极情绪的协调、组织作用，另一方面表现为对消极情绪的破坏、瓦解作用。研究证明，情绪能影响认知操作的效果，其影响效应取决于情绪的性质及强度。一般而言，中等强度的愉快情绪有利于提高认知活动的效果。愉快强度与操作效果呈倒"U"型曲线，过低或过度的愉快唤醒都不利于认知操作。而对消极情绪来说，例如恐惧、痛苦等会对操作效果产生负面影响。情绪的组织功能也体现在对记忆的影响方面。有研究表明，当人处在良好的情绪状态下，更容易回忆那些带有愉快情绪色彩的材料；如果在某种情绪状态下所记忆的材料在同样的情绪状态下这些材料更容易被回忆起来。情绪的组织功能还表现在影响人的行为上。当人们处在积极、乐观的情绪状态时，更容易注意事物美好的一方面，态度和善，更愿意接纳外界的事物；当人们处在消极的情绪状态时，则容易失去希望，产生悲观意识，甚至产生攻击行为。

4. 信号功能

情绪在人际间具有传递信息、沟通思想的功能。这种功能是通过情绪的外部表现，即表情来实现的。表情是思想的信号，在许多场合，只能通过表情来传递信息，如用微笑表示赞赏，用点头表示默认等。在电影业发展早期，无声电影正是通过演员的各种表情动作来向观众传递信息的。表情也是言语交际的重要补充，如手势、语调等能使言语信息表达得更加明确或确定。从信息交流的发生上看，表情的交流比言语交流要早得多，如在前言语阶段，婴儿与成人相互交流的唯一手段就是表情。情绪的适应功能也正是通过信号交流的作用来实现的。

专栏 8-1　情商 EQ

情商 EQ（emotional quotient）又称情绪智力、情绪商数，是自 1995 年起在国际上流行的一个心理学名词，起源于美国哈佛大学著名心理学家丹尼尔·戈尔曼撰写的《EQ》一书。戈尔曼认为，情商与智商不同，它不是天生注定的，包括自我意识、自我管理、激励自己、社会意识、关系管理等 5 个方面的素质，每一素质又由一系列具体的技能组成，是测定和描述人的情绪情感的一种指标。戈尔曼指出，预测一个人的未来成就，智商 IQ 至多只能解释其成功因素的 20%，其余的 80% 则归因于其他因素。其中关键因素是情商 EQ。

（三）情绪的分类

根据情绪的复杂性划分，可以分为基本情绪和复合情绪。基本情绪是指人类中最基本、最普遍存在的情绪。这些基本情绪是先天的，它们都有独特的神经生理机制等，是人与动物共有的。例如快乐、愤怒、恐惧等。复合情绪是人类特有的一种心理活动，顾名思义它是由基本情绪组合而成的，例如厌恶—愤怒—轻蔑组成敌意，而大多数复合情绪都比较复杂，很难被命名，例如爱与依恋等。

按照情绪的状态划分，可以分为心境、激情和应激。心境（mood）是一种比较微弱而持久的情绪状态。激情（intense emotion）是一种短暂、强烈、具有爆发性的情绪状态。像欣喜若狂、悲痛欲绝、恐惧万分等通常都是由对个体具有重要意义的事件引发的情绪表现。应激（stress）是一种由出乎意料的环境刺激所引发的高度紧张的情绪状态。突如其来的紧急事故，如火灾、地震、车祸、亲人意外死亡等都会引起人们的应激状态。

（四）情绪的表现

1. 心理层面

情绪心理层面的表现包括认知、体验、表情、言语、行为等。其中，最直观的表情是情绪在人身上的外显表现，包括面部表情、身段表情和言语表情。

我们可以通过一个人的表情、手势、姿势等，读懂他的情绪，其中最重要的情绪标志是面部表情。面部表情是指通过眼部肌肉、颜面肌肉和口部肌肉的变化来表现各种情绪状态。

艾克曼的实验证明，人脸的不同部位具有不同的表情作用。例如，眼睛对表达忧伤最重要，口部对表达快乐与厌恶最重要，而前额能提供惊奇的信号，眼睛、嘴和前额等对表达愤怒情绪很重要。林传鼎的实验研究证明：口部肌肉对表达喜悦、怨恨等少数情绪比眼部肌肉更重要；而眼部肌肉对表达其他的情绪，如忧愁、惊骇等，则比口部肌肉更重要。

2. 生理层面

情绪的生理表现包括心率、血压、呼吸、内分泌等生理变化。从中医的角度来说，认为五脏的健康状况与我们的情绪有着密不可分的联系，具体为：肺主悲，经常哭泣、落泪的人免不了与肺病有关系；心主喜，俗话说心花怒放就是这个意思，然而过喜则伤心；肝主怒，过怒则伤肝，在人非常生气时常常会感到左右两侧肋也会隐隐作痛，这就是怒伤肝的表现；脾主思，思虑过多则伤脾胃，经常用脑的人，脾胃功能比较差；肾主惊，人受到过度惊吓会影响肾的生理功能。

（五）典型的负性情绪

1. 焦虑

焦虑（anxiety）是一种内心紧张不安，预感到似乎将要发生某种不利情况而又难于应付的不愉快情绪。人们都不同程度地体验过焦虑。但过度焦虑则会对学习和生活带来不良的影响。常见的大学生焦虑主要涉及以下几个方面：考试焦虑，即由于担心考试失败或渴望获得更好的成绩而产生的一种忧虑、紧张的心理状态；身体焦虑，即由于对身体健康或容貌过分关注而产生的焦虑不安，并伴有失眠、疲倦等症状；适应焦虑，即由于对大学的环境、学习方式和人际关系等不能很快适应而产生的焦虑。

2. 抑郁

抑郁（depression）是一种感到无力应付外界压力而产生的消极情绪，常常伴有厌恶、痛苦、羞愧、自卑等情绪体验。大学生产生抑郁的主要原因有：性格方面，如内向孤僻、不爱交际、敏感等；学习方面，压力过大、成绩不理想等；人际交往方面，如长期不受欢迎、人际关系紧张、得不到理解与尊重等。此外，对于新生来说，由于对独立生活缺乏必要的心理准备，对大学的生活和环境不适应等，也容易导致抑郁心理的产生。长期的抑郁会使人的身心健康受到严重损害，使大学生无法正常地学习和生活。

3. 愤怒

愤怒（anger）是当客观事物与人的主观愿望相悖时产生的强烈的情绪反应。适当的愤怒是情绪的一种宣泄。而过激的愤怒对人的身心健康有明显的不良影响。通常，当一个人愤怒时，会出现心悸、失眠、血压升高等身体上的反应，同时愤怒会使人丧失理智、阻塞思维，导致损物、伤人，甚至犯罪等许多失去理智的行为。古希腊学者毕达哥拉斯曾说过"愤怒以愚蠢开始，以后悔告终"。

4. 嫉妒

嫉妒（envy）是由于别人胜过自己而引起抵触的情绪体验。大学生如果长期处于嫉妒的心理状态中，则会阻碍其正常的自我发展。大学生中最常见的嫉妒心理是攀比心理，别人有的东西自己没有就会产生心理不平衡和一种相对剥夺感。有些大学生缺乏正确的自我评价，总是喜欢拿自己的长处和别人的短处相比。往往这样的学生对自己的评价偏高，不肯承认自己在某些方面与别人的差距，甚至看到他人学识、品行、甚至衣着打扮超过自己，就会在主观意识上产生一种失望和屈辱感，从而产生嫉妒心理。

5. 恐惧

恐惧（fear）是指因受到威胁而产生并伴随逃避愿望的情绪反应。人类大多数恐惧情绪是后天获得的。恐惧反应的特点是对当前的威胁表现出高度的警觉。如果威胁持续存在，则表现出活动减少，目光凝视有威胁的事物，威胁持续增强，可发展为难以控制的惊慌状态，严重时会出现激动不安、哭、笑、思维和行为失控，甚至休克。恐惧时常见的生理反应有心跳猛烈、口渴、出汗等。

专栏 8-2　如何应对恐惧

恐惧比其他情绪更具有感染力。因此，一个人在看到和听到处于恐惧状态中的其他人时，即使他所处的环境没有任何能引起他恐惧的因素，也常常会恐慌。那么，当恐惧来临时，我们应当怎样通过自我调适，自己进行训练来帮助克服恐惧呢？下面就介绍一种系统脱敏的方法来帮助大家战胜恐惧。

第一步：把能引起你紧张、恐惧的各种场面，按由轻到重依次列成表（越具体、细节越清晰越好），分别抄到不同的卡片上，把最不令你恐惧的场面放在最前面，把最令你恐惧的放在最后面，卡片按顺序依次排列好。

第二步：进行松弛训练。方法为坐在一个舒服的座位上，有规律地深呼吸，让全身放松。进入松弛状态后，拿出上述系列卡片的第一张，想象上面的情景，想象得越逼真、越鲜明越好。

第三步：如果你觉得有点不安、紧张和害怕，就停下来不再想象，做深呼吸使自己再度松弛下来。完全松弛后，重新想象刚才失败的情景。若不安和紧张再次发生，就再停止后放松，如此反复，直至卡片上的情景不会再使你不安和紧张为止。

第四步：按同样方法继续下一个更使你恐惧的场面（下一张卡片）。注意，每进入下一张卡片的想象，都要以你在想象上一张卡片时不再感到不安和紧张为标准，否则，不得进入下一个阶段。

第五步：当你想象最令你恐惧的场面也不感到紧张时，便可再按由轻至重的顺序进行现场锻炼，若在现场出现不安和紧张，亦同样让自己做深呼吸放松来对抗，直至不再恐惧、紧张为止。

二、情绪调节的实质

（一）情绪调节的定义

对于情绪调节（emotion regulation）的定义，众多学者也是意见不一。Thompson, R. A.（1994）认为情绪调节是为了使个体能对变化的社会情境做出迅速有效的适应性反应，实现个体目标。包括生理、认知、体验、行为等多方面的调节与组织过程。Gross，J. J.（1998）认为情绪调节是个体对情绪的发生、体验与表现施加影响的过程。情绪调节是改变情绪的发生、持续时间、内部体验、生理行为反应的动态过程。Eisenberg，N. & Spinrad，T. L.（2004）认为情绪与情绪调节是两个概念，情绪调节是发生于情绪激活之后的，个体主动地有目的地控制有关内部生理体验、认知以及外显行为的强度与持久性，以达到个体适应社会的目的。孟昭兰（2005）认为情绪调节是通过抑制或加强情绪的内在体验或外显行为，既帮助个体实现自己目标又使个体适应社会的一种动态过程。

综合上述观点，有学者将情绪调节概括为：个体通过运用一定的方法策略，减弱、维持或增强情绪的内部体验，控制情绪外部表现的程度与持续时间，达到一定社会性目的的过程。

从上述定义中，不难看出，情绪调节具有如下几个特点：

（1） 被调节的情绪既包括负性情绪，也包括正性情绪。

（2） 情绪调节不仅是抑制、削弱某种情绪的过程，也可以是维持和增强某种情绪的过程。

（3） 情绪调节过程中被调节的成分不仅包括情绪的生理反应、主观体验等情绪系统内的成分，还包括认知、行为等情绪系统以外的成分。

（4） 情绪调节没有必然的好与坏。如同样是降低焦虑水平，在一种情景中是好的，在另一种情景中则可能是差的。

（5） 情绪调节有时是意识的、努力的、有计划的过程，有时是无意识、无须努力、自动化的过程。

（二）情绪调节的类型

关于情绪调节的类型，有许多种划分的方法，下面是几种有代表性的划分方法。

（1） 内部调节和外部调节。内部调节是个体对身心方面的调节，在个体内部进行；外部调节是指对社会环境加以一定的调节，以此达到个体、环境的和谐统一。

（2） 减弱调节、维持调节和增强调节。依据个体调节情绪的努力程度不同，划分出这三种类型。一般而言，减弱调节针对负面情绪，排解出内心所隐藏的压力；维持调节是维持对个体自身有益的正面能量，促使个人的生活、工作正常进行；增强调节就是强化个体所需要的情绪，使个体以更好的状态投入生活。

（3） 以问题为中心的调节和以情绪为中心的调节。这是 Lazarus 和 Folkman 划分的类型。以问题为中心（problem-focused coping）指个体通过使用问题解决策略试图改变情境或去除引起紧张的威胁，如果经过努力，问题获得解决，个体的情绪紧张程度或压力则会降低；以情绪为中心（emotion-focused coping）指个体采用行为或认知调节策略降低情绪压力。例如个体在面临恐惧情景时，如果采用重新定义问题、考虑替代解决方案、衡量不同选择的重要性等是以问题为中心的调节方式。如果行动上回避，转移注意力，换个角度看问题等，是以情绪为中心的调节方式。

专栏 8-3 问题中心策略 VS. 情绪中心策略，哪个更有效？

对此，心理学家采用现场实验的方法进行了研究（Strentz & Auerbactl，1988）。研究者同美国联邦调查局和航空公司合作，导演了一个为期四天的劫持人质事件。志愿参加实验的驾驶员、副驾驶员、空中小姐事先都接受培训，让他们了解被恐怖分子劫持时的感受。五个持枪的恐怖分子（由联邦调查局特工人员假扮）用武力迅速控制了所有被试（乘客），并且大声叫喊着以确保被试完全合作。恐怖分子脸上戴着滑雪面具或阿拉伯式的头巾，用一种催泪弹弄出突然的巨响（发出噪音和刺目的闪光，但是没有杀伤力）。他们朝驾驶员开枪（子弹是没有弹头的）。驾驶员和副驾驶员的衣服里都藏着血袋，恐怖分子开枪后，他们用手弄破血袋，这样当他们面向人们倒下时，衣服上就有血……恐怖分子命令人质把手放在头顶上，不许动。当几个恐怖分子拿出枕头套时，另两个恐怖分子把人质逐个从飞机上赶下来，让他们四肢分开趴在地上，进行搜身，然后从后面给他们带上手铐，把枕头套套在人质头上。

正如实验前假设的那样，被试体验到高度的焦虑。他们是怎样应对这种焦虑呢？在实验之前，一部分被试学习情绪中心策略，要他们努力不去想引起焦虑的事件，甚至去幻想别的什么。另外一部分被试学习问题中心策略，包括与人交流的方式，怎样从环境中收集信息，以及怎样使表情显得沉着。

实验结果表明，那些人质发现在这种情境下自己根本无法采取行动，但是他们可以调整自己在此情境中的情感反应。结果，比起使用问题中心策略的人，使用情绪中心策略的人体验到的焦虑水平要低。他们没有办法去解决这个绑架事件，所以问题中心的策略帮助并不显著。所以，当我们实际上不可能通过采取行动解决问题时，干脆不去注意这种情境可能会好一些。

但是，如果确实有解决问题的办法，那么最明智的做法仍旧是迅速采取行动消除问题。心理学家对经受战争压力的士兵进行了研究，看他们怎样对付战争引起的长期情绪反应。

研究者考察了参加 1982 年以黎战争的以色列士兵的应对策略和社会活动情况。结果发现，采用问题中心策略的士兵比采用情绪中心策略的士兵，其社会活动要成功一些。而且战争过去多年以后，仍继续使用情绪中心策略的士兵，其应对现实问题的能力是最差的。显然，直接处理问题相对于仅仅干预感觉能让士兵得到更多的好处。

三、情绪调节的理论模型

国内外学者都做了大量关于情绪的理论研究和探讨，形成了许多关于情绪的其他理论。这里将重点介绍艾里斯（Ellis）的情绪 ABC 理论和格鲁斯（Gross）的情绪调节理论。

（一）艾里斯的情绪 ABC 理论

希腊哲学家爱比克泰德（Epictetus，约 55—约 135）说："人不是为事情困扰着，而是被对这件事的看法困扰着。"受这一观点启发，美国临床心理学家艾里斯（Albert Ellis，

1913—2007）于 1955 年提出了 ABC 理论。1993 年，艾里斯在 ABC 理论的基础上加入了使理论更臻完善的行为技术，并发展出一套用于临床实践的"理性情绪行为治疗法"（REBT）。

该理论认为，诱发性事件只是引起情绪及行动反应的间接原因，人们对诱发性事件所持的信念、看法等才是引起情绪及行为反应的直接原因。A、B、C 来自三个英文单词的首字母。A（Activating events）指诱发性事件；B（Belief system）指个体的信念、观念系统；C（Consequences）指个体的信念或观念所引起的情绪、行为反应或结果。人们通常以为是事件 A 引起了结果 C。艾里斯不这样看，他认为只有 B——人们对事件 A 的看法与解释背后的信念与观念才是导致 C 产生的直接原因。ABC 理论以认知心理的观点来看待情绪的产生，揭示了内部信念和观念系统对情绪产生的作用。根据这一观点，情绪调节最重要的是调节或改变人的观念系统（如图 8-1 所示）。

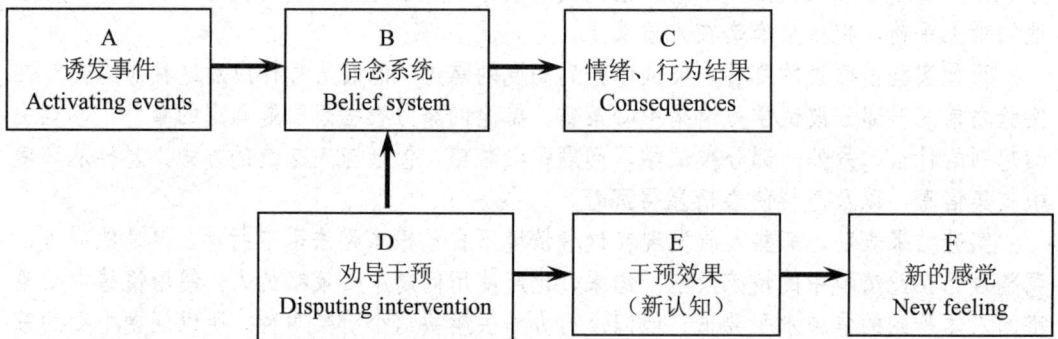

图 8-1　情绪 ABC 理论示意图

（二）格鲁斯的情绪调节理论

格鲁斯认为情绪调节是指"个体对具有什么样的情绪、情绪什么时候发生、如何进行情绪体验与表达施加影响的过程"。也就是说，情绪调节是指个体对情绪发生、体验与表达施加影响的过程。据此，他提出了情绪调节的过程模型（如图 8-2 所示）。根据情绪调节发生在情绪反应产生之前或情绪反应之后，格鲁斯把情绪调节分为了先行关注情绪调节（antecedent-focused emotion regulation）和反应关注情绪调节（response-focused emotion regulation）两个方面。先行关注情绪调节主要包括情境选择（situation selection）、情境修正（situation modification）、注意分配（attention deployment）、认知改变（cognitive change）。反应关注情绪调节包括反应调整（response modulation）。

格鲁斯提出，在情绪发生的整个过程中，个体进行情绪调节的策略很多，但在许多情绪调节的形式中，最常用和有价值的降低情绪反应的策略有两种，即认知重评（cognitive reappraisal）和表达抑制（expression suppression）。认知重评属于先行关注的情绪调节策略，它是通过认知的因素来改变个体对情绪事件的理解，从而改变相关的情绪体验，缓解负性情绪。表达抑制是反应调整的一种，因此，属于反应关注的情绪调节策略，它是通过抑制将要发生或正在发生的情绪表达行为，从而降低主观情绪体验。

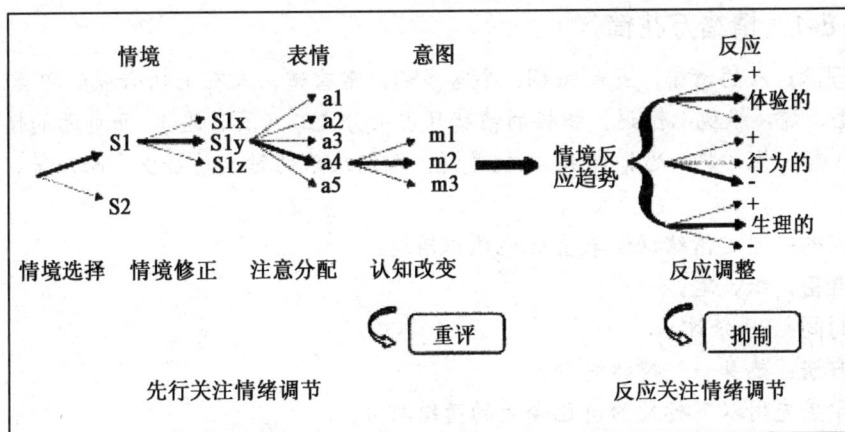

图 8-2　格鲁斯的情绪调节过程模型

第二节　情绪调节能力训练

　　长期不良的情绪体验不仅会造成大学生生理机制紊乱，而且会抑制大学生大脑皮层的高级心智活动，使意识范围变得狭窄，正常判断力减弱，引发严重的心理问题。一个身心健康的人，不是一个没有消极情绪的人，而是一个会管理和控制情绪的人。因此，培养大学生的情绪管理能力，学会戒骄戒躁，对不良情绪进行疏导，对积极情绪进行调节，具有十分重要的意义。

一、情绪的多样性

　　根据情绪的状态不同，可以有不同的心境、激情和应激。当我们生病的时候，会因为病痛的折磨使人产生烦躁的心境；在得知考上研究生的时候，会因为自己的理想得以实现，使人产生愉悦的心境，这就是俗话说的"人逢喜事精神爽"。在奥运会的赛场上，运动员会充分调动激情，激发个人潜能，赛出好成绩；也有人因为控制不好情绪，在愤怒情绪的驱使下，一时性起，做出一些不理智的甚至是破坏性的行为。突如其来的紧急事故，如火灾、地震、车祸、亲人意外死亡等都会引起人们的应激状态。

　　认识情绪就像认识我们身体的一部分一样重要。认识自己的情绪才能更好地了解自己，做到合理表达和宣泄情绪；认识他人的情绪才能更好地理解他人，做个善解人意的人。

训练 8-1　情绪万花筒

设计理念：人的情绪，五彩斑斓，丰富多彩。常言道，人有七情六欲：即喜、怒、忧、思、悲、恐、惊。纵观七情说，积极的情绪只占七分之二（喜、思），而负面的情绪却占了七分之五（怒、忧、悲、恐、惊），也就是说，人们欢乐的时候总嫌少，而痛苦、无奈的时候总嫌多。

活动目的：通过情绪词汇表直观地认识情绪。

道具准备：纸、笔。

活动时间：20分钟。

活动方法：热身——情绪评分。

每位学生先用以下标尺为自己今天的情绪打分：

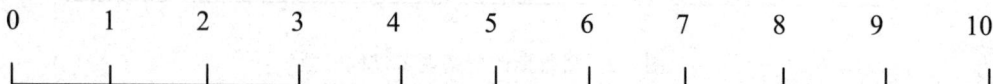

```
0     1     2     3     4     5     6     7     8     9     10
├─────┼─────┼─────┼─────┼─────┼─────┼─────┼─────┼─────┼─────┤
```

将词汇进行归类，并统计正面的情绪与反面的情绪词汇所占的比例。

正面情绪	负面情绪

注意事项：利用头脑风暴法，列出正负面情绪。

创新建议：可结合其他训练一起进行，更加深对情绪的认识。

训练 8-2　情绪猜猜看

设计理念：人不是孤立的，离不开周围的同学、老师、朋友、父母、家人、服务员……认识他人的情绪将有助于适应社会，融入集体。认识他人的情绪，最简单的就是识别他人的表情。

活动目的：认识他人的情绪。

道具准备：纸、笔。

活动时间：30分钟。

活动方法：将描写情绪的词汇写好，两个人一组，轮流上台，进行表演（只能做，不能说），另一人猜。

创新建议：可以将训练 8-1 中归纳的情绪词汇写在纸条上，统一折叠，放置一纸盒内，通过抽签的方式，上台表演所抽到的内容。

训练 8-3 千姿百"笑"

设计理念： 在生活中，笑是一个人感情的流露，笑是一个人的生活感悟，笑是一个人的魅力所在，笑是一种无声的表白。真正的笑不但能治愈自己的不良情绪，还能马上化解别人的敌对情绪。

活动目的： 从"笑"中认识情绪。

道具准备： DV。

活动时间： 30分钟。

活动方法： 请10名同学登台表演一下生活中的各种笑状，例如，微笑、大笑、奸笑、嘲笑、苦笑、冷笑、讥笑、皮笑肉不笑、偷笑、掩笑等。用DV记录。

表演之后，评选出最有个性的笑星，最有魅力的笑星，最有感染力的笑星，最灿烂的笑星等。

那么什么样的笑最灿烂，最有魅力呢？经心理学家研究，"笑"的不同形式表现了人的性格的某一侧面。

捧腹大笑，表现了性格的坦率；

皮笑肉不笑，表现了性格的诡诈；

嘿嘿冷笑，表现了性格的高傲；

嘻嘻讥笑，表现了性格的轻蔑；

掩面微笑，表现了性格的羞怯；

吃吃傻笑，表现了性格的呆板；

迎合苦笑，表现了性格的忧郁；

心笑嘴不笑，表现了性格的深沉；

哈哈狂笑，表现了性格的豪放；

狂妄狞笑，表现了性格的阴险；

奉迎谄笑，表现了性格的巴结；

暗中窃笑，表现了性格的贪婪；

朗朗常笑，表现了性格的活泼。

注意事项： 后面笑的同学一般不要与前面同学的笑状重复。如果重复，则被罚下台去，再找其他同学登台表演。

创新建议： 除了笑可以表现人的性格的某一侧面，还有其他的面部表情及身体姿势也可以反映出人的性格的某一侧面。例如，两手臂交叉置于胸前，表现了过分看重个人利益，与人交往时常摆出一幅自我保护的防范姿态，拒人于千里之外，令人难以接近。

二、情绪的积极认知

专栏 8-4 寓言故事

有一位老太太有两个儿子，大儿子卖伞，二儿子晒盐。为两个儿子，老太太差不多天天愁。愁什么？每逢晴天，老太太念叨：这大晴天，伞可不好卖哟！于是，为大儿子愁。每逢阴天下雨，老太太又嘀咕：这阴天下雨的，盐可咋晒啊？！于是，又为二儿子愁。老太太愁来愁去，日渐憔悴，终于成疾。两个儿子不知如何是好。幸一智者献策："晴天好晒盐，您该为二儿子高兴；阴雨天好卖伞，您该为大儿子高兴。这么转个个儿一看，您就没愁可发喽。"果然，经智者这么一解释，老太太恍然大悟，从那以后，变愁为欢、心宽体健起来。

认知在情绪产生中起着重要的作用。认知是否合理、客观，在很大程度上决定着情绪是否正常、适宜。当我们对人、事、物做出评价的时候，应避免使用绝对化的要求、过分概括化和悲观引申等不合理信念。事物都具有两面性，没有绝对的好，也没有绝对的坏。面对同一件事情，我们既可以从消极的方面去看，也可以从积极的方面去看，关键是如何调整心态。另外，在处理问题时应该就事论事看问题，如果把以前的陈芝麻烂谷子都搬出来或者戴着有色眼镜看事物，钻牛角尖都会给自己带来不必要的情绪困扰。

在不合理认知中最常见的特征就是绝对化的要求。例如，"因为我对他实在太好了，他没有理由这样对我，我真想不通。""付出了这么多，却落得这样的结果，太不公平了。"显然，这种信念常与"必须"、"应该"等词语联系在一起。这类信念之所以不合理，是因为凡事总是以自己的意愿为出发点，主观认为事物会按照自己的意愿顺利发展，期望值过高，而且只有"成功"这一种期盼结果。过分概括化则是以偏概全，如自己在一件事上受挫，便认为自己是"没用"的人了。这种片面的自我否定往往会导致自罪自责，自卑自弃的心理，以及焦虑和抑郁等情绪。悲观引申也是不合理信念的一种，当他认为遇到了百分之百的糟糕的事情或比之还糟糕的事情发生时，就会陷入极度不良的负性情绪体验中。

训练 8-4　世事无绝对

设计理念：世事无绝对。没有纯粹的好，也没有纯粹的坏。"塞翁失马，焉知非福"。我们生活中常用一些"俗话说"的例子来支持自己的信念。可是这些被我们称之为经典的语句也常常会有前后矛盾的时候。例如，俗话说"兔子不吃窝边草"。可俗话又说"近水楼台先得月"。俗话说"宁可玉碎，不能瓦全"。可俗话又说"留得青山在，不怕没柴烧"。在合理的信念支持下，不会钻牛角尖，情绪也会变得越来越好。

活动目的：学会从两方面看问题，找到支持自己的理由。

活动时间：20分钟。

活动方法：把全班分为两个对抗小组，一个小组说出某句俗语，另一小组要尽量找到相反的俗语与之辩驳。教师记录下双方使用过的俗语，最后让两个小组分别派代表分享感受。

创新建议：也可以就某一事件，提出辩题，以辩论赛的形式，让甲乙双方提供充足的论据分别支持自己的看法。这些论据必须是大家耳熟能详的俗语，简洁明了。

训练 8-5　退一步海阔天空

设计理念：引导学生对情绪产生正确的认知，变消极认知为积极认知。在解释事情的时候，不极端化地思考，不过分强调负面事件的重要性和影响力，不仅要看到消极的一面，更要看到积极的一面。尽可能地以积极认知代替消极认知，从而最大限度地减少消极认知给情绪带来的不良影响。

　　活动目的：学会退一步想问题，通过改变对事物的认识来调节情绪。

　　道具准备：纸、笔。

　　活动时间：20分钟。

　　活动方法：当学生受到老师批评时，不同的人往往会有不同的反应。有些人认为老师的批评是帮助他认识到自身的不足，能让其更加进步；有些人就认为老师是故意为难他，让他难堪。正是因为这些认识上的不同，人们才会产生不同的情绪。如前一类学生会觉得和老师的关系更为亲密了，而后一类学生则会对老师产生厌恶甚至对立的情绪。所以情绪的变化有时就取决于人们对事物的看法。

　　以小组为单位，每人先在纸上写出自己的情绪困扰事件，然后折成纸条，放在盒子里。以抽签的形式，每人都要用积极的认知代替消极认知，想办法解决抽到的纸条上所写的困惑。最后大家分享感受。

　　创新建议：可结合酸葡萄心理和甜柠檬心理的故事，根据现实例子，更能形象加强对认知改变情绪的理解。

三、情绪的合理表达

　　情绪的合理表达目的都是为了让对方能够分享自己的情绪而不是引发新的争端。当对方感觉是在友好的氛围中解决问题时，就意味着大学生正在用合理、有效的方式表达情绪，建立和维持良好的人际关系。

　　在表达情绪时，既要觉察自己和他人的情绪，又要做到恰到好处地表达出来。只有觉察了自己的情绪才能精确地传达自己的感受。同时，识别他人的情绪，设身处地站在别人的立场，为他人着想也是合理表达情绪时不可忽视的要素之一。由于早期环境和家庭教育的不同，我们每个人都是不同的，周围的人不一定和你有同样的感受，因此需要我们做清楚、具体地情绪表达。

训练 8-6　事事"我"优先

　　设计理念：在表达负面情绪，尤其是在指责别人的时候，容易把注意力都放到他人身上，强调他人的过错。其实，并非全是他人的过错，而是我们过分注意他人。如果我们想指责别人的时候，试试把注意力多放在自己身上，就会感到不那么生气了。难怪有人说当你用食指指着别人的时候，还有三个手指在指向自己。

　　活动目的：通过练习学会"我"信息的使用。

　　活动时间：20分钟。

　　活动方法：生活中我们经常会听到"你又迟到了""你怎么这么没礼貌""你这个人总是这么马马虎虎"……以"你怎么怎么样"的情绪表达，就像是用食指指责对方一样，让他人感觉自己正在被攻击、批评和抱怨，因此很难接受。而在情绪表达中使用"我"信息，传递的是一种想和对方分享感受的愿望，目的不是控制对方，而是为自己的情绪做疏导，让别人更多地了解自己，因此更容易让他人接受。"我"信息在对心上人表达爱意的时候也能够用得到，例如歌中唱到"让我将生命中最闪亮的那一段与你分享，让我用生命中最嘹亮的歌声来陪伴你，让我将心中最温柔的部分给你，在你最需要朋友的时候，让我真心真意对你在每一天……"

"我"信息的表达练习：以小组为单位，一人用"你"信息表达，另一人改用"我"信息转换说法；依次轮流，每人都要练习如何用"我"信息表达。小组代表分享感受。

创新建议： 当情绪不好的时候，除了"我"信息的使用，把注意力转移到自己身上，还可以试试把注意力转移到其他方面。

训练8-7　众人拾柴火焰高

设计理念： 情绪表达是一门学问，也是一种艺术。大学生在与人交流，表达情绪时，不仅要考虑自身感受，同样要注意到他人的感受、社会道德的约束等。也许每个人已经有了自己的表达习惯。利用头脑风暴法，集思广益，参考和借鉴别人的间接经验将有助于自我情绪的调节。

活动目的： 通过练习，学会合理表达情绪。

道具准备： 纸、笔。

活动时间： 30分钟。

活动方法： 我们每个人都会有情绪，情绪时时刻刻都围绕在我们身边。在表达情绪时，你会采取什么样的方式？在与人交流时，你觉得他人什么样的情绪表达方式比较容易接受？采取头脑风暴法，广征言论，看看生活中曾经遇到过的情绪表达问题，当时是如何处理的。分小组讨论，讨论结束后，小组代表向全体同学分享感受。教师可以将这些方法再加以分类和归纳。

创新建议： 教师可以播放一些影视剧作品里的情节，直观而形象地展现情绪的表达，其中可能有合理的，也有过激的，请教师为学生进行讲解说明，更有利于学生的理解。

四、情绪的合理宣泄

情绪的复杂多变，才使得我们的生活跌宕起伏，充满着人生的酸甜苦辣咸。如果人类完全消灭了负面情绪，没有了烦恼与痛苦，生活又会是什么样子？历来悲剧文学家们将世界上那些美好的事物打得粉碎，而将人类的痛苦表现得淋漓尽致，人们在欣赏作品时所感受到的震撼并不比那些喜剧作品有丝毫逊色。因此，存在的就是合理的，情绪也一样，重要的是如何合理宣泄情绪。

曹操在《短歌行》中提出了一种消除不良情绪的办法，那就是"何以解忧，唯有杜康"。俗话说"借酒浇愁，愁更愁"。用喝酒的方法解决情绪上的问题是不明智的选择。喝酒解忧，不醉不休，在这种情况下最容易引发事端，而且酒精只能起到一时的麻醉作用，根本不利于事情的解决。

情绪的宣泄不等于情绪的发泄。发泄情绪仅仅是情绪宣泄的一种形式，还有自我暗示法、自我转移法、自我冷静分析法、自我美化法等，都可以让人做到情绪的合理宣泄。

训练 8-8　天使与魔鬼

设计理念： 情绪宣泄的时候往往不经意就会伤害到自己或他人。事后想想，真是后悔莫及。"当初要是能够冷静处理，就好了，就不会像现在这样惹了这么多麻烦。" 世上没有后悔药，早知现在，何必当初的想法，往往不能补救事态。那么，在冷静的时候想想自己遇到情绪困扰时会有什么不合理的做法，让心里的"天使"与"魔鬼"对抗，提前为自己敲响警钟。

活动目的： 通过练习，学会合理宣泄情绪。

活动时间： 40 分钟。

活动方法： 三人一组，大家轮流扮演天使、凡人与恶魔。担任凡人者说出自己在宣泄情绪时遇到的困扰，恶魔的目的是让凡人随心所欲，不考虑他人，只考虑自己，说出令他人反感的话，天使则必须帮助凡人合理宣泄情绪，以自己和他人都能够接受的方式解决好问题。每次由天使先说 30 秒，再换恶魔说 30 秒，每个人都要轮过三个角色为止。

训练 8-9　热气球之旅

设计理念： 情绪是个体生理和心理的桥梁，心理和生理既相互联系，又相互影响。通过体育运动、冥想、生物反馈技术等都可以调节生理反应，起到放松身心的作用。

活动目的： 帮助个体放松自我。

活动时间： 30 分钟。

活动方法： 幻游指导语——现在找一个自己觉得最轻松的姿势，把眼睛闭上，跟着我的声音，一步一步地做……调整你的呼吸，把气吐完……慢慢地吸气……再慢慢地吐气……将身体慢慢地放松……放松……慢慢地调整你的呼吸……把头脑中的一切事物清空……慢慢地，跟着我的声音……现在，我们即将乘着热气球进入一个旅程……

想像你在热气球的篮子里舒服地休息着，这个气球慢慢地充气，在充气的同时，你可以闻到在你四周的草地和那新鲜的空气，你可以听到远方有好听的鸟叫声，你感觉到有一股风轻轻拂过你的脸庞。当气球充满气时，你会感觉到自己被带往天空飞去，达到愈高的地方你将愈来愈能看清自己的内心深处。接下来我会从一数到五，我每数一次，这个气球就会飞得更高更高，你也会看得更清楚。接下来我们即将前往属于自己的未来世界，十年后的未来世界。你准备好了吗？热气球要开始上升啦！

一、汽球渐渐上升时，你好像可以感觉到云经过你的篮子；

二、感觉到气球不断地上升、上升，而你不会感到负担与害怕；

三、不会觉得疲倦，而且有一种很棒的感觉，一种释放开来的感觉；

四、感觉到自己愈往上升，升到最上层，你将能够自己去经验一段旅程，过程中，有我的声音引导你；

五、现在你已经到达十年后的未来世界……

你躺在床上，刚从睡梦中醒来，看看你所住的房子，它长的是什么样子？你即将要工作，你穿着什么样的衣服？留着什么样的发型？是搭乘什么样的交通工具？工作地点的环境如何？你和什么样的工作伙伴一起工作？在这份工作中，你最喜欢的是什么？最不喜欢的是什么？

时间渐渐晚了，你今天的工作即将结束，你走到外面准备离开，现在是几点了？待会，你打算回家休息，还是有其他的计划？

你到家了，现在的心情如何？在处理完所有的事情后，到了睡觉的时间，回想这一天的生活，你的感觉如何？明天是周末了，有什么计划吗？想跟什么人一起度过？渐渐地，你进入梦乡，眼前的景物渐渐模糊，慢慢地，你又搭上了热气球，即将要结束这段特别的旅程，接下来，我会从五数到一，慢慢地，结束这段旅程。

五……慢慢地下降；四……往下经过了云集大气层；三……当你回来时你会带着那些特别的经验和感觉；二……你可以感觉到冷气的温度和声音，可以听到音乐；一……你可以打开眼睛，动一动身体，看看这个房间，看看四周的伙伴。（活动 30 秒）

注意事项：要求在一个比较安静的环境下进行，并且要求学生找一个比较舒服的姿势。

本章提要

1. 情绪及其构成：情绪是指人对客观事物的态度体验及相应的行为反应。它由主观体验、外部表现和生理唤醒三种成分构成。

2. 情绪的功能：适应功能、动机功能、组织功能、信号功能。

3. 情绪的分类：按照情绪的复杂性划分，可以分为基本情绪和复合情绪；按照情绪的状态划分，可以分为心境、激情和应激。

4. 情绪的表现：情绪包括心理和生理两个层面的表现。

5. 从情绪的早期理论、情绪的认知理论、功能主义理论到伊扎德的动机-分化理论，情绪的产生理论也经历了演变。

6. 艾里斯的情绪 ABC 理论认为诱发性事件只是引起情绪及行动反应的间接原因，人们对诱发性事件所持的信念、看法等才是引起情绪及行为反应的直接原因。

7. 格鲁斯的情绪调节理论认为情绪调节是指个体对情绪发生、体验与表达施加影响的过程，并提出了情绪调节的过程模型及认知重评和表达抑制两种情绪调节策略。

复习思考题

1. 什么是情绪？情绪由哪些成分构成？
2. 情绪的功能有哪些？请举例说明。
3. 利用艾里斯的情绪 ABC 理论解释生活中遇到的情绪困扰。请举例说明。
4. 你知道的经典心理治疗方法有哪些？如果其他同学来找你寻求帮助，解决情绪问题，你会怎么做？

拓展训练

一、必练

1. 你认为本章最重要的知识点和实践策略有：

（1）_____

（2）_____

（3）_____

（4）_____

（5）_____

（6）_____

（7）_____

（8）_____

2. 梳理一下自己习惯采用的情绪调节策略有哪些？

这些策略在应对哪些情况时是有效的？

在应对哪些情况时是无效的？

为此，你需要学习和发展的新的情绪调节策略是什么？

3. 通过本专题的学习，结合自己曾经或正在经历的情绪困扰，设计一个训练方案。

_____

_____

_____

_____

_____

_____

二、选练

1. 情绪气氛圈——测试自己的情绪状态

前苏联学者鲁陶什金制定了"心理气氛圈"图示分析方法，可以通过该测试，了解自己的情绪状态。"心理气氛圈"分为四个象限：第一象限为"情绪饱满区"；第二象限为"不满意区"；第三象限为"悲观区"；第四象限为"愉快区"。

我们可以根据图 8-3 中的愉快/不愉快，积极/消极等两个坐标线上的 7 个等级（+3 到 -3），确定自己一周以来每天的情绪状态，在坐标上标出情绪状态的位置，并将其相互连接划出相应的曲线；一周后，可根据两个坐标线在心理气氛圈上相应地描出一个点，然后将较密集的点用曲线圈起来，即构成所谓的云状排列，也就是一周以来的"心理气氛图"（见图 8-4）。

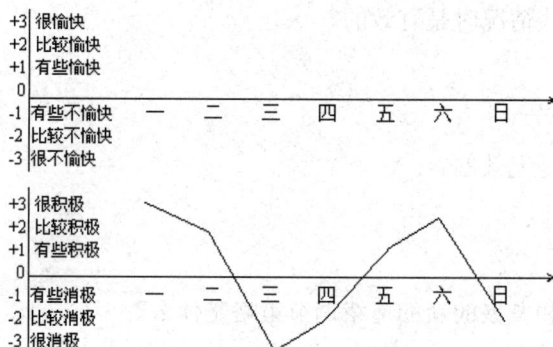

图 8-3　情绪状况记录

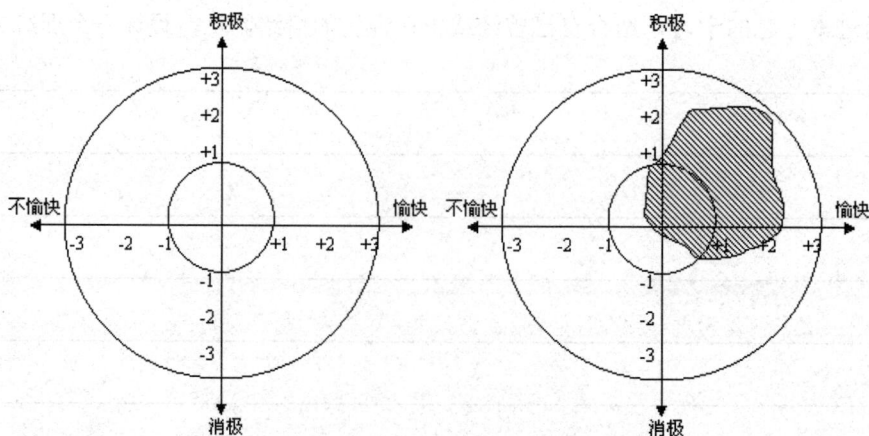

图 8-4　心理气氛图

2. "我们都是木头人"

（1）游戏环节。

设计理念： 许多人、事、物在我们拥有他（它）的时候不知道珍惜，而当失去的时候才知道他（它）的可贵。情绪也是一样。日常生活中，我们在拥有情绪的时候，觉得它是那么的平凡而普通。当我们变成了"木头人"，又会是什么样呢？

活动目的： 体验情绪的重要性。

活动时间： 30 分钟。

活动方法： 全班围成一圈站立。一、二、三后大家一边互相拍手，一起喊："我们都是木头人，不许说话，不许动。"然后就一动不动，像木头人一样。谁要是动了，谁就淘汰出局。然后大家继续游戏。

注意事项： 面部表情、身体姿势和语言都是衡量标准，也就是说标准的"木头人"应该是脸上没有表情，身体姿势要保持不变以及不许出任何声音。被淘汰者可以做出任何表情挑逗其他人，让"木头人"活起来。

（2）撰写体会。

由上面的游戏我们可以肯定的是人人都离不开情绪。我们不妨设想一下，如果人们没有了情绪，生活、工作、学习将会是什么样子的？结合本章所学内容，大胆幻想，以《我们都是木头人》为题，写一篇文章，至少 1500 字。

推荐阅读

1. ［美］丹尼尔·戈尔曼：《EQ Ⅱ：工作 EQ》。上海科学技术出版社 2001 年版。本书主要探讨了工作 EQ 的各种技巧与相关知识，包罗了当今心理学家以及教育家们的数年心血，为智慧的真正意义又添新的意蕴，是一本可读性极强、覆盖面广泛的心理学著作。

2. ［美］保罗·艾克曼：《情绪的解析》。南海出版社 2008 年版。本书科学地解析了产生情绪时体内的生理变化，外在的肢体语言、声音、面部表情等方面，并提供小测试和练习，考察你对情绪的了解，帮你认清自己和他人最细微的情绪表现，提高你对情绪发生的敏感度。

3. ［美］威尔·鲍温著，陈敬旻译：《不抱怨的世界》。陕西师范大学出版社 2009 年版。本书作者提出的神奇"不抱怨"运动正是我们现代人最需要的。我们可以这样看：天下只有三种事：我的事，他的事，老天的事。抱怨自己的人，应该试着学习接纳自己；抱怨他人的人，应该试着把抱怨转成请求；抱怨老天的人，请试着用祈祷的方式来诉求你的愿望。

4. 情绪音乐网站

网址：www.musicovery.com

这是个智能的网络电台网站，拥有一个四维"情绪"控制界面，把音乐分为"积极、消极、平静、激烈"四种情绪。通过这个界面，用户可以根据自己的音乐品位调整该网站播放歌曲的风格。

5. Emotify.com：情绪网站

Emotify.com 希望搭建一个基于互联网的"网络情绪快照"（emotional snapshot），用各种视频、图片、文字等营造一个充满情绪的网站。Emotify 本质上是通过用户提交各类视频、图片，写作和分享情感类的博客、文章等，来表达各项感情。

6. 片名：《Lie to me（别对我撒谎）》

导演：Eric Laneuville、Adam Davidson、Daniel Sackheim

出品时间：2009 年 美国

剧情介绍：本剧根据真人真事改编。本剧的灵感来源于心理学家 Paul Ekman 的真实研究，他能够发掘深埋在人类脸部、身体和声音里的线索，然后将犯罪调查中的真实与谎言昭示天下。

参考文献

[1]　孟昭兰. 情绪心理学［M］. 北京大学出版社，2005：17-37，209-212.

[2]　彭聃龄. 普通心理学［M］. 北京师范大学出版社，2001：354-388.

[3]　罗峥，郭德俊. 当代情绪发展理论述评［J］. 心理科学，2002：310-311.

[4]　薛永苹. 大学生情绪管理能力的培养［J］. 思想教育研究，2008（4）：75-76.

[5]　向往. 大学生常见情绪困扰及其调节［J］. 沈阳教育学院学报，2009，11（5）：39-40.

[6]　唐荣. 论大学生的情绪管理［J］. 徐州教育学院学报，2008，23（2）：59.

[7]　孙铁红. 大学生常见的不良情绪及调节［J］. 辽宁经济职业技术学院学报，2003（1）：33-34.

[8]　陈钢. 试析大学生不良情绪的成因及解决对策［J］. 内蒙古民族大学学报，2010（1）：111-112.

[9]　祝纳杰，薛兰. 大学生焦虑心理的影响因素分析［J］. 北京教育，2008（5）：56-57.

[10]　刘玉林. 系统脱敏——应对考试焦虑的好办法［J］. 心理与健康，2009（4）：20.

第九章 学习能力发展训练

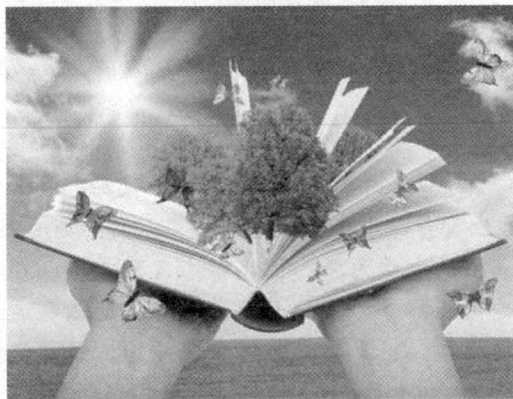

未来的墙壁可以种花，未来的学校没有教师，未来信息更加迅速，你准备好了吗？

    人生宛如漫长的旅程，家庭、学习、事业、爱情则是载你前行的一列列火车。从幼儿园到大学，学习是你这一阶段生活的主旋律，由简单到复杂、有技能有知识、或记忆或练习，每个人在学会了许多知识的同时也掌握一些学习的技巧。学习是你不懈求知的过程，为你提供思考和创造的契机，使你与社会和历史进行深刻的交流，发展自我，充实自我。你不时体会到泛舟学海的欢愉，破解问题的喜悦以及自我成熟的价值，这些都会使你对学习有更充分的认识，而这些知识中最大的收获莫过于树立科学学习和终身学习的牢固观念。这一章我们将介绍学习的原理，明确大学学习的特点与影响因素，了解自己的学习状况，提升学习能力。

未来的文盲不是不识字的人，而是没有学会学习的人。

——阿尔温·托夫勒

我时刻准备着学习，但是，我不是时刻准备着被教育。

——丘吉尔

学习与行为目标

1. 探索学习的原理，了解大学生常见的学习问题。
2. 评价自己的学习能力。
3. 掌握提升学习能力的路径。

第一节　学习概述

全球第二大软件公司"甲骨文"公司的行政总裁、世界第四富艾里森，在美国耶鲁大学300周年校庆典礼上，当着耶鲁大学的校长、教师、校友、毕业生的面说："所有哈佛大学、耶鲁大学等名校的师生都自以为是成功者，其实你们全都是失败者，因为你们以为有过比尔·盖茨等优秀毕业生的大学为荣，但比尔·盖茨却不以在哈佛读过书为荣。众多最优的人才，非但不以哈佛、耶鲁为荣，而且常常坚决地放弃这种荣耀。世界第一首富比尔·盖茨，中途从哈佛退学；世界第二富保尔·艾伦，根本就没上过大学；世界第四富，就是我艾里森，被耶鲁大学开除；世界第八富戴尔，只读过一年大学……"艾里森接着说："不过，在座的各位也不要太难过，你们还是有希望的，你们的希望就是，经过这么多年的努力学习，终于赢得了为我们这些人打工的机会。"

几乎所有考上大学的人都有一种身份荣耀感，但满足于这种自以为是的身份迷恋，会使人忽视对现实的觉察，失去对未来的应对力量。成绩只能说明过去，未来的职业发展、人生成就、生活幸福，还需要学习很多东西，还需要付出艰辛的努力。

一、学习的内涵

（一）学习的定义

学习一词最早见于《礼记·月令》："鹰乃学习。"学，效；习，小鸟频频飞起，指小鸟反复学飞，后引申为复习、温习。也有人认为，学与习连成一个词，是缘于孔子的"学而时习之，不亦说乎"等语。英文单词"Learning"的词根源自印欧语系的名词"leis"，意思是"路径"或"犁沟"。因而"Learn"的意思就是终身循路而行，从中获取经验[15]。

《大百科全书》把学习定义为学习是获得知识和掌握技能的过程。邵瑞珍把学习定义为凭借经验产生的、按照教育目的要求的比较持久的能力或倾向的变化。加涅（Gagne）认为学习是人的倾向或能力的变化，这种变化能够保持且不能单纯归因于生长过程。一般来讲，学习有广义与狭义之分。广义的学习是指人和动物不断地获得知识经验和技能，形成新习惯，改变自己的行为的较长过程。狭义的学习是指学生的学习，是学生按照一定的目标，有组织有系统地掌握知识、技能，发展能力的过程。本书把学习定义为，个体在一定环境下由于反复地获得经验而产生的行为或行为潜能的比较持久的变化。学习在某种意义上，是人的一种本能活动，是对人类最有益的一种活动。

（二）学习的分类

学习现象多种多样，可以按照不同的标准分类。心理学家加涅 1997 年在《学习的条件》一书中按照学习效果把学习分为言语信息的学习、智慧技能的学习、策略的学习、动作技能的学习和态度的学习。奥苏伯尔（D·P·AuSubel）按照学习方式进行分类，他从两个独立的维度把学习分为接受学习和发现学习、机械学习和有意义的学习。我国的心理学工作者一般将学习分为四类：知识的学习、技能的学习、以思维为主的能力的学习以及道德品质和行为规范的学习。知识的学习，主要掌握反映客观事物属性、联系与关系的知识和体系，如运算；技能的学习，主要是顺利地进行活动的动作方式或心智活动方式，如踢足球；以思维为主的能力的学习，主要是掌握高度概括特征的认识能力，如推理；道德品质和行为规范的学习，主要掌握一定的社会规范，如排队。随着现代教学理论的发展，按照学习模式还可以分为合作学习、协作学习、探究式学习等。

（三）学习理论

学习理论用于描述或说明人类和动物学习的类型、过程，以及有效学习的条件。学习理论主要分为三大理论体系：行为主义学派，认知主义学派，人本主义学派、建构主义学派。

行为主义学派的"刺激反应理论"，代表人物有巴甫洛夫（Иван Петрович Павлов）、桑代克（Edward.Thorndike）、华生（Watson）、赫尔（Clark Leonard Hull）、艾斯蒂斯、斯金纳（Burrhus Frederic Skinner）、班杜拉（A·BaJldura）等人。行为主义学派强调学习活动所引起的外部行为变化，认为学习是一种可以观察到的行为变化，学习包含了一系列的刺激和反应之间的某种联系的形成。在学习过程中，强化对学习效率有明显的影响。班杜拉把人类的学习分为直接经验学习和间接经验学习，即观察学习，就是个体只以旁观者的身份，观察别人的行为表现（自己不必实际参与活动），即可获得的学习，也称替代性学习。班杜拉（A·BaJldura）认为，人类的大多数行为是榜样作用而习得的。

认知主义学派以勒温（Kurt.Lewin）和苛勒（Wolfgang, Kohler）的顿悟理论、托尔曼（Edward Chase Tolman）的"认知地图"理论、布鲁纳（Jerome Seymour Bruner）和奥苏伯尔等人的"认知结构"理论为主要代表。他们主张学习并不在于刺激与反应的联接，而在于通过情境的理解或顿悟，主动地在头脑内部发生认知变化、形成认知结构。该学派强

---

15 彼得·圣吉等著，张兴等译.《第五项修炼——实践篇》. 东方出版社，2006 年第二版.

调学习过程中个体的能动作用，重视知识的内在联系。

人本主义学派的学习理论认为，行为主义将人类学习混同于一般动物学习，不能体现人类本身的特性，而认知心理学虽然重视人类认知结构，却忽视了人类情感、价值观、态度等最能体现人类特性的因素对学习的影响。其代表人物包括马斯洛（Abraham H. Maslow）和罗杰斯（Carl Ransom Rogers），在他们看来，要改变一个人的行为，首先必须改变其信念和知觉。要以学生为中心来构建学习情景，人类具有天生的学习愿望和潜能，当学生了解到学习内容与自身需要相关并且具有心理安全感时，学习的积极性最容易激发。罗杰斯特别强调对学习方法的学习和掌握，在学习过程中获得知识和经验。

建构主义学派认为，认识并非主体对于客观实在的简单的、被动的反应（镜面式反应），而是一个主动的建构过程。建构主义认为学习过程是学习者在一定的情境和社会背景下，借助他人的帮助，即通过人际协作、讨论等活动实现的意义建构过程。"情景"、"协作"、"会话"、"意义建构"是学习环境的四大要素。皮亚杰（Jean Piaget）和维果斯基（Lev Vygotsky）是建构主义的先驱者。

（四）不同的学习观

随着社会的发展和对人的学习研究的深入，人们对学习的认识呈现出多元的特点，学习的内容不仅包括知识技能，还包括积极情感、处世态度、学习方法、交往能力的学习。个体不仅要会学习，还应终身学习。中国有句谚语"活到老，学到老"，朴素地诠释了现代学习观。而"学得快的淘汰学得慢的"则反映出学会学习的重要意义。

1. 终身学习

最近 30 年产生的知识总量等于过去 2000 年所产生的知识总量的总和，到 2020 年知识总量是现在的 3～4 倍，到 2050 年，目前的知识只占那时知识总量的 1%。在农业经济时代，人只需要接受 7～14 年的教育就足以应付今后 40 年的工作生涯，进入工业经济时代，求学的时间延长为 6～22 年，甚至更长。在信息高度发达的知识经济时代，人类必须把教育时限延长至终身，每个人在一辈子的工作、生活历程中，需要持续不断地增强学习能力，持续的学习新的知识技能，才能免于被淘汰。"跳槽"作为无边界职业生涯时代的特点，是未来大多数大学生面临的问题，越来越多的人不会始终在某一行业工作，而是要不断学习新的知识，拓展自己的职业领域。

2. 学习型社会

"学习型社会"概念最早来自于美国芝加哥原校长罗伯特·哈钦斯于 1968 年发表的《学习型社会》一书，意指每个人在任何情况下都可以自由取得学习、训练和培养自己的手段。1972 年联合国教科文组织所属的 21 世纪国际教育发展改革委员会在《学会生存——教育世界的今天和明天》一书中，又把"学习型社会"视作未来社会的基本形态。中国现在的社会发展目标也是努力建设小康社会，创建学习型社会、学习型社区、学习型企业、学习型组织、甚至学习型家庭。

3. 硬能力与软能力

硬能力，指专业能力，是你从事某职业所必需的工作技能，最直观的指标就是学历和业绩。例如，作为医生，医学院毕业证书和医生执照，就是硬能力的指标；治好了或救活了多少病人，显示出医生的硬能力。最为学生，学习能力就是硬能力，学业成绩和学历可以定量。软能力是社会心理学术语，它和人的情商有很大关系。它们是人格品质、社交礼仪、语言沟通能力、个人习惯、品德、学习能力、创新能力和社会责任心等的体现[16]。硬能力是求职的必要条件；软能力决定着硬能力的发挥水平，是人生顺利发展的充分条件。只有软硬兼施，才能成功。

4. 自主学习与合作学习

自主学习不是自学，而是对自己的学习拥有自主权，包括自我识别、自我选择、自我培养、自我控制。网络环境、图书馆和相对自由的时间为大学生提供了自主学习的条件。合作能力作为未来生存和发展的基本能力，学会合作并在团队中"团体学习"，与他人充分交流，取长补短，是未来学习型社会的学习特点。

在未来社会，学科和产业的融合日益明显，需要人们既拥有某个特定专业的较高造诣，同时需要通晓相关领域。社会需要智商、情商、灵商均衡发展，需要善于沟通和合作的人，而不是孤僻自傲的"人才"。积极学习、乐观面对人生才有助于适应未来不断变化的社会。

二、影响学习的因素

（一）智力

人顺利地完成某种活动所需具备的心理特征叫做能力[17]。观察力、注意力、记忆力、想象力、思维力都属于一般能力，一般能力的综合也成为智力。学习过程是一种特殊的认识或认知活动，它包括感知和记忆等各种经验，必要时还要辅之以想象和思维。

1. 智力的水平

图 9-1 反映出人类智力发展的年龄特点。韦克斯勒在编制成人智力量表时，对 1700 人进行的测试结果分析，发现 20～34 岁为智力发展的高峰，以后缓慢下降，60 岁以后迅速下降。大学阶段正处于人生智力发展的高峰阶段。图 9-2 表示智力的人群分布情况，从中不难看出，人的智力水平是存在差异的，但这种差异对于大多数人来说是很小的，绝大多数人属于中等智力水平。

能够从激烈的高考竞争中获胜进入大学的学生，彼此之间的智力水平差距不大，而且研究表明，大学生的智力水平呈偏正态分布，整体偏高，大学生的学习成绩与智商的相关仅为 0.093，无显著相关；情商与大学生的学习成绩相关达到显著性水平。心理学家认为，智力对学习成绩的影响程度不高，高智商的学习群体并不一定是学习成绩好的学生，影响学生学习成绩的非智力因素占 80%～90%。实际生活中，大部分人的智力水平处于中等水平，人和人之间最大的差异不是智力水平的高低，而是智力类型的不同，也就是说你更擅长什么。有的人擅长动手操作，有的人擅长抽象思考；有的人擅长组织，有的人擅长决策；

---

16 何富贵，张梅. 基于学习领域课程的职业软能力培养的研究 [M]. 北京劳动保障职业学院学报，2010（4）：45-47.
17 黄希庭. 心理学导论 [M]. 人民教育出版社，1991 年 5 月第一版.

有的人擅长短跑，有的人擅长歌唱。欠缺的能力通常也是最有价值的能力，培养能力的第一步是认识到自己的能力特点。学习的过程贵在取长补短，择业的过程贵在准确定位。

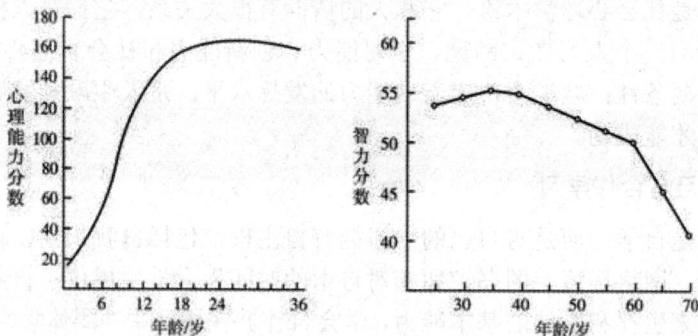

图 9-1　智力发展的年龄趋势图

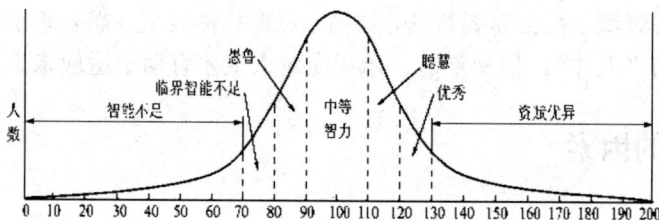

图 9-2　智力的人群分布

2.　选择性注意

根据任务要求把注意力指向学习的内容，同时还能够对与学习无关的事情加以抑制，对抗各种干扰而不分心，可以保证学习的高效率。学习能力强的人善于选择性注意，也就是把精力用在学习上，而免受无关刺激的干扰。

3.　元认知（Metacognition）

元认知指人对自己认知过程的自我反省、自我控制与自我调节。元认知包括三个要素：元认知知识、元认知监控和元认知技能[18]。现代信息加工理论认为，随着知识与经验的积累，人们对自己的学习过程有所了解，会自我监控学习进程，例如寻找更高效的学习策略、评估自己的学习效果、记住重要的信息而遗忘无关信息等。

（二）非智力因素

1.　兴趣

孔子说，"知之者不如好知者，好知者不如乐之者"。兴趣是一种特殊的认识倾向，它表现在人对感兴趣的对象和现象的感知、记忆、想象和思维上，并表现在人对有关事物的优先注意和集中注意上。因此，兴趣在使人成功地掌握知识的同时，也培养了全面细致的观察力，提高了敏锐而灵活的思考力，发展了丰富的想象力。浓厚的兴趣能调动学习积极

---

18 沈德立. 高效率学习的心理学研究［M］. 教育科学出版社，2006.

性，启迪人的智力潜能并使之处于最活跃状态；浓厚的兴趣可激发学习动力，促使人努力学习。如果对学习活动感兴趣，人就主动，学习效果也好。反之，学习就被动，而且效果也差。

2. 动机

学习动机是推动学生进行学习活动的内在原因，是激励、指引学生学习的强大动力。学生的学习活动是由各种不同的动力因素组成的整个系统所引起的。其心理因素包括：学习的需要，对学习的必要性的认识及信念；学习兴趣、爱好或习惯等。从事学习活动，除要有学习的需要外，还要有满足这种需要的学习目标。由于学习目标指引着学习的方向，可把它称为学习的诱因。学习目标同学生的需要一起，成为学习动机的重要构成因素。动机过强或过弱，不仅对学习不利，而且对保持也不利。并且，在难度不同的任务中，动机的强度影响解决问题的效率。

3. 自我效能感（self-efficacy）

自我效能指人对自己是否能够成功地进行某一成就行为的主观判断，它与自我能力感是同义的。一般来说，成功经验会增强自我效能，反复的失败会降低自我效能。自我效能感影响或决定人们对行为的选择，以及对该行为的坚持性和努力程度；影响人们的思维模式和情感反应模式，进而影响新行为的习得和习得行为的表现。

4. 情绪

情绪在人类学习中存在不可低估的功效。脑科学研究发现，大脑中负责情绪事物的边缘系统与大脑处理记忆存储的部分连接紧密，是学习活动的兴奋和抑制中心，而专司情绪事物的杏仁核是情绪的前哨，有能力造成大脑神经的"短路"。离开情绪的参与，学习变得枯燥无味。一般而言，一个学生能在学业上取得较大成就，是与他对学习活动的满腔热情分不开的。在学习中发现乐趣，不断体验成功的快乐，自我的暗示会变得积极，学习的欲望和成功的激情会带来巨大的学习热情。学习热情是在学习过程中培养起来的，丰富的知识可以使人产生丰富的情感。

5. 性格

性格特征对一个人的学习过程起着重要的推动和控制作用，对其学习活动效率有着巨大的间接影响，而且性格特征可以较好地预测一个人的学业成就。能否高度集中注意力，能否为自己设定目标并坚持完成，能否在困难面前冷静思考、在成绩面前不骄不躁、不断鼓舞自己、管理好自己等。这些都属于一个人的性格特点，而又都决定了一个人学业成就。大学生中取得优良成绩的大学生在人格上偏向于高有恒性、高自律性、低怯强性、高聪慧性，具体表现为责任心强，做事尽心尽则，知己知彼，自律严谨、谦逊、通融、恭顺、善于抽象思考（宋专茂等，2002）[19]。

6. 学习风格（learning styles）

Keefe 在 1979 年从信息加工角度界定学习风格为："学习风格由学习者特有的认知、情感和生理行为构成，它是反映学习者如何感知信息、如何与学习环境相互作用并对之做

---

19 宋专茂等. 大学生学习成绩与16PF测定相关分析 [J]. 中国心理卫生杂志，2002，16（2）：121-123.

出反应的相对稳定的学习方式"。那些持续一贯地表现出来的学习策略和学习倾向，就构成了学习者通常所采用的学习方式，即学习风格。美国心理学家 Herman Witkin 发现场依存型和场独立型学习者对环境线索的依赖差别很大。20 世纪 80 年代中叶 Joy Reid 认为人们通过感官进行学习，有的人主要用"眼睛"学习（视觉学习者），而有的人善于用"耳朵"（听觉学习者），还有的人喜欢协同学习（协作学习者）[20]。了解自己的学习风格，并选择适合自己的方式可以提高学习效率。

（三）学习策略（learning strategy）

学习策略是指学习者为有效地达到学习目标而采取的具体学习过程或学习步骤。学习策略是认知策略在学习活动中的体现形式，表现为学习方法和技巧。对大学生而言，进行专业的学习，掌握一定技能，选择一定的学习策略，对提高学习的效率和学习能力具有重要的意义。

国外关于学习策略分类的主张很多，其中迈克卡（McKeachie）按照学习策略涵盖的成分把学习策略分为三大部分，即认知策略、元认知策略和资源管理策略，并对它们所包含的项目作了颇为详细的列举。如表 9-1 所示。

表 9-1　迈克卡学习策略分类

学习策略	具体学习策略	细　项
认知策略	复述策略	如重复、抄写、做记录、画线等
	精细加工策略	如想象、口述、总结、作笔记、类比、答疑等
	组织策略	如组块、选择要点、列提纲、画地图等
元认知策略	计划策略	如设置目标、浏览、设疑等
	监视策略	如自我测查、集中注意、监视领会等
	调节策略	如调节阅读速度、重新阅读、复查、使用应试策略等
资源管理策略	时间管理	如建立时间表、设置目标等
	学习环境管理	如寻找固定、安静、有组织的地方等
	努力管理	如归因于努力、调整心境、自我谈话、坚持不懈、自我强化等
	其他人的支持	如寻求教师帮助、伙伴帮助、使用伙伴/小组学习、获得个别指导等

这里重点介绍几种通用而有效的学习策略。

1. 阅读策略

阅读策略直接应用于阅读过程，可以提高阅读速度和质量。针对不同的材料以及不同的阅读要求，学习者需要采取不同的方式来阅读。如果材料较难或者注重阅读理解的精确度，需要进行精读，1972 年，托马斯和鲁滨逊提出了 PQ4R 法，它包括预习（preview）、提问（question）、阅读（read）、沉思（reflect）、背诵（recite）、复习（review）。如果阅读材料较容易或者注重阅读速度，需要进行泛读或者快速阅读。泛读只要"观其大略"，而快速阅读可以采用跳读法、寻读法、变速法、顺序阅读、鉴别阅读的策略。

2. 复习策略

复习策略解决的是如何对所学内容进行适当的重复学习，主要用于信息的长时记忆与

---

20 张志红. 大学生学习风格与学习指导［M］. 国际文化出版社，2009.

保持。根据遗忘发生的规律，根据采取适当的复习策略来克服遗忘，即在遗忘尚未产生之前，通过复习来避免遗忘。

（1）复习的时间。

应该注意及时复习和系统复习。及时复习可以较大限度地控制遗忘，但它也不是一劳永逸的，要想长时间保持所学的内容，还必须进行系统的不断的复习。根据有关研究，有效的复习时间最好作如下安排。

第一次复习：学习结束后的 5～10 分钟，比如下课后将要点加以背诵；或者阅读后尽快用自己的语言来表述所学的内容。第二次复习：学习当天的晚些时候或学习结束后的第二天。重读有关内容，将要点用自己的语言表述出来。第三次复习：一个星期后。第四次复习：一个月后。第五次复习：半年后。对人类记忆的研究发现，人们对事件的开始和结尾具有较强的记忆，而对中间的记忆较差。比如，若连续复习 3 个小时，那么只有一次开始和结尾，可能产生两头记忆效果好而中间记忆效果差的现象。为解决这一问题，可以将连续的集中复习时间加以分散，分为几个小的单元时间，中间穿插短暂的休息。这样，就能够增加开始和结尾的数量，进而提高记忆效果。至于每一单元的复习时间，可根据学习材料的趣味性与难易程度而定。

（2）复习的次数。

所谓过度学习，即在恰能背诵某一材料后再进行适当次数的复习学习。这种重复学习绝不是无谓的重复，相反，它可以加深记忆痕迹以增强记忆效果。一般而言，过度学习的程度达 50%～100%时效果较好。比如，当你识记某一材料读 6 遍刚好能够记住时，那么最好你再多读两三遍。但要注意，这并不意味着重复次数越多越好，超过 100%的过度学习反而会引起疲劳、注意力分散甚至厌烦情绪等不良效果。

（3）复习方法。

尝试背诵法，即阅读与背诵相结合：一面读，一面背诵。这样，可以使注意力集中于学习中的薄弱环节，避免平均分配学习时间和精力，进而达到提高学习效率的目的。此外，还应尽量调动起多种感官来共同地进行记忆，眼到、口到、耳到、手到、心到，多种形式的编码和多通道的联系增加了信息的储存和提取途径，自然就使记忆的效果得到增强。

复习策略的主要目的在于使信息在头脑中牢固保持。而一系列的研究证明，只有理解了的信息才比较容易记忆并长久保持，反之，死记硬背的东西既难记，也容易遗忘。因此，复习策略应该与其他的学习策略协同作用，共同促进学习效果的提高。

3. 问题解决的策略

成功地解决问题，既取决于个体所拥有的相关知识，又需要个体的解题策略。解题策略分为两大类：一类是通用的一般思维策略，该类策略不受具体问题的限制，是一般性的方法与技能；另一类是适合于某一学科的问题解决的具体的思维策略，与具体的学科内容有关。这里仅就一般的解题策略加以介绍。其中 IDEAL 是布兰斯福德等（J. D. Bransford &B. S. Stein）于 1984 年提出的解决问题的一般策略，以她所划分的五个步骤的英文首字母命名。其五个步骤如下。

（1）识别（identify）。注意到、识别出所存在的问题。比如注意到内容中的不一致、不全面之处；或者意识到自己学习过程中所遇到的困难等。

（2）界定（define）。确定问题的性质，对问题产生的过程和产生的原因进行解释。该过程直接影响着以后所确定的解决问题的方法。

（3）探索（explore）。搜寻解决问题的可能的方法。该过程受到前面的问题界定的影响。

（4）实施（act）。将解决问题的方法付诸实施。

（5）审查（look）。考察问题解决的成效，搜集有关的反馈信息，以便为进一步改善解决方法、更有效地解决问题奠定基础。

人与人之间，不存在"笨"与"聪明"的差别。学习好的同学并不代表他聪明，而学习不太好的同学也并不代表他笨，这主要是学习方法和自己的努力程度不同所致。人的潜能是无穷尽的，每个人都有自己的过人之处，关键是怎样开发和利用。永远都不要认为自己比别人笨，那样只会让自己更加消极、更加颓废。要相信自己的潜能，给自己信心和勇气，那样才会有所作为。

众所周知，任何活动总是从一定的动机出发，并指向一定的目标，没有什么动机也没有什么目标的活动，是不会收到什么效果的。非智力因素可以帮助人们在较长时间内始终不渝地将活动进行下去。任何活动要从动机走向目标，都必须经历一个过程。在这个过程中，常常会遇到许多的困难；是遇难而退，"止，吾止也"，还是知难而进，"进，吾往也"，这就有赖于非智力因素的维持作用了。这种作用具体的集中表现，就是恒心。荀子说："锲而舍之，朽木不折；锲而不舍，金石可镂。"所谓依赖非智力因素的维持作用，就是要发扬这种"锲而不舍"的精神。此外，非智力因素能够使人们支配、控制自己的行动，增强或削弱自己生理与心理的能量。这种调控作用主要表现在：当行则行，当止则止。比如，以劳逸结合来说，当紧张活动时就紧张活动，当轻松休息时就轻松休息。"一张一弛，文武之道。"在活动中，如果发挥非智力因素的调控作用，就会使活动井然有序，效果提高。此外，应用必要的学习策略可以让学习事半功倍。

三、大学生常见学习问题及原因分析

走进我们的大学课堂，只要稍加留意，就会发现有很多人并没有专心听讲，有的在打瞌睡，有的在看小说，还有人悄悄地把托福、雅思或考研等书籍压在课本下面，刻苦攻读。有的大学生整日沉溺于网络世界，上网聊天、娱乐达到废寝忘食的地步，夜深人静之时，还在打游戏、看影碟、聊天……有的学生保持高中的学习习惯，埋头学习课内知识，认为"看闲书"浪费时间，参加校内外活动耽误学习。

（一）学习缺乏热情，动机不足

动机不足的学生对学习冷漠、畏缩，常感厌倦，表现为不愿上课，千方百计逃课；不愿动脑筋，不完成作业，能拖就拖，或者直接抄袭同学的作业；上课无精打采，下课生龙活虎；把大量时间和精力用在泡网吧、上网打游戏、踢球、谈恋爱，有的同学甚至上课时也带着笔记本电脑旁若无人地打电游。由于对所学知识一知半解，往往害怕考试，为了获得学分，考试时能作弊就作弊，不能作弊时常常不及格。不及格科目越积越多，顾此失彼，恶性循环。

有人说这是个没有理想的时代。其实大学生有理想，只是理想的层面比较低、比较务实而已。一项涉及 8 所院校 3000 名大学生的学习情况调查显示，大学生学习的目的按降序排列依次为：学习和就业的竞争压力（42.1%）、做一个有用的人（38.9%）、报答父母的养育之恩（38.8%）、渴望对周围事物和自身有更多了解和把握（31.3%）、不甘人后（25.7%）、青年人的责任感（24%）、对专业的兴趣并为之献身（21.4%）、获得奖学金（21.2%）、强烈的求知欲及形成的学习习惯（16.9%）、探索尖端科学技术填补我国空白（10.2%）、没有想过（5.6%）[21]。无论是为了"就业竞争"，还是"报答父母"，都说明绝大部分学生有学习目的，有强烈的成才愿望和进取心。但是，人生目标是有层次的，只有上升到崇高的人生目标，将学习与精神价值联系起来时，动力才能持久。反之，当目标比较低，仅仅局限于多挣钱追求物质生活等外在的名利方面的满足时，一旦实现，动力很容易随之消失。加之很多大学生从小衣食无忧，家庭经济条件较好，没有学习动力就很容易理解了。

一年级的大学生经过激烈的高考冲刺，来到大学校园全新的环境，飘飘然、茫茫然，想不起来设立怎样全新的人生坐标，学习目标不清晰。大学生活丰富多彩，注意力被五花八门的活动吸引，没时间考虑学习计划。有些同学的所学专业不是自己的志愿，不感兴趣，或者觉得自己的专业未来没有前途，不是热门专业，灰心自卑而失去学习动力。

（二）学习独立性不强，不会学习

《当代大学生的学习现状：动力、态度、伦理——对 2729 名大学生学习情况的调查与分析》中，大学生主动学习的学生仅占 25.2%，大部分学生是被动跟上进度，23.6%同学从不预习，23.8%的大学生基本不做笔记，35.9%的学生不复习，靠自己做与照抄他人作业相结合完成作业的学生占 35.8%，而不交作业与照抄作业的人数相加占学生总数的 69.1%。还有一类人对课内专业知识认真学习，但面对大量自由支配时间无所适从，不知道如何利用大学丰富的图书馆、选修课等资源充实自己。有的同学不善于与其他同学交流，"学而无友，孤陋寡闻"，知识面狭窄。

学习目标不明确，个人成长没有规划，导致学习过程懒得思考如何学习，也可以导致课余生活空虚、茫然，不会主动到图书馆广泛阅读，不会选择比较有价值的课程。此外，有些学生不适应大学相对自主、灵活、多样的学习环境，面对浩如烟海的知识，各类繁多的活动，对于如何处理好课本知识与课外知识、专业学习与能力培养等诸多方面的关系，原来中学时代的学习方法不适用，不少大学生感到焦虑和困惑。

（三）畏惧学习和考试

面对大量的专业课程，整日早出晚归在教室学习，仍感觉有很多内容没有完全掌握，精神高度紧张、思维迟钝、记忆力下降、注意力涣散、情绪躁动、寝食不安、郁郁寡欢、面无表情。适度紧张可以提高学习效率，而过度紧张导致学习效率下降。随着考试时间的来临，精神越加紧张，压力加大，害怕自己考不好，反复复习课程内容，背诵课堂笔记，还是不放心，惧怕考试成绩不如别人。严重的学生出现睡眠障碍，影响考试时的精神状态，甚至出现拉肚子、尿频、大脑一片空白的现象。

---

21 刘昌明. 当代大学生的学习现状：动力、态度、伦理 [J]. 石油教育，2003（2）：99-101.

大学教育属于专业教育，学校开设的专业课程为大学生提供掌握专业知识，培养专业技能的平台。大部分专业课程与学生中学时代的知识联系不大，学生原有的知识体系缺乏理解新知识理论的储备，一时难以很好地理解专业知识，导致一些学生感到迷茫和焦虑。激烈的高考如同独木桥，在崇尚竞争的求学环境，大学生从小就具备竞争意识，不甘人后。大学生同班同学的录取成绩相差不大，都具备一定的竞争实力，再想名列前茅难度较大，容易使人感到压力大而紧张。

（四）光啃书本，高分低能

有些大学生仍然保持着中学时代看重分数的习惯，把全部精力用于学习课内知识，用于争取较好的分数上，但是在工作和生活的实际中却表现较差，如合作能力、自立能力、人际交往能力、创新能力、沟通能力等多方面存在较大问题。一位大学食堂的师傅曾笑言，现在的很多博士"上知天文，下知地理，就是不懂人事儿"。许多资深的人力资源专家认为，中国的大学生往往专业知识比较过硬，但在积极学习、有效的口头沟通、理解他人、学习方法和积极聆听等方面处于劣势。由于不善于当众讲话、不善于与人合作、不善于理解他人的意图，而得不到升迁的机会，导致职业发展后劲乏力。现在很多大学生仍然没有意识到大学阶段的学习除了掌握专业知识这个"硬能力"之外，要广泛学习提高综合素质这个"软能力"。

造成这种问题的原因是多方面的。首先，整个中学时代都在为高考而奋斗的学生大多忽视综合素质的培养，他们认为只要考试分数高就可以上好大学，受到老师和家长的认可，前途无忧；其次，我国长期存在的学历崇拜，求职应聘、干部任用、提职考核等人生的关键环节都与文凭相关，很多人把注意力放在不断地考试、不断地提高学历方面，而如何提高自身的能力往往无人问津。中国目前是世界上颁发博士学位最多的国家，而科研、生产领域的创造性成果寥寥。常常是"学历越来越高，能力越来越弱"。

第二节　提升学习能力训练

一、培养专业思想，增强学习动机

无论学习哪方面的知识，都需要兴趣、动机、目标作为动力系统，提供持续学习的力量源泉和克服困难、持之以恒的勇气。所以，学会学习首先应当培养学习兴趣。大学时所学的专业决定着每个人未来的职业领域，如果不珍惜学习机会，不掌握扎实而过硬的本领，将来就很难在社会立足，在工作上力不从心，实现更为宏伟的人生目标无从谈起。从培养对本专业知识的学习兴趣出发，学习过程中时时体验到知识增长、能力提高、问题解决的快乐，感受到不断打开未知领域、拓展自己的愉悦，能激励内在学习动机，造就终身学习的意愿。

训练 9-1　我学故我爱

设计理念： 深入了解所学专业的相关背景，加深对专业学习的热爱。

活动目的： 请校友分享求学、就业经历，使在校新生了解所学专业的就业领域、社会意义。

道具准备：

（1）对邀请者进行必要的选择，如要能涵盖不同的专业、不同的工作领域，工作业绩优秀，口才较好者优先。所请的校友数量以 4～6 人（男女生均等）为宜。

（2）为了营造气氛，需要在教室四周粘贴彩色的大幅的纸张。

（3）摆好桌凳，使校友与学生对面而坐，主持人（辅导教师担任）坐在左右两侧的位置，与校友和大学生观众呈 90 度的角度为宜。

活动时间： 90 分钟。

活动方法：

● 主持人介绍在场听众，向学生介绍到场校友，然后请校友面对大一的学弟学妹说一句最能表达此时心情的一句话。

● 主持人先根据课前收集的大学生存在的专业学习问题，请每位校友结合学生的问题，通过介绍自己的职业经历说明不同专业在就业、生活中的意义。如"某专业的就业领域主要是哪些方面？""某专业的就业竞争力如何？""某专业在社会生产、生活中的作用？""你如何学习某门专业课的？"等。校友介绍后，由学生自由向校友们提问题，校友给予回答。

● 主持人请校友用最精辟的语言对大学生们进行鼓励。

说明： 主持人要注意调节气氛，使学生与研究生们的对话在轻松、愉快、融洽的气氛中进行，要鼓励大家实话实说，忌流于经验介绍的形式，使大家不能有效地沟通。

● **现场作业：** 主持人请学生在教室四周的彩色纸上写出所学专业的职业领域、社会价值。

● **布置作业：** 主持人小结并布置学生写心得体会。

注意事项： 主持人的角色非常重要，对主题的引领要积极、乐观。

创新建议： 也可以请专业导师，或班主任等与学生对话。最好是有问有答的形式。

二、学会监控进程，掌握学习技巧

学习的自我监控是学生为了提高学习效果，保证学习成功，运用各种方法和策略对所从事的学习活动的各个方面进行自我调节和控制的过程[22]。与学习不良的大学生相比，学习优秀的大学生学习计划性强，学习目标明确，对学习对象的认识清晰，倾向于采取深层次的认知加工方式，在听课和课后练习、复习环节上积极主动，爱动脑筋，注重自我克制和自我控制，注重对学习过程的反思，采取措施弥补学习上的缺憾，注意学习方法的探讨

---

22 莫奇，周勇．10-16 岁儿童自我监控学习能力的成份、发展及作用的研究 [J]，心理科学，1995.

和总结[23]。

训练 9-2 我的学习我做主

设计理念：意识到做任何事，包括学习，有计划、有步骤、有监控地进行可以提高效率。

活动目的：向学生展示完成一件事情需要过程，而这个过程监控与否、监控效果直接影响任务的完成。帮助学生寻找监控的重要环节，提供各种策略参考，使学生有机尝试学习策略或解决问题的策略，并学会管理自己的学习生活。

道具准备：纸、笔。

活动时间：45 分钟。

活动方法：

● 主持人说明本次活动要求每位同学回顾自己过去完成某个任务的过程，如减肥、背单词等，把整个过程按表格的要求填写出来。

我成功/失败的经过

姓名：_____   日期：_____

1. 任务特点

任务是什么？（论文、减肥、学生会竞选）

我必须在多长时间内完成任务？

任务要求我了解到什么程度？

对我来说有哪些可以利用的资源？（图书馆、计算机、好朋友）

---

23 易晓明. 大学生学习过程中的自我监控和学习成绩的关系 [J]. 中国临床心理学杂志，2002，10（2）：116-117.

（续表）

2. 我的目标
得多少分？减多少斤？

3. 头脑风暴法
我可能使用的策略：

4. 策略计划
我决定用什么策略？（说明每种策略何时使用，用多少次；想好如何应对可能出现的问题）

策略 1

策略 2

策略 3

策略 4

5. 策略的实施和监控
我接近目标了吗？
第一天

第二天

第三天

（续表）

第四天

第五天

6. 策略的评估和修改
对每一项策略的得失情况进行评估，说明改进策略的计划，决定做的调整。

策略 1

评估：

改进：

策略 2

评估：

改进：

策略 3

评估：

改进：

7. 对策略的整体评价
我最后的得分是多少？

我是否完成了自己的计划？

哪种策略是有用的？

哪种策略没有用？为什么？

我下一次的做法会与这次有什么不同？

● 学生填写完成后，在课堂进行分组讨论，让每个学生谈谈回顾整件事情的感受，交流使用不同策略的得失利弊。

● 主持人布置作业，每个学生写一篇活动心得。

注意事项：支持人维持课堂安静，让每个学生认真思考和填写表格。

创新建议：建议学生为自己设定一个新的目标，并按照表格形式记录完成过程，体会计划、步骤、监控、调整对高效完成任务的作用。

训练9-3　夺回"猴子"

设计理念：有意识地集中注意力，对抗分心，专注于当前的任务。

活动目的："猴子"代表不断冒出来的想法、抱怨、懒惰，吸引学生的注意力，浪费精力。通过夺回"猴子"的形象化方法，教会学生觉察注意力分散，把注意力重新集中到当前需要思考的任务，学会专注。

道具准备：准备一份能够阅读30分钟以上阅读材料、一个定时器、纸、笔。

活动时间：30分钟。

活动方法：

● **任务一：**体会"猴子"思维

将定时器设定为5分钟。面对一堵白墙而坐，双手放在大腿上，什么也不做，直至定时器响起，体会自己的思维。

● **任务二：**抓住"猴子"

把定时器定在15分钟，以平常速度阅读，到时间就停止阅读，把记住的重点写下来。再把定时器定在15分钟，继续阅读。这次必须浏览所有的内容，试着快速通过或跳过看上去不十分清楚的部分，在与个人需要有关或能反映重要观点处停下来，仔细阅读；重要信息平速阅读，一般信息快速阅读。到时间就停止阅读，再次把记住的重点写下来。比较两次记录的内容。

● 主持人带着大家谈论两次阅读的差异、如何集中注意力、把注意力用于关键信息的作用等问题。

注意事项：活动时请学生关闭手机，避免干扰。

创新建议：可以组织学生之间的竞赛，调动学生游戏的积极性。

三、科学用脑，学会放松

合理用脑，劳逸结合，适当掌握一些放松技巧，能使大脑处于学习的最佳状态，从而提高学习效率。大脑左半球是依靠语言为主的分析、判断和抽象概括的中枢，主要分管逻辑思维、意识、机械记忆、语言、数学等有关学术性活动，俗称"学术脑"；右脑以形象思维为主，是直觉思维的基础，分管整体感知、创造力、潜意识、音乐、情感、艺术欣赏，俗称"情绪脑"。听音乐、活动左侧肢体、特别是手指，可以激活右脑功能，对于完成大部分依赖左脑的学业任务有积极意义。人脑可以产生 α、β、θ、δ 四种脑电波，完全清醒的 β 波，学习层面往往不深，只有大脑处于 α、θ 波类型中才可以进入较深的意识层面，人脑可以表现出非凡的记忆力、高度专注和不同寻常的创造力。可以通过听音乐、冥想、腹式呼吸等放松方式进入 α、θ 波状态。熟练地放松技术还可以应用于考试焦虑的缓解、疲劳的迅速恢复等。

训练 9-4 放松训练

设计理念：肌肉放松可以缓解紧张感，较低焦虑，增强思维敏锐度和记忆力。

活动目的：以掌握腹式呼吸为基础，通过想象训练和渐进式肌肉放松训练，让学生学会自我放松技巧，不仅可以降低考试焦虑水平，还可应用于其他使学生感到紧张的情境，初步具备面对焦虑紧张时自我放松的能力，提高学习效率。

道具准备：舒缓的轻音乐。

活动时间：45 分钟。

活动方法：

主持人向学生介绍放松技术的原理，以及对考试焦虑的治疗效果。

第一步：腹式呼吸训练

指导语：

● 端坐于椅子上，脚在地板上分开，双手轻轻搭在膝盖上（在家练习时，可以平躺屈膝，两脚分开，与肩同宽，脚趾微向外，脊背保持平直）。

● 用鼻子深吸气，吸气时腹部舒服地胀起，稍停一下后用嘴慢慢呼出。

● 开始感觉轻松，绽露微微的笑容，用鼻子吸气，用嘴呼气，呼气时发出松懈的吁声，把嘴、舌头慢慢放松下来；继续做这种长、缓、深的呼吸，听着自己的呼吸声，让自己越来越放松。

● 学会把气深深地吸入腹部，注意力放在腹部的起伏，心情逐渐放松。

第二步：渐进式肌肉放松训练

给学生播放轻松舒缓的音乐，古典现代均可以。

指导语：

● 现在合上眼睛，平和呼吸，专注于我的声音

● 想象你头顶的肌肉正慢慢放松

● 想象你额头的肌肉正慢慢放松

● 眉心和鼻梁附近的肌肉也慢慢放松

● 慢慢放松眼皮周围的肌肉

● 你会感到眼皮很放松，不想张开

● 现在再慢慢放松你脸上其他部位的肌肉，颧骨、嘴

● 可以完全放松脸部的肌肉让你感到好舒服

● 你感到压力渐渐流走

● 慢慢放松你的牙齿和舌头

● 现在想象你脖子、肩膀的肌肉，手臂的肌肉，慢慢放松

● 你的手肘和前臂也慢慢放松

● 很舒服，很平静

● 呼吸变得均匀舒缓

● 胸部可以完全放松

- 腰、骨盆、大腿的肌肉渐渐放松
- 你现在想想你的膝盖和小腿慢慢放松
- 脚踝和脚掌，一直到脚趾所有肌肉都渐渐放松
- 很平静、很舒服

第三步：想象放松训练

想象放松一般配合渐进式放松或者腹式呼吸使用。

指导语：

- 现在闭上眼睛，腹式呼吸，均匀地呼吸
- 想象你走在海边/幽静的花园/大草坪
- 天空湛蓝，飞翔的海鸟翅膀掠过海面，阵阵海风吹来，额头凉极了，身体舒服极了，又一阵微风吹来，深深吸一口气，头脑变得很清醒
- 我会从 5 数到 1，每数一个数字，你都越来越清醒，醒来后，很愉快
- 5、4、3、2、1

主持人布置作业，腹式呼吸每天一次，每次 5～10 分钟为宜；渐进式肌肉放松每天一次，每次 20 分钟为宜。

注意事项：

（1）主持人的指导语应熟练流畅，不恰当的停顿会影响放松进程。

（2）学生的主动配合是放松的关键，在练习开始之前应调动学生参与的积极性。

（3）想象训练中的情境可以由学生自行选择，因为有些学生害怕水或者害怕幽静的地方，想象进入这些地方，会引起学生的反感。

创新建议：把放松的指导语发给学生，让学生互相指导，尽快熟悉放松的技巧。

四、向榜样学习，向生活学习

21 世纪的社会是学习型社会，21 世纪的学习是终身学习。传媒学家麦克卢汉曾经这样说："不会学习，是一种罪恶"。只有学会学习，才能在信息高速更新的时代，把握职业与生活的变化，创造鲜活的生产力，在竞争中站稳脚跟。从学习途径来说，课堂的学历教育、工作后的培训、电视广播、网络、同事朋友的经验、社会实践、旅游，都可以让人学到很多知识，增长见识，学习无处不在；从学习效果来说，掌握某种知识技能是学习的效果，而获得人生感悟、提升研究兴趣、改善心理状态、丰富处世经验等也是学习的收获；现代存储工具使人从大量记忆任务中解放出来，学习者的学习方式也从反复练习记忆，渐渐转向信息的搜集、验证与实践。心理学家班杜拉的社会学理论指出，观察学习也是人类获得知识技能的途径之一，而且事半功倍。

训练 9-5　生活的滋味

设计理念：课内课外、顺境逆境、朋友敌人，对生活经历的感悟就是学习，学习无处不在。

活动目的：列举生活中可能存在的各种情景，反思自己的体会，总结从中得到的收获，明白学习其实每时每刻都陪在自己身边。

道具准备：问卷、笔。

活动时间：45分钟。

活动方法：。

主持人布置测试，请学生填写。

例题：如果一个人生活在批评之中，他学会　谴责　。

如果一个人生活在表扬之中，他学会　感激　。

如果一个人生活在敌意之中，他学会＿＿＿＿＿。

如果一个人生活在接受之中，他学会＿＿＿＿＿。

如果一个人生活在恐惧之中，他学会＿＿＿＿＿。

如果一个人生活在安全之中，他学会＿＿＿＿＿。

如果一个人生活在讽刺之中，他学会＿＿＿＿＿。

如果一个人生活在支持之中，他学会＿＿＿＿＿。

如果一个人生活在压制之中，他学会＿＿＿＿＿。

如果一个人生活在鼓励之中，他学会＿＿＿＿＿。

如果一个人生活在嫉妒之中，他学会＿＿＿＿＿。

如果一个人生活在分享之中，他学会＿＿＿＿＿。

如果一个人生活在忍耐之中，他学会＿＿＿＿＿。

如果一个人生活在怜悯之中，他学会＿＿＿＿＿。

如果一个人生活在诚实与正直之中，他学会＿＿＿＿＿。

如果一个人生活在友爱和真诚之中，他学会＿＿＿＿＿。

主持人请全班同学根据个人对这14道题目有最深的感受结合成1至10号小组。（每组可由2人以上组成）。

每个小组各派出一名代表自己组的观点。若有意见不同者可进行补充说明，要求每道题都有被选中的可能。

创新建议：阐明观点后，每小组可根据自己小组的意见编排适当的剧情，以小品的形式表现出来。

训练9-6　我是你的粉丝

设计理念：观察他人的行为和行为结果，可以预知自己行为的结果，从而学会做事。

活动目的：确定自己迫切想学会做的事情，选择该领域出色的完成者，观察并思考她/他做事情的顺序、技巧、心态、效果，从而为自己独立完成工作做准备。

道具准备：纸、笔。

活动时间：45分钟。

活动方法：

第一步　请每位同学写出一件自己想完成好，但目前没有把握的工作，如烹调、演讲、买东西、面试等。

第二步　在自己的周围寻找一位对该项工作比较熟悉、能够胜任的人，如父母、同学、朋友观察他完成工作的进程。

第三步　找到别人做事情的长处，改进自己的不足。填写下表。

事 件	偶 像		自 己		
	优点	缺点	优点	缺点	改进

五、从学会聆听表达开始，学会做事生存

人的本质是社会关系的总和，维系和谐的人际关系是家庭幸福与事业成功的保证。当今的社会鼓励竞争，但社会分工又使人们越来越无法孤立生存。如何在竞争中合作，在合作中竞争是学会相处的重要内容。囚徒的困境的故事很多人都知道，无论是故事中的囚徒，还是现实中的囚徒，彼此信任、充分沟通才能双赢。人与人之间的信任是相处的基础，而沟通能力则是桥梁。人们为了表达事实和想法、分享感觉、发出指令、劝说、娱乐、甚至欺骗而进行沟通，沟通最重要的功能就是维护人们共处的关系。写作、阅读、说话和倾听是四种基本的沟通技能，此外，肢体语言、表情、声调、人际距离也可以传达信息。像其他技能一样，沟通技能也需要学习和实践。一个善于沟通的人，通常讲话清晰、能运用大量表现力强的词汇、使用积极的身体语言、讲真话、关注他人的反馈、对他人的反应表示尊重。

训练 9-7 让我说服你

设计理念： 说服他人需要晓之以理，动之以情，给别人提供接受你的建议的理由。

活动目的： 选择正确处理方法，提供符合被劝者的信念或过去的行为的建议，劝说结果对被劝者有利，是劝说成功的三个条件。

道具准备： 纸、笔。

活动时间： 30分钟。

活动方法：

主持人提供劝说的模拟情境

● 你们三个人被困在一个有活火山的荒岛上。供应的食物非常有限，并且未来是不确定的。人们能在这个岛上继续生存多久也是未知数。现在只有一只热气球可用，但是他只能载其中一个人离开这里到达安全的地方。请陈述理由说服其他人让你乘气球离开。

● 你是一个入职一年的新员工，在入职时老板承诺你在一年后会得到晋升。然而，尽管你在工作上一直有上佳的表现，但是老板根本没有提到关于你升职的事。你正在考虑如果得不到提升的话就离开公司去读研究生。请设计一个有说服力的理由，陈述给你的老板说服他让你晋升。

● 你有急事需要打电话，而自己的手机恰巧没电了，周围没有电话亭。说服路人借给你手机。

学生三人一组，分别扮演不同的角色，进行说服练习。

注意事项：学生分组后，随机抽取练习的情境，可以减少选择的分歧。

创新建议：可以请说服能力较强的同学为大家现场演示，教师也可以扮演其中的角色。

训练9-8 积极倾听

设计理念：沟通是双向的通道，当一人说话时，另一人需要积极倾听。

活动目的：积极倾听需要以理解和密切关注正在说的话的方式去听，通过有声的反馈、鼓励、疑问，或者无声的肢体语言、沉默，给说话者讲话的余地和继续说话的信息。

道具准备：纸、笔。

活动时间：30分钟。

活动方法：

学生三人一组，分别扮演提问者、回答者、观察者。由提问者提出问题，并选择问题的开放度，尽量留给回答者解答问题的空间；在回答者说话时，提问者积极倾听；观察者负责记录提问者与回答者的谈话时积极倾听的表现，如点头、回应、必要的沉默等。

参考问题：你对哪些职业感兴趣？（开放式问题）

你选好职业了吗？（封闭式问题）

每轮进行10分钟，然后角色调换。

活动结束后思考什么是积极的倾听。

训练9-9 发现网络对时间的影响

据统计，互联网已经成为一大时间杀手，自己计算看看是不是这样吧！选择一天，记录你在网络上所花的时间。准备一张卡片和一支笔，你也可以用一些网络工具进行跟踪记录。

活动程序：

（1）在一天中，随时在卡片上记下你何时开始上网、何时停止上网；

（2）简单地写出你上网都做了些什么，比如：浏览微信、查阅电邮、浏览新闻、观看视频、玩游戏、做作业等；

（3）监测好一天的网上时间后，完成下面的句子：

我发现我今天上网用了_____分钟。

我在网上做了_____

_____。

（4）想想你打算对自己在网络上所花的时间做出什么改变。譬如，每天固定几个时间段关闭网络。完成下面的句子：

我打算_____

_____。

本章提要

1. 学习指个体在一定环境下由于反复地获得经验而产生的行为或行为潜能的比较持久的变化。按照学习效果把学习分为言语信息的学习、智慧技能的学习、策略的学习、动过技能的学习和态度的学习。奥苏伯尔按照学习方式进行分类，他从两个独立的维度把学习分为接受学习和发现学习、机械学习和有意义的学习。我国的心理学工作者一般将学习分为四类：知识的学习、技能的学习、以思维为主的能力的学习以及道德品质和行为规范的学习。

2. 学习理论主要分为：行为主义学习理论，认知主义学习理论，人本主义学习理论、建构主义学习理论。现代学习观强调终身学习、建设学习型社会和培养学会能力。

3. 影响学习的因素包括智力因素、非智力因素和学习策略。自我效能指人对自己是否能够成功地进行某一成就行为的主观判断。学习策略是指学习者为有效地达到学习目标而采取的具体学习过程或学习步骤。分为三大部分，即认知策略、元认知策略和资源管理策略。学习风格由学习者特有的认知、情感和生理行为构成，它是反映学习者如何感知信息、如何与学习环境相互作用并对之做出反应的相对稳定的学习方式。

4. 大学学习的特点包括：学习过程的独立性与自主性；学习内容的选择性与专业性；大学学习方式的广泛性与多样性。大学生学习的主要问题包括：学习缺乏热情，动机不足；学习独立性不强，不会学习；畏惧学习和考试、高分低能。

5. 提升学习能力的方法包括：树立专业思想、学会放松技巧、学会学习和沟通技能。

复习思考题

1. 什么是学习？学习有哪些种类？
2. 总结自己的学习经历，有哪些学习策略帮助了你？
3. 学习对你的生活有哪些影响？人是否应该终身学习？
4. 谈谈你最近学会了什么？

拓展训练

一、必练

1. 你认为本章最重要的知识点和实践策略有：

（1）_____

（2）_____

（3）_____

（4）_____

（5）_____

（6）_____

（7）_____

（8）_____

2. 通过本次课程的学习，我发现自己在学习方面的长处是：_____

_____。

存在的不足是：_____

_____。

3. 通过本节课的学习，请你针对学习方面的某一个问题，设计一个训练方案。

_____

_____

_____

_____

_____

_____

_____

_____

_____

_____

_____

二、选练

多元智力类型的自我检测

请在符合自己智力表现项目前的括号里打"√"，然后统计这种智力类型中符合你实际情况的项目总数，在"符合项数"后的横线上记下项数。

1. 语言智力：有关阅读、说话、写作等的能力

符合项数：_____

（　）（1）　我的写作能力比同龄人更好一些。
（　）（2）　我常讲故事给别人听。
（　）（3）　大家都爱听我说笑话。
（　）（4）　我很快就能记住人名、地点、日期和发生的事情。
（　）（5）　我喜欢玩文字接龙、猜谜游戏或填字游戏。
（　）（6）　我喜欢读书。
（　）（7）　我不会写错字。
（　）（8）　我喜欢绕口令、俏皮话、双关语和儿歌等。
（　）（9）　我爱听故事、相声或广播节目。
（　）（10）　我所用的说话词语，超过同龄人。
（　）（11）　我很会用语言和别人沟通。
（　）（12）　我很会编故事。
（　）（13）　我写过一些文章，能得到他人的注意和赞赏，这使我自豪。
（　）（14）　我能说服别人同意我的想法。
（　）（15）　在学校，语文、历史对我来说比数理化容易。

2. 逻辑数学智力：有关自然科学、数学的能力

符合项数：_____

（　）（1）　我常问一些关于做事程序或怎么做的问题。
（　）（2）　我的心算能力很好。
（　）（3）　我喜欢数学课或自然课。
（　）（4）　我对数学游戏或电脑感兴趣。
（　）（5）　我爱玩象棋或其他策略游戏。
（　）（6）　我喜欢做一些逻辑推理或智力挑战的难题。
（　）（7）　我喜欢把事物分类或分等级。
（　）（8）　我喜欢做高难度的实验或过程复杂的思考。
（　）（9）　我比同龄人更会进行抽象的思考。
（　）（10）　我比同龄人更了解事物的因果关系。
（　）（11）　我常喜欢对事物提出假设，再想办法证明对不对。
（　）（12）　我喜欢玩与逻辑有关的游戏或智力测验。
（　）（13）　我对被测量、归类、分析、确定过的事物比较容易相信。
（　）（14）　我喜欢寻找事物的规律，形式及逻辑顺序。
（　）（15）　我崇拜很多科学家。

3. 视觉空间智力：有关美术、劳作、雕塑的能力

符合项数：_____

（　）（1）　当我闭上眼睛时，我可以在脑子里想象出清晰的影像。

（　　）（2）　我喜欢看有很多图解的阅读材料。

（　　）（3）　我喜欢图画、劳作或雕塑。

（　　）（4）　在美术的学习上，我比同龄人表现得更好。

（　　）（5）　我爱看电影。

（　　）（6）　我喜欢玩拼图、走迷宫。

（　　）（7）　我喜欢玩积木或有趣的立体模型。

（　　）（8）　我爱看美术作品。

（　　）（9）　我喜欢随手涂画，拿笔画画。

（　　）（10）　我常用照相机或录像机拍下我周围的事物。

（　　）（11）　我能在脑子里想象各种可能的新事物。

（　　）（12）　在学校，几何对我来说比代数容易。

（　　）（13）　我认识道路的能力很棒，即使在陌生的地方也很容易找到路。

（　　）（14）　我能用简单的图，说明去某一个地点要怎么走。

（　　）（15）　我能适当地搭配颜色，让人觉得好看。

4. 身体运动智力：有关运动、舞蹈、戏剧、操作的能力

符合项数：_____

（　　）（1）　我能用脸部表情和身体动作代替说话，表达我的想法。

（　　）（2）　我喜欢参加体育活动或进行体育练习。

（　　）（3）　我坐不了多久，就想起来活动。

（　　）（4）　我喜欢缝纫、编织、雕刻、木工或做模型等需要动手的活动。

（　　）（5）　我喜欢拆开物品或组装物品。

（　　）（6）　我学习新事物时，常利用触摸、操作的方法。

（　　）（7）　我喜欢跳舞。

（　　）（8）　我喜欢演戏。

（　　）（9）　我的动作比同龄人更协调。

（　　）（10）　我的身体协调能力比同龄人更好。

（　　）（11）　我喜欢不断练习，让自己跑得快，跳得高。

（　　）（12）　动手做能让我学得更快更好。

（　　）（13）　我最好的想法常出现在我走路、跑步或做一些肢体活动时。

（　　）（14）　我喜欢在户外活动。

（　　）（15）　我与人谈话时，常用手势或肢体语言。

5. 音乐智力：有关唱歌、演奏、填词、作曲的能力

符合项数：_____

（　　）（1）　我能听出别人唱歌唱得不错。

（　　）（2）　我的歌声很好听。

（　　）（3）　如果我听一曲音乐1～2遍，一般能准确地唱出来。

（　　）（4）　我会弹奏一种乐器。

（　　）（5）　我参加音乐团体，如交响乐、合唱团等。

（　　）（6）　我能跟着音乐，拍打正确的节奏。

（　　）（7）　我喜欢听音乐。

（　　）（8）　我走路的时候，脑子里自然出现某种我熟悉的旋律。

（　　）（9）　我喜欢自编旋律。

（　　）（10）　我喜欢改编歌词。

（　　）（11）　我能辨别不同音乐所表达的情绪。

（　　）（12）　我经常在写作业或走路的时候，哼唱熟悉的曲子。

（　　）（13）　我对生活环境中的声音很敏感。

（　　）（14）　如果没有音乐，我的生活会很无聊。

（　　）（15）　我知道很多歌曲和乐曲的旋律。

6. 人际交往智力：有关了解别人、与人相处、交朋友的能力

符合项数：＿＿＿＿＿＿

（　　）（1）　我常带领一些同学一起玩游戏。

（　　）（2）　我喜欢和别人一起运动，如打球。

（　　）（3）　我会给碰到问题的朋友提出意见。

（　　）（4）　我有两三个最要好的朋友。

（　　）（5）　我喜欢教别人学习新事物。

（　　）（6）　我周围的人都很愿意向我征求意见和建议。

（　　）（7）　我能从脸部表情察觉别人是不是喜欢我。

（　　）（8）　我能从声音觉察别人是不是喜欢我。

（　　）（9）　我能从身体或手的动作，判断别人是不是在攻击我。

（　　）（10）　当我碰到问题时，我愿意先主动找别人帮忙而不先试图自己解决。

（　　）（11）　我会关心别人的心情好不好。

（　　）（12）　当别人反对我时，我会考虑他为什么会这样做。

（　　）（13）　我在人群中感到很舒服。

（　　）（14）　我喜欢参加社会活动。

（　　）（15）　我愿意晚上参加聚会而不愿一个人呆在家里。

7. 内省智力：有关沉思、反省，了解自己的能力

符合项数：＿＿＿＿＿＿

（　　）（1）　我常常静下心来，想一想自己所遇到的问题。

（　　）（2）　我可以一个人独自玩耍或学习。

（　　）（3）　我能从各种反馈渠道中，清楚了解我的优缺点。

（　　）（4）　我喜欢独自工作，而不是和别人合作。

（　　）（5）　我清楚地知道自己喜欢什么，不喜欢什么。

（　　）（6）　我能察觉到自己快要发脾气了。

（　　）（7）　我清楚地了解自己的兴趣和嗜好。

（　　）（8）　我能正确说出自己的感觉。

（　　）（9）　我不做自己完成不了的事。

（　）（10）　我按照自己的标准完成工作。

（　）（11）　我确信自己是一个有价值的人。

（　）（12）　我的个性独立、意志坚强、不依赖别人。

（　）（13）　我每天都记日记或静静地反省自己做过的事。

（　）（14）　我喜欢接近大自然，不喜欢热闹的人群。

（　）（15）　我经常思考我的重要人生目标。

计分与解释

比较你在上述 7 类智力类型上符合你实际情况的项数，其中符合项数最多的为你最为擅长的和突出的智力类型，也即你智力的优势所在；相反，符合项目最少的智力类型则意味着你最不擅长，也即你的智力弱势所在。根据你的智力优势，你可以找出自己的个性化的学习方式、方法，以便有效地利用你的智力优势。同时，针对你的智力弱势，你可以有意识地增加从事该类智力活动的机会，使之得到锻炼和提高。

推荐阅读

1. 珍妮特·沃斯（JeannetteV0s），戈登·德莱顿（G0rdenDryden）：《学习的革命》。三联出版社出版。本书告诉你：怎样才能一天读四本书，并且把它们记住；怎样在四到八周内掌握一门外语的核心内容；如何保持终身学习；如何在学校中领先，即使开始时你处于劣势；怎样才能在商务、学业、生活方面作出最佳决定；怎样找到最适应于自身的学习、思考和工作方式；如何使学生在学习上突飞猛进！

2. 鲁鸣：《软能力-在竞争中胜出》。北京出版社出版。鲁鸣，社会心理学家，作家，花旗银行全球消费信用风险副总裁，北美银行家协会执行董事，复旦大学公共卫生学院客座教授。该书提出独处、当众言说、体育运动、诚信和公共事务参与为五大"软能力"。职场并非完全独立于日常生活而存在，我们作为男（女）人的魅力，我们通过体育运动锻炼的坚毅品格，我们理解他人意图善于沟通的能力等，最终都会让我们的职场生涯受益良多。

3. 张欣武，刘卫华：纪念版《哈佛女孩刘亦婷》之二：刘亦婷的学习方法和培养细节。作家出版社出版。刘亦婷讲述了多姿多彩的哈佛校园生活和社会实践；她的父母深入细致地介绍了在《哈佛女孩刘亦婷——素质培养纪实》里"点到为止"的具体方法。如：优秀素质体系怎样从无到有？怎样培养创造力？怎样掌握各科学习方法、记忆方法及考试方法以增强学习能力？如何实行强身健脑的生活方式？详细回答了各界读者关心和咨询的与素质教育相关的各类问题。

4. ［美］利奥·巴斯卡利亚著，伍牛译：《爱，生活，学习》。南海出版社出版。唯有爱，能慰藉成长的伤痛与艰辛；唯有生活，能磨砺心智的清明与练达；唯有学习，能让我们的爱与生活圆融和睦，度过美满的一生。人生的每个阶段，都有等着我们去解答的疑问：如何面对他人，如何面对爱，如何面对恐惧，如何面对家庭以及感情与婚姻，金钱与文化，衰老与死亡……在忙忙碌碌的现代生活中，停下脚步，给自己一个重新审视自我、重读人生必修课的机会！

5. 戴夫·埃利斯著，毛乐等译：《优秀大学生成长手册》。科学出版社 2014 年出版。

这是哈佛、耶鲁、斯坦福等几十所著名高校学生的学习生活宝典，该书通过提出一种让大学生终生受益的成功模式，帮助大学生在大学阶段学会学习、取得出色的成绩，从而实现从平凡到优秀的蜕变。书中对大学生在大学期间学习、生活、成长的方方面面都进行了全面、具体、实用的指导，例如，大学生在大学期间如何进行自我评估、如何做好学习规划、如何合理安排时间、如何增强记忆、如何参与课外活动、如何进行有效阅读、如何做笔记、如何锻炼批判性思维、如何应对大学的各科考试、如何在公开演讲中克服恐惧、如何为就业做准备、如何进行职业规划……书中的一切对大学生都至关重要。本书是美国最畅销的大学教育读本之一，已经被世界众多著名大学作为大学生们的课外必读书，迄今为止已经出版了十五版。

6. 张志：《不要等到毕业以后》。江苏文艺出版社 2013 年出版。有的学生说在大学要好好玩，也有人说读大学的目的很简单：中国社会认文凭，不就是取得文凭，用这块敲门砖就业吗？读大学拿文凭是必需的，但这还远远不够。假如花费那么长时间和那么多金钱，只是为了拿一个文凭，这个大学读得根本没价值。学会独立思考、自主行动、摆脱依赖、实现自我，比获得文凭更难。要学会独立思考，不妨先从学会自学开始。在大学学会自学，是人一辈子最重要的能力之一。培养自学能力，必须对知识进行一个分类梳理，不同的知识有不同的学习对策、不同的学习方法。

7. 网易公开课：http://open.163.com。互联网时代，信息量越来越大。在校园里，我们可以看到国内外大学的精品课程，英语好的同学还可以直接去世界一流大学的网站，这些网站提供了许多很好的公开课课程录像。从某种意义上讲，我们和世界是同步的，阻碍我们学习的，是我们自己，不是世界！

参考文献

[1]　沈德立. 高效率学习的心理研究 [M]. 教育科学出版社，2006.

[2]　莫雷，张卫. 学习心理研究 [M]. 广东人民出版社，2005.

[3]　百度百科，http://baike.baidu.com/view/588169.htm.

[4]　伍新春，秦宪刚译. 终身受用的学习策略 [M]. 中国轻工业出版社，2003.

[5]　学习策略课题组. 学习的策略 [M]. 红旗出版社，2000.

[6]　北京师大辅仁应用心理发展研究中心编. 身边的心理学 [M]. 机械工业出版社，2008.

[7]　奂平清著. 感受学习快乐 [M]. 云南人民出版社，2005.

第十章　创新能力发展训练

　　人类文明在不断创新中得到飞速的发展，我们每个人每天都在经历并享受着创新带来的成果。创新让我们的生活变得更加丰盈充实而有意义。

　　说到创新，我们立即会想起牛顿，想起爱因斯坦，仿佛创新就是他们这些人的专利似的。其实不然。创新无处不在，在我们生活的每一个角落都存在着创新。人类学会了驾驭马匹以代替步行，当他们觉得马车仍不够快时，他们就幻想着能够像鸟儿一样自由地飞翔，于是就有了汽车，有了飞机，人类在不断的创新中得到飞速的发展。不仅如此，有创造力的人可以更幸福。积极心理学认为创新是我们生活意义的核心来源。因为大多数有趣的、重要的、人性化的事情都是创新活动的结果。人类的基因构成中有90%与黑猩猩相同，但是语言、价值观、艺术表达、对科学的理解以及对技术的研究让我们与众不同，这些都是个体创造力的结果。同时，当我们深入创造性活动之中时，会觉得比其他时候过得更充实，艺术家在画架前或科学家在实验室中所体验到的兴奋，接近于我们希望获得的最理想的自我实现感。

事实上，人人都是创新之人，别让你的创新潜能成为一头沉睡的雄狮。今天，就让我们共同踏上创新之旅……

创造性是每一个人作为人类的一员都具有的天赋潜能，人人都可以表现出创造性。

——马斯洛

我们所有人都有惊人的创新能力，只不过它埋在人的较为深层的自我里，只有付出辛劳且常常去挖掘，才能得到它。

——奥托

学习与行为目标

1. 了解创新能力的内涵及妨碍大学生创新的思维方式。
2. 学会正确评价自己的创新能力。
3. 掌握提升创新能力的心理训练方法。

第一节 创新能力概述

20世纪是迄今为止历史上最为辉煌的100年，它与以往最为显著的区别在于，创新构成了这个世纪令人兴奋的成就和进步。在上个世纪有数百种发明创新，它们与我们的日常生活密切相关，它们改变了我们的世纪，改变了我们的生活。我们看看下面几个20世纪改变了以及正在改变人类生活的重大创新：

（1）方便面。20世纪50年代末，日本经营饮食小作坊的安藤看到中午许多人在饭馆门口排长队等吃热面条，于是发明了一种只用开水一冲就能食用的方便面。这种不用烹饪、味道鲜美可口的食品很快风靡全世界。

（2）个人电脑。电脑彻底改变人们工作与思考的形态，20世纪70年代末电脑厂商开始开发较小型的个人电脑，到了20世纪80年代初市场上有了大众化的电脑消费产品。个人电脑加快了社会数字化脚步，几乎社会的每一个层面都被电脑完全感染，没有人能够拒绝电脑进入生活之中。

（3）未来的移动电话。将来的手机将具有可折叠性。打完电话可以把手机折叠，然后像信用卡一样塞钱包里。加拿大女王大学的人类媒体实验室研发出了 Paper Phone。这一原型机采用 3.7 寸电子墨水显示屏，具备打电话、播放音乐、阅读电子书、运行软件等智能手机的功能，它最大的特点在于你可以任意地翻动、弯曲该款手机，并对这些动作进行编程来执行特定的操作，这其实是一款纸质手机。

以上只是人类巨大的创新宝库中的几个例子，创新在每天改变着人类文明的面貌，创新是人类文明进程的推动者。如今，以网络、光纤、电脑、数码、多媒体为主要标志的信息技术群的发展，使人类文明的进程速度不断加快，构成了今天这幅绚丽多彩的时代画卷。你能列举几个你知道的改变了人们生活的创新成果吗？你能对人类 50 年后的生活来一个幻想式的描述吗？

创新能力对于个人来说并不是天生的，也不是科技发明家或创新活动家的专利，而是一种可以培养和磨砺的能力。虽然各人无法选择自己的先天条件，但完全可以通过训练、锻炼得以开发这种能力，为社会做出更大的贡献。

专栏 10-1　橡皮铅笔是怎样产生的

美国有位名叫海曼的画家，画技平平，但很勤奋，整天用铅笔在画板上画素描，忙个不停。有时画得不好需要擦掉，橡皮一时找不到，找到橡皮擦好了，又要再画时，可铅笔又不知道放哪儿去了，这使他很烦躁。一天，他突发奇想，将橡皮用铁丝固定在铅笔顶端，不久便有了专门生产这种铅笔的工厂，海曼由此成了富翁。将橡皮和铅笔组合起来成为橡皮铅笔，这就是创新。

一、创新能力是什么

创新的英文单词是"innovation"，起源于拉丁语，它有三层意思：更新，创造新的东西，改变。创新能力是一个人（或群体）通过创新活动、创新行为而获得创新成果的能力，是一个人（或群体）在创新活动中所具有的提出问题、分析问题和解决问题这三种能力的总和。创新能力主要由创新思维、创新个性品质、创新技能和方法三部分构成，是以"个性品质"为动力、以"技能和方法"为基础，以"创新思维"为核心体现于社会实践中的综合能力。

（一）创新思维

创新思维是不受现成的、常规的思路的约束，寻求对问题的全新的、独特性的解答和方法的思维过程，是产生新思想、新概念的思维，它是创新能力的核心因素，是创新活动的灵魂和发动机。创新思维本身是一种综合性的能力。创新思维的过程离不开繁多的推理、想象、联想、直觉等思维活动。

创新思维具有着十分重要的作用和意义。首先，创新思维可以不断增加人类知识的总量；其次，创新思维可以不断提高人类的认识能力；再次，创新思维可以为实践活动开辟新的局面。此外创新思维的成功又可以反馈激励人们去进一步进行创新思维。正如我国著名数学家华罗庚所说："'人'之可贵在于能创造性地思维"。不少心理学家认为，发散思维（divergent thinking）是创新思维的最主要的特点，是测定创造力的主要标志之一。发散思维是指从一个目标出发，沿着各种不同的途径去思考，探求多种答案的思维，与辐合思维（convergent thinking）相对（见表 10-1）。美国心理学家吉尔福特（Guilford）认为，发散思维具有：流畅性（fluency）、灵活性（flexibility）、独创性（originality）三个主要特点。假定你提出了对每年报废的汽车轮胎进行再利用的方法，可以从这三个标准来评价你的建议的创造性：流畅性是你能想出的所有办法的数目；灵活性是你想出的再利用的方法从一类功用转换至另一类功用的次数；独创性是指你的建议的新颖或独到的程度。

表 10-1 辐合思维和发散思维测验题例

辐合性问题	发散性问题
底边 3 米高 2 米的三角形的面积是多少？	你能想到几个以字母 BR 开头的单词？
小张比小王矮，但比小谢高。小谢比小罗高。谁第二高？	废弃的易拉罐能做何用？
如果你从 50 米高处让一个乒乓球和一个保龄球同时自由下落，哪一个会先触到地面？	写一首关于水和火的诗。

（二）创新个性品质

个性品质是指人的心理素质，它是在一个人生理素质的基础上，在一定的社会历史条件下，通过社会实践活动发展起来的。所谓创新个性品质，是创新者在进行创新活动中，在情感、意志等非智力因素方面表现出来的素质。创新需要用智慧去播种，需要用汗水去浇灌，需要用热情去培育，需要用耐心去护理。一个成功的创新者需要具备以下个性品质。

1. 保持热情、不言放弃

一位哲学家曾说过："任何人都会有热情，所不同的是，有的人热情只能保持 30 分钟，有的人热情能保持 30 天，但一个成功的人能让热情保持 30 年。"由此可见，坚韧的意志和毅力是创新者从事创新活动必备的个性心理素质，是维系创新活动成功的心理保证。

专栏 10-2 屠呦呦和青蒿素的故事

2015 年 10 月，屠呦呦获得诺贝尔生理学或医学奖，理由是她发现了青蒿素，这种药品可以有效降低疟疾患者的死亡率。屠呦呦也因此成为首位获得诺贝尔奖科学类奖项的中国本土科学家。

在发现青蒿素的过程中，屠呦呦和团队成员调查了 2000 多种中草药制剂，选择了其中 640 种可能治疗疟疾的药方，然后从 200 种草药中，得到 380 种提取物用于在小白鼠身上的抗疟疾检测，但进展并不顺利。后来，她查阅了大量的中国传统医学文献，最后从西晋葛洪的处方中获得灵感，终于成功地用沸点较低的乙醚制取青蒿提取物，并在实验室观察到这种提取物对疟原虫的抑制率达到了 100%，而这个解决问题的转折点是在经历了第 190 次失败之后才出现的。

无数事实证明，一项创新发明的成功少则需要几十天，多则几年甚至几十年，这中间有很多的坎坷和艰辛，没有孜孜以求的热情、坚韧不拔的毅力和不言放弃的精神，就可能半途夭折。只有在逆境中仍能保持热情和坚韧不拔的人，才会最终到达成功的彼岸。

2. 充满好奇

电灯、电话、电报，这些东西在科技发达的今天看来是多么的普通和司空见惯，谁也不会因此而惊奇。可是你是否知道，这些东西对于当时的人们来说是多么新奇，人类因此而记住了它们的发明者——爱迪生。被人们称为"发明大王"的爱迪生，在他的一生中仅在专利局登记过的发明创造就有 1328 种。这个只上过三个月学的人，怎么会有这么多的发明创新呢？这源于他强烈的好奇心。在很小的时候，爱迪生就显露出极强的好奇心，只要看不明白的事情，他就抓住大人的衣角问个不停，非要弄出个子丑寅卯来。一天他指着正在孵蛋的母鸡问妈妈："母鸡把蛋坐在屁股底下干嘛呀？"妈妈告诉他这是母鸡在孵小鸡呢。下午，爱迪生不见了，家里人急得到处寻找，终于在鸡窝里找到了他。原来他正蹲在鸡窝里，屁股下放了好多鸡蛋，正在孵小鸡呢。

3. 敢于挑战权威

自从 20 世纪 90 年代初以来，越来越多的中国学生到海外留学，在美国、加拿大、英国、德国、法国、澳洲等国家的校园里随处都可以看到中国留学生的身影。但《美国之音》曾引述多位外国教授的观察指出，中国留学生普遍缺乏挑战精神。谈到对中国留学生的印象，欧洲和大洋洲的大学校长和教授使用频率最高的形容词就是"勤奋"，但同时也指出，中国留学生比较缺乏挑战精神。德国柏林自由大学的迈卡钦教授指出，中国留学生不但勤奋，而且聪明、礼貌，但他们似乎对教授、对权威有一种莫名其妙的崇拜感，而这对培养创新思维是不利的。

因此我们要有意识地消除这种盲目崇拜权威的意识，努力认识到，权威所讲的话、理论或成规并不一定都是对的，要用理性的态度敢于怀疑、勇于挑战。同时教师应当积极营造宽松自由的学习环境，使学生不迷信权威，敢于发表自己独特的看法，敢于向权威挑战，富有创新精神。

（三）创新技能和方法

以熟悉的眼光看陌生的事物，再以陌生的眼光看熟悉的事物，会产生意想不到的效果。创新者除了具备上述个性品质外，还需要一些技能和方法，包括观察力、想象力、设计和动手的能力。

1. 观察力

创新并不神秘，日常生活中有利于创新发明的现象也是很多的，但为什么许多发生在周围的事物和现象，大部分人往往熟视无睹、习以为常，唯独创新发明的人独具慧眼、捷足先登呢？原因有多方面，但有一点是最主要的，那就是善于创新的人有敏锐的观察力。因此，经常要保持敏感性，就像一只时刻保持警觉的猫一样，如果有一点蛛丝马迹，就要努力去捕捉。一次偶然的观察，导致一种新事物的诞生。这种情况在创新发明的历史上是很多的。

专栏 10-3　锯子是怎么出现的

传说，有一年鲁班接受了一项很大的任务——建筑一座大官殿。这需要很多木料，但是工程限期很紧。鲁班的徒弟们每天都上山砍伐木材，但是当时还没有锯子，只有用斧子砍，效率实在是太低了，徒弟们每天累得精疲力竭，可是木料还是远远不够，耽误了工程的进度。鲁班心里非常着急，就亲自上山察看。上山的时候，他偶尔拉了一把长在山上的一种野草，一下子手就被划破了。鲁班很奇怪，小小的一根草为什么这样锋利？他把草折下来细心观察，发现草的两边都长有许多小细齿，他的手就是被这些小齿划破的。鲁班想既然小草的齿可以划破我的手，那带有很多小齿的铁条应该可以锯断大树吧。于是，在他的想法加上金属工匠的帮助下，鲁班做出了世界上的第一把锯——一条带有许多小齿的铁条。他用这个简陋的锯去锯树，果然又快又省力，锯子就这样被发明出来了。

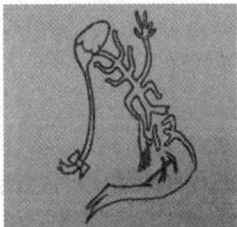

请观察左边图片中跳舞的小人是由什么成语组成的？

2. 想象力

创新离不开想象，想象犹如给创新插上了展翅高飞的翅膀。的确，通过想象与思索，可以消化各类信息，构成各种假设，酝酿解决方案。它往往孕育着新观念的突破，一旦时机成熟或受到某种"触发"启迪，就会激发创新的火花，使开放的思维获得清晰的线索、深刻的理解和可行的方案。

法国著名作家儒勒·凡尔纳所表现出来的惊人想象力，是许多人所熟知的。他在无线电尚未发明之前，已想到了电视，在距离莱特兄弟制成第一架飞机还有半个世纪之遥时，竟描绘出了直升机；甚至在其《月亮旅行记》中讲述了可以乘坐炮弹到月球去旅行的宇航壮举。古今中外的创新者借助想象的力量做出过不计其数的辉煌业绩。因此要注重开发自己的想象力，养成善于运用想象的习惯，当然更重要的是提高想象的品质。

3. 设计和动手的能力

创造性的想象最终要通过设计和动手来验证和实现。要学会将创新构思方案通过文字、图纸等形式表现出来。文字说明主要包括：该创新是怎样发现的、目的及基本思路；创新方案是怎样设计的，有什么特点；它的新颖性、先进性、实用性体现在什么地方；创新的结构情况及采用的材料或元器件；该创新还有哪些不足之处，打算如何改进等。而图纸有外观图、结构图、原理图等，画出的图纸不但要自己看得懂，更重要的是让别人也能看懂。最后，任何创新成果都必须以实物、模型的形式展示出来，无论构思如何新颖、独特、奇巧，也只能是一种设想，因为创新设计方案及图纸最终要通过做出的实物到实际中去检验是否可行。所以要注重培养自己的动手能力，这样进行创新来才能得心应手。平时，我们要不断练习使用各种工具使自己具备动手的技能。只动脑不动手是空想，只动手不动脑是机械。既会动脑又会动手，在动脑、动手的同时学会发现、创新，而不是简单的重复。这就是人类发展史上最有意义的行为——创新性劳动！

许多科学家、发明家都是以艰苦的实践通向成功之路的。爱迪生一生动手实验不停。在家时，地窖成了他的实验室；在火车上，吸烟室成了实验室；做电报员时，值班室又成了他的实验室。设计和动手使他把设想变成了现实。牛顿从小就喜欢各种手工，一有时间就动手搞制作，从制作小四轮到水车，从制作风车到有实用价值的水钟。特强的动手能力，使他在日后的实验研究工作中如虎添翼。达尔文捕捉昆虫，制作标本，加上分析概括，写成了《物种起源》。李时珍上山采药，品尝百草，加上提炼整理，写成了《本草纲目》。斯蒂芬逊擦洗机器，制作模型，加上推理想象，设计出第一台蒸汽机车。动手实践使他们创造出惊人的成就。

上述例子可以使我们认识到，要想将来成为创造性人才，就要自觉地培养自己的设计和动手能力。

二、妨碍创新的思维方式

创新能力的核心因素是创新思维，它是创新活动的灵魂，思维方式不同可以产生完全不同的结果。有些思维方式却阻碍了我们创造性地解决问题，这对于创新是非常不利的。我们要进行创新活动，首先必须突破这些妨碍我们创新的思维。影响大学生创新的思维方式主要有以下方面。

（一）习惯性思维方式

盲人怎样买剪刀？有一位聋哑人，想买几根钉子，就来到五金商店，对售货员做了这样一个手势：左手食指立在柜台上，右手握拳作出敲击的样子。售货员见状，先给他拿来一把锤子，聋哑人摇摇头。于是售货员就明白了，他想买的是钉子。聋哑人买好了钉子，刚走出商店，接着进来一位盲人。这位盲人想买一把剪刀，请问：盲人怎样做能以最简单的方式买到想要的东西？

习惯性思维方式是人们经常犯的一种错误，无论是古人还是现代人都不可避免会犯这种错误。因为习惯思维省时、省力，在某些时候能帮助我们用较少的时间和精力来完成一个任务，这在讲究效率的社会里，无异于用最小的投入，取得最大的产出，这自然是人们求之不得的。然而，利弊相成，习惯性思维也有其弊端。就像在上面的例子中，大家受到聋哑人买钉子时打手势的影响，习惯性地认为盲人买剪刀也做手势，反而忘了盲人可以说话。大家可以想一想在自己的日常生活中是不是也犯过类似的"错误"？

（二）直线型思维方式

人们在解决简单问题时只需用"一就是一，二就是二"或"A=B，B=C，则A=C"这样的直线型思维方式就可以奏效，因此在解决复杂问题时也常常容易如此思维，不从侧面、反面迂回地去思考问题，这也是阻碍我们发挥创新能力的一种思维方式。

专栏 10-4　诺曼底登陆

在第二次世界大战中，盟军进入欧洲战场是改变战争格局的关键。但是怎么登陆呢？当时盟军在三个可供选择的登陆地点中选中诺曼底后，却碰到了一个大难题：那里没有大型码头。但是要到敌人占领的对岸去建码头是一件几乎不可能完成的任务；如果更换登陆地点，那就得不到出人意料的效果，会因敌人早有防备勉强登陆而遭到重大损失。盟军方面的元帅将军们为此苦苦思索、大伤脑筋。正在一筹莫展时，美国的巴顿将军提出一个被视为异想天开的设想：既然到敌人占领的对岸去建码头有困难，为什么我们不能在这边把码头建好？再偷偷地搬过去呢？巴顿的办法是：造一些混凝土"箱子"，用潜水艇运到登陆地点，先完成水下部分，登陆时再突击完成水上部分。结果，采用这种方法，盟军在很短的时间内就建造了 10 余英里长的大型码头，可供十几万人的机械化部队登陆使用。而对岸的敌人——德国军队则按照直线型思维方式，认为盟军不会选择诺曼底登陆，即使选择在此登陆，短时间内也修建不了码头，根本预料不到盟军会采取这种办法在诺曼底登陆，所以被打得晕头转向、措手不及。诺曼底登陆的成功，被作为辉煌的战例载入了世界军事史册。

（三）权威型思维方式

我们在长期的学习、工作和生活中，逐渐形成了对权威的尊敬甚至崇拜。这是因为这些权威们或是领导、长辈、专家，经常被社会舆论作为有学问、有经验的人广为宣传，使他们有了很高的名望。尊重权威当然没有什么错，但一切都按照权威的意见办，既不敢怀疑权威的理论或观点，也不敢逾越权威半步，将会成为创新思维的极大障碍。

专栏 10-5　2+2=？

大哲学家罗素来中国讲学，听讲的基本上是研究部门的学者。罗素登上讲台，首先在黑板上写了一个题目：2 + 2 = ？然后，罗素诚恳地征求听讲者的答案。出人意料的是，台下一片寂静，没有一个人主动表示愿意回答。每一位听众都在心里暗暗琢磨：黑板上的题目肯定不是简单的数学题，大哲学家是不是要借此说明他新发现的哲学观点？尽管罗素诚恳地请求台下的听众将答案告诉他，但是，没有一个人愿意"贸然"地回答。不得已，罗素只好请一位先生来回答。谁知，这位先生竟然面红耳赤地说自己还没考虑成熟。最后，罗素坦然对台下的听众笑道："二加二就等于四嘛，这是一个很简单的计算题目呀！"罗素幽默地告诉了人们：过于崇拜权威会使人迷信，束缚自己独立思考的能力，扼杀自我的思想。

（四）从众型思维方式

从众心理就是不带头、不冒尖，一切都随大流的心理状态。有这种心理的人，有的是为了跟大伙保持一致而不被指责为"标新立异"、"哗众取宠"；有的是思想上的懒汉，认为跟着大家走错不了。实际生活中大多数人都可能因从众心理而陷入盲目性，明明稍加独立思考就能正确决策的事，偏偏要跟着大家走弯路，这就是从众型的思维方式。

阿希实验是研究从众现象的经典心理学实验，发现个体容易受到群体的影响而怀疑、改变自己的观点、判断和行为等，以和他人保持一致。人们为什么会从众呢？主要原因有两个。第一个原因是我们对规范的社会影响所做出的反应。遵循社会规范往往可以得到奖赏。第二个原因是我们对信息的社会影响所做出的反应。尊重规范并不是人们从众的唯一原因，人们从众还因为团体可以提供有价值的信息。当任务有难度时从众现象还会增加。由此可见，从众心理在很大程度上影响着一个人甚至是一个集体的正确判断能力。这也就是中国所谓的"人云亦云"吧。

专栏 10-6　天霸表涨价

20 世纪 80 年代末，我国机械手表行业竞争激烈，正当各厂家争相降价时，深圳的"天霸表"却没有跟随大流，反而反其道而行之，其价格从 120 多元上涨到 180 多元，而它的内在质量并无显著提高，只是在外形上作些改变，改变一次涨一次价。这种逆流而上的做法，反而在消费者心目中树立了"一分价钱一分货"的高品质形象。

（五）自我中心型思维方式

日常生活中我们常常可以看到，有些人特别固执，思考问题时以自我为中心，阻碍了创新思维。这些人有的还是很有能力的，做出过一些成绩，但他们从此就觉得自己了不起，不知道天外还有天，能人之上还有能人。我国民间就流传着这样一个故事。

专栏 10-7　张飞和诸葛亮比赛谁有力气

话说刘备三顾茅庐请来了诸葛亮，从此如鱼得水，有了依靠，对诸葛亮言听计从。张飞对此非常不服气。一心要和诸葛亮比试比试。于是，诸葛亮便面带微笑地说："三将军，你说你有力气，请问是一只鸡重呢，还是一根鸡毛重？"张飞答道："当然是鸡重。""那是重的东西扔得远，还是轻的东西扔得远呢？"诸葛亮又问。"那还用问，自然是轻的东西扔得远。""好，我来扔鸡，你来扔鸡毛，看谁扔得远。"张飞欣然同意，还认为自己占了个大便宜。结果惨败给了诸葛亮。张飞从此对诸葛亮佩服得五体投地。

除了上面讲到的五种影响创新能力的思维方式以外，还有什么其他的思维方式可能阻碍了我们进行创新？你觉得自己都存在哪些妨碍创新的思维方式？

上面讲的都是些常见的、多数人都可能出现的思维方式。还有一些思维方式也会影响我们的创新思维，在不同的人那里表现的程度不同，如书本型思维方式、自卑型思维方式、麻木型思维方式和偏执型思维方式等。

（1）书本型思维方式表现为一些人认为知识多的人必然有很强的创新能力，或者认为凡是书本上写的都是正确的。在这些错误认识的指导下，书上没有说的不敢做，书上说不能做的更不敢做，对读书比自己多的人说的话完全相信，一点也不敢怀疑，这极大地阻碍了人们去纠正前人的失误和探索新的领域，这就叫做书本型思维障碍。

（2）自卑型思维方式就是非常不自信，由于过去的失败或成绩较差，受到过别人的轻视，产生了自卑心理，在这种心理的支配下，不敢去做没有把握的事情，即使是走到了成功的边缘，也会觉得自己天生就不行而赶紧退了回来。

（3）麻木型思维方式的表现就是思维不敏感、不活跃。有这种思维障碍的人注意力不够集中，兴奋不起来，对生活、工作中的问题习以为常，特别是对细小但关键的问题不能够及时捕捉。他们往往认为自己的生活过去是平淡无奇的，今后也应当平淡无奇，不会有什么奇迹产生，在这种精神状态的支配下，对机遇没有思想准备，即使机遇走到他眼前了，也无动于衷。

（4）偏执型思维方式的表现有多种。这种思维方式的人有的颇为自信，但却爱钻牛角尖，明知这条路走不通，非要往前闯，直到碰得头破血流才罢休。有的喜欢跟别人唱对台戏，人家说东，他偏要往西，好赌气，白费很多力气。还有的抓住一点，不顾其余，也不管这是不是问题的关键，结果事倍功半，用很大力量才取得很小的成果。

如果你能冷静客观地分析自己是否存在影响创新的思维方式，思考产生的原因并有意识地克服它，就是一个了不起的进步和创新思维的开始。

第二节 大学生创新能力提升

人类个体其实从很小开始就具有了创新能力，几乎任何孩童都能在事先没有安排的情况下即兴创作一支歌、一个故事、一幅画或一个游戏。创新在人们的生活中无所不在。同时，我们可以通过种种心理训练来提高自己的创新思维和创新技能。

一、提升创新思维

在第一节中我们已经了解到创新思维是创新能力的核心因素，我们每一个人都有创新思维，但是常常被常规性的思维占据了主导地位，创新思维被埋没了，所以创新能力发挥不出来。提升创新思维是创新能力培养的中心任务。我们可以尝试通过以下四种心理训练方法来提升创新思维。

（一）水平思考的训练方法

"水平思考"这个名词是由心理学大师爱德华·德博诺（Edward De Bono）所创。他很早就指出，人类有两种非常不一样的思考模式："水平思考"（lateral thinking）和"垂直思考"（vertical thinking），也有人将这两种思考模式翻译为"横向思考"与"纵向思考"。

如表10-2简单地说明了两者的区别:

表10-2　水平思考和垂直思考的区别

垂直思考	水平思考
收敛式思考	发散式思考
逻辑思考	非逻辑思考
分析、辨别的思考	综合、直观的思考
单向、线性的思考	多向、动态的思考
主要是意识层次的运作	涉及潜意识层次的运作

老师拿起一块砖头问学生"这块砖头可以做什么用？"然后大家就海阔天空地想，提出各种可能的用途，不做太多判断，想到任何用途就提出来，不管这个用途好或不好、可行或不可行，也不批评别人所提出来的任何想法，要全盘接受别人的任何奇特想法，甚至乍看和问题不怎么相干的想法。例如，如果有人回答说"砖块可以用来梳头发"，也不要认为太过匪夷所思。

这是一个典型的"水平思考"活动，也是提高创新思维的第一种心理训练。这个活动一方面可以促进人的联想力，也可以练习从各种不同的角度来看待一个常见的物品。通过这个练习，我们会发现，原来任何一个物品都不是像我们习以为常的那般僵硬，而是潜藏着无数的可能性、无数的可能用途、无数的特性。水平思考的主要特性就是毫无拘束、海阔天空、天马行空地自由联想、自由跳跃，无需讲求道理或逻辑，只要想到就好，不要问为什么会想到这个或那个，也不要问想到的点子好不好。

在创造发明界，有一个非常重要也非常有名的方法——"头脑风暴"（brainstorming，奥斯朋，1964），其所应用的基本原理也正是水平思考。尤其是在团体的头脑风暴活动中，鼓励团体成员从别人的想法中又联想出其他的想法，由此可以产生大量的想法，把水平思考发挥到极致。

训练10-1　你来我往

活动目的：通过相互竞争的方式，增进思维的流畅性。

活动时间：10分钟。

活动方法：教师把全部学生分成两组，教师请学生想四个字且第一个字是"人"的成语（如：人山人海）。并请想到的学生举手，教师轮流点两组学生中举手的人讲出想到的成语，别人已经说过的成语不能再说。两组一来一往轮流说出，直到某一组学生说不出成语，而另一组仍然可以说出，则说出成语多的这一小组获胜得一分。教师再提出其他四字成语的条件，用同样的方式进行，例如：

（1）含有"一"的四字成语（如：一心一意，九牛一毛）。

（2）第一及第三个字一样的四字成语（如：人山人海，不明不白）。

（3）含有两种动物名称的四字成语（如：虎头蛇尾）。

（4）含有花名的四字成语（如：人面桃花，出水芙蓉）。

（5）含有至少两个数字（限用一到十的数字）的四字成语（如：不三不四，七上八下）。

注意事项：也可以将此活动做一些修改，改为成语接龙的形式，如第一个人先提出一个四字成语，下一个人则使用前一个人的成语的最后一个字作为开头，想出一个四字成语。活动规则可以使用"同音异字"或"同音同字"，只要事先规定好就行。

训练 10-2　脑筋急转弯

活动目的：让学生练习用不同寻常的答案来回答不寻常的问题，提升思维的灵活性。

活动时间：20 分钟。

活动方法：教师依次提出下列各种问题，请学生想各种可能的答案。强调没有一个标准答案，但是可以鼓励学生提出不同寻常的答案。

（1）有一个人家里装了电扇，可是夏天时，即使天气很热，他却仍不开电扇，为什么？

（2）有一个人家里有一个衣柜，里面满满的衣服，可是每天出门时却经常抱怨没有衣服穿，为什么？

（3）有一个大学生，天天在宿舍里练习唱歌，他的室友却没有人抱怨，为什么？

（4）一只黑羊和一只白羊在独木桥的中间相遇，没有吵架、没有掉到水里，两只羊安然无事地走过桥，为什么？

注意事项：一个问题结束后，教师可以请学生说说他们觉得哪些答案很有趣，哪些答案很有创意，但是不要说哪一个是标准答案。一般的"脑筋急转弯"游戏都有一个标准答案，但是此处教师要强调没有标准答案，这样才能鼓励学生尽量去想各种可能的答案。当然，在学生的答案中，有些可能显得比较好玩、奇特，有些则可能显得比较平淡、无趣，但是不能说哪一个答案是错的答案。这个活动的主要目的是要鼓励学生尽量脱离刻板印象，异想天开，以便让水平思考充分运转。所以，如果学生的答案很平常，教师也不要加以判断或否定。

（二）比喻的训练方法

提高创新思维的第二种心理训练方法是"比喻"。例如，我们可以用下列方式来描述"飞机"：

飞机是现代人的脚。

飞机是一个可以在空中移动的房子。

飞机是省力的交通工具。

飞机像天上飞的鸟。

在这些描述中，有些是用"飞机是……"的句法，有些是用"飞机像……"的句法。前一个是暗喻，后一个是明喻。在这个活动中，我们可以把同一个现象灵活地看成各种不同的事物，而每一个"看成"都是一个比喻。事实上，比喻是一种非常基本且普遍的思考活动。

人类的比喻性思考可以从人类使用语言的方式来加以理解，并从中找到证据。最明显的例子就是许多"明喻"的表达用语，例如："教师好比园丁"、"文化像有机体"、"书本就如面包，给予我们营养"、"这种天气，就像是身上披了一床湿棉被"。这一类都是很明显地用"像"、"好比"、"如"等字眼来联结两个概念，并凸显出两个概念之间的类似之处。另一方面，有时人们喜欢用"暗喻"的方式来表达，不用"像"、"好似"、"如"等字眼，而用"是"或"即"来联结两个概念。例如，"老师是园丁"、"文化即有机体"。

还有一些用语的比喻手法比"暗喻"更不明显。许多日常用语都是来自比喻，也通过比喻来让我们掌握其意义，但是由于使用频繁，我们反而不容易发现它们原来的比喻性手法。例如，"目标"这个概念是从射箭比喻过来；"基础"这个概念是从房子的地基比喻而来；"山脚、山顶、山腰"这三个概念乃是把山比喻成一个人。这一类的用语在我们的语言中比比皆是。

在创新活动中，我们经常要使用比喻来产生创意，这种情形叫做"借喻"。例如，人类自古以来就经常梦想可以像"鸟"一样在天上飞行，这是一种把自己看成鸟的比喻性思考。许多古时候的发明家也的确是从这个比喻出发，大胆地尝试设计各种像鸟一样的翅膀，从高处往下飞跃。鲁班发明锯子是从草叶锐利的锯齿状边缘借喻来的灵感；潜水艇的潜水原理与灵感则是从"鱼漂"借喻而来；推送人造卫星或太空飞船上天的火箭则是从中国古时的"冲天炮"借喻过来的。这些例子都说明了人类可以从旧的概念或观念来看待新的状况，也是借喻产生创新的典型例子。

训练 10-3　人物类比

活动目的：用具体的物品来练习做人的比拟，训练学生的想象力与比喻的能力，同时也可以让学生了解到人的确非常复杂，具有许多不同的层面。

道具准备：物品名称。

活动时间：15 分钟。

活动方法：教师举例说明日常生活中，我们会用某种物品来比拟人的各种特性或情境，例如：

（1）当我们说一个人很"油条"，是比喻说这个人很老练、取巧、狡猾。

（2）当我们说一个人当"电灯泡"，是用来比喻说这个人在另外两个人约会时在旁边成为他们的累赘。

（3）当我们说一个人很"木头"，是指他很不解风情，对别人的感情没有知觉。

教师以"卫生纸"为例，说明我们可以用"卫生纸"比喻各种人（有很多的可能性），如下所示：

（1）指在一个团体里地位无足轻重，但是却又少不了他们的人。

（2）指身心都很纯洁的人。

（3）指姿态很低，肯做非常低微的事的人。

（4）指被人利用完就被抛弃的人。

教师随意指定一些具体物品（例如，石头、吸管、衣服、闪电、猫、鲸鱼或任何在教室里刚好看到的物品），针对每一样物品，请学生想一想，我们会把什么样的人比拟为这个物品。教师抽点一些学生分享他们的比拟，也让一些自愿者提出他们的想法，教师可以略为表决一下，看看大家最喜欢哪一个比拟。

注意事项：教师应该在活动之前规定，不能拿特殊对象或班上的同学来比拟，应以最概括的人为比拟的对象，以免学生指名道姓地比拟班上某一位同学，而那位同学却讨厌这样的比拟，可能会造成负面的攻击与情绪反应。这个活动除了在大团体里练习之外，也可以在小团体（四至五人）练习。由每一个人轮流指定一种物品，然后每一个人都想一种比拟的角度。等每一个人都想出一个比喻后，再一一分享。分享之后也可以略作讨论，看看哪一个比拟最有意思、最传神或最有趣。

训练 10-4 未完成图

活动目的： 加强练习"看成"的想象力，并增进思考的流畅性。

道具准备： 笔。

活动时间： 15分钟。

活动方法： 在下面，有各种"未完成图"。请你在每一个图形上画上一些线条，使它变成有趣的东西或图画。请在图形下方写出几个字说明该图的意义。请用最流畅的方式，想到什么就画下去，尽量少作判断。

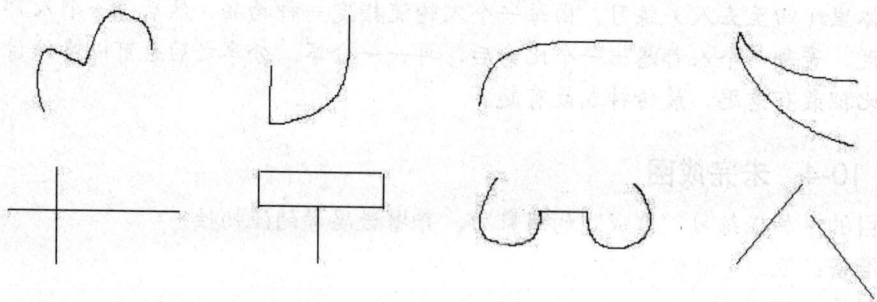

注意事项：此活动主要在促进"看成"的想象力，也就是比喻的能力。这个活动同时也可以训练"水平思考"的流畅性，因为在完成这个活动的过程中，需要从各种可能的角度来看待这些"未完成图"。

（三）重组与结合的训练方法

提升创新思维的第三种心理训练是"重组与结合"。我们先来看一个简单的"重组与结合"活动。下面是几个非常简单的"图形要素"，我们可以运用这四个"图形要素"来设计各种花边图案，如下图所示：

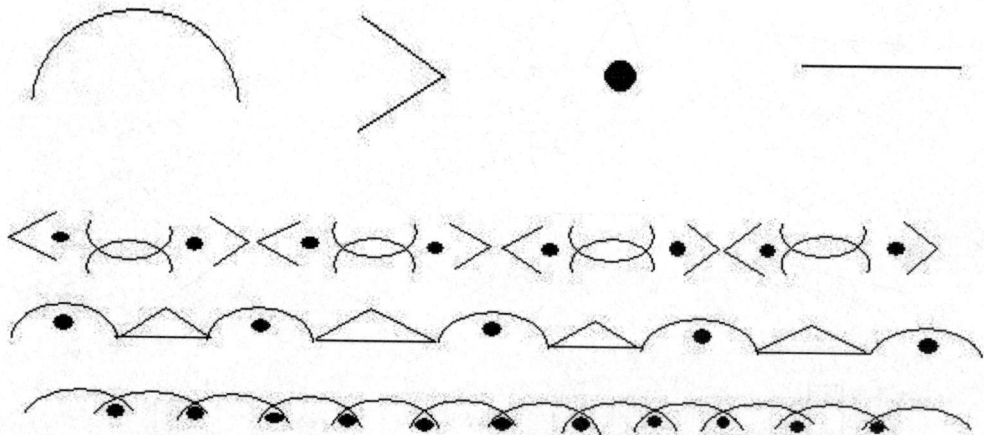

虽然只运用四个简单的图形要素，但是却可以设计出变化无穷的花边图案。这个活动是典型的"重组与结合"的例子，而且也可以说明一个非常简单但是非常重要的现象：我们可以运用有限的要素来形成无数的可能组合。

"重组"与"结合"这两个概念虽然很相近，但是意义不太一样。所谓"重组"，乃是运用旧有的要素，重新组合为新的排列、新的结构。例如当我们在设计海报时，可以同样的海报内容（含图片和文字）做出各种不一样的排列与构图布局，从而得到不同的设计初稿；当我们在进行一项室内设计工作时，在同一个室内空间，我们可以把同样的家具与设计要素摆在不同的位置，得到各种不同的室内设计规划方案，这些都是利用"重组"的技巧来产生创新。而"结合"则是把两个或两个以上本来不相关的概念关联起来，结果产生了新的组织与结构。例如，我们可以把"马桶"和"体重计"这两个概念结合起来，设计一种"马桶式体重计"，当一个人在使用马桶时，也能够同时测量他的体重；把橡皮擦和铅笔这两个概念组合，结果就发明了带着橡皮擦的铅笔；把刀子、钻子、起子、剪刀等小工具结合而设计成的"瑞士军刀"；把"录音机"和"走动"这两个概念结合起来，设计了"随身听"。这些都是有名的例子。

在创新思维的过程中，我们经常通过"重组"或"结合"来产生大量的创意。在有关创造发明的书籍中有这样一句名言："日光之下无新物"（奥斯朋，1964）。其实，这句话的意义是：一个创新的"成分"往往并没有什么新鲜之处，但是一个创新之所以成为创新是由于把旧有想法用新的方式来重组或结合。

训练 10-5　人地事物造句法

活动目的：练习简单的文字组合，通过重组的方式训练创新思维。

道具准备：纸、笔。

活动时间：20 分钟。

活动方法：教师发给全班学生每人两张纸条，并把全班学生概略分成三组。教师请第一组学生在一张纸条上写下一个地点（例如，教室、食堂等），请第二组学生在一张纸条上写下一件事情（例如，游泳、散步等），第三组学生在一张纸条上写下一个物品（例如，石头、沙发等）。教师把纸条分别收起来，各放一堆。教师请全班同学在另一张纸条上写下自己的姓名，并收起来，放在另一堆。教师依次从四堆纸条（姓名、地点、事情、物品）中各抽一张纸条。被抽到的学生必须造一个句子，包含自己的姓名、地点、事情、物品。

训练 10-6　数字的合成

活动目的：练习数字与运算符号的组合，通过重组的方式训练创新思维。

道具准备：扑克牌、纸、笔。

活动时间：15 分钟。

活动方法：教师使用一叠大约 20 张的扑克牌（只含一到九的数字），每一张后面都粘了一个小磁针。教师先任意从中抽出五张扑克牌（例如，8，3，8，1，6），这些称为"元数"，并将它们吸贴在黑板的左边，然后再抽一张扑克牌（例如 3），它称为"合成数"，将它吸贴在黑板的右边。请学生运用加减乘除的运算，把左边五个数字转化成右边的合成数。例如：

（1）$(6-3) \times 1 + 8 - 8 = 3$

（2）$6/(3-1) + 8 - 8 = 3$

（3）$8 - (3 \times 8)/6 - 1 = 3$

在一段时间后，教师询问谁想出最多种不同的组合方式，并请他把想出来的解法写在黑板上。依照同样的方式，教师另行抽出五张"元数"和一张"合成数"，然后请学生想出各种组合方式，并请想出最多组合方式的学生写在黑板上与大家分享。

（四）延后判断的训练方法

在许多创新活动中，"产生创意"通常是我们的一项重要目标，而且是要得到有价值、高品质或能解决问题的创意。然而，在创新活动的初期，我们所关心的是创意的数量，而不是创意的品质。也就是说，当我们在追求创意的数量时，先不要加入太多判断，以便激发大量创意。其实，所谓的"延后判断"是一种心理习惯。我们知道，一般考试都有所谓的"标准答案"，因此一般人在接受了长期的学校教育之后，很自然地就养成了"立即判断"的习惯。也就是说当我们心中冒出一个想法时，我们会自然而然地立即判断这个想法好不好、对不对、能不能接受。这种习惯一旦养成，要打破它很不容易，对创新思维也会造成一定程度的阻碍作用。因此，当我们在追求创意的数量时，要不断提醒自己不要太早作判断，一直到养成习惯为止。

在运用前面介绍的三种发展创新思维的心理训练方法时，都要运用延后判断，才能产生大量的创新。因此，在此部分的活动训练中，也要同时运用前文介绍的"水平思考"、"比喻"或"重组与结合"。

需要注意的是，"延后判断"并不等于"不要判断"。也就是说，在创新活动的初级阶段——追求大量创意时，我们只是暂时不要判断创意的好坏与价值，等到获得一定数量的创意时，再来判断与选择创意，这样可以让一些创意有机会进一步演变成好的创意。

训练 10-7　异想天开

活动目的：鼓励大家在回答问题时天马行空地、自由地发散性思考，培养延后判断的习惯。

道具准备：生活上的问题。

活动时间：15 分钟。

活动方法：教师提出一个生活上的问题，如：

（1）现代都市停车位不足；

（2）现代社会垃圾太多，垃圾场不足。

一个问题结束后再换另外一个问题，直到规定时间为止。

注意事项：教师鼓励学生提出各种异想天开的想法来解决这个问题。教师应特别强调，只要想到任何想法就提出来，任何异想天开的想法都可以，不要做太多判断。

训练 10-8　胡言乱语

活动目的：通过假装讲一门完全不会的语言，培养大家延后判断的习惯。

活动时间：15 分钟。

活动方法：教师说明：我们现在来演戏，但是我们演戏时要使用"坦桑尼亚语"。当然，我们都不会讲坦桑尼亚话，所以我们就假装在讲一种大家都听不懂的话。讲的时候不要做任何判断，只要胡言乱语就好，不需要讲有意义的声音。两个人像在对话就好，至于对话的内容完全不用管。教师抽一位学生先与自己示范如何假装讲坦桑尼亚话，俩人进行一段假装的对话。教师示范之后，开始请其他同学来进行练习，每次请两位学生来练习，直到每个人都有机会练习到为止，或根据时间的许可来决定让多少人练习。

注意事项：这个活动的趣味性很高，通常会全班哄堂大笑，但是这个活动对于培养"延后判断"的效果很好。此处所谓的"延后判断"其实甚至是"不要判断"，也就是不要管讲什么，只要随便发出一些声音就好，不要判断自己讲出来的声音好不好听、像不像语言、有没有意义、会不会被别人笑等。开始时可能因为放不开，连一句话都无法讲出来，其实是因为在心里做了太多的判断和节制。有人不知道要讲什么，开不了口；有的人对于自己不知道在讲什么总觉得很尴尬；有的人害怕被笑、害怕自己讲得不像等。总之，有的人讲起来很简单，有的人就觉得很困难，关键在于做了太多的"判断"。如果有的学生完全讲不出来，不要勉强，可以再抽一些其他人来试试，直到有一些人做到了，就可以慢慢带动气氛，让越来越多的人放开来练习。

二、提升创新技能

在第一节中我们已经了解到创新技能包括观察力、想象力、设计和动手的能力。我们可以通过一些心理训练方法提高这些创新技能。

（一）提升观察力

观察力说到底，就是对一件事物的留心程度，对你身边的每一个人或者事都要细心地去看、去思考，无论它是多么的常见与平凡，重在区分它们之间的异同点，不仅是观察新的事物。提高观察能力的首要，还是要从我们身边做起。在看一个事物时，除了仔细地去看之外，还要从多个角度去思考，为什么这个事物是这么回事，它优先于普通同样的其他事物的地方在哪，不要忽视任何一件小事，往往小事的背后隐藏着很大的秘密，如果我们不仔细地观察，也许就将这个秘密永远地隐藏了。提高观察力的方式有很多，比如面对一棵树，你可以观察它落下的树叶的数量，以及树叶的大小、颜色；还有是新叶先掉，还是黄叶先掉，是叶面向下的数量多，还是叶面向上的数量多，每天都去观察，是否树叶的数量在增加等。观察，也是需要坚持的，需要长期地做。更需要观察的时候，尽力地去思考。

训练 10-9 找出正确的图

活动目的： 对一系列图形进行观察，思考其中存在的规律，从而训练自己的观察力。
活动时间： 5分钟。
活动方法： 在下列标有英文字母的六个图形中，选择一个正确的图形填入空缺的位置。

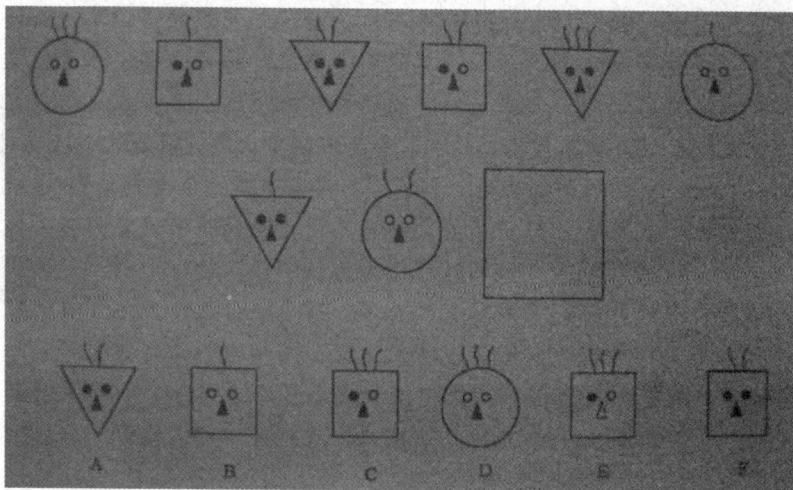

训练 10-10 找不同

活动目的：仔细观察两幅图，找出不同的几个地方，从而训练自己的观察力。

活动时间：5 分钟。

活动方法：仔细观察下面的两幅图片，找找有几处不同之处？

（二）提升想象力

人能在过去认识的基础上，去构成没有经历过的事物和形象的能力就叫想象力。想象力是人类创新的源泉，想象力的魅力在于它可以将你带入一个虚拟世界，实现现实生活中不可能实现的梦想。想象力可以使你享受快乐、享受惊奇、享受自由、享受现实生活中少有的感受。在创新活动中，你运用你的想象力去创造你希望去实现的一件事物的清晰形象，接着你继续不断地把注意力集中在这个思想或画面上，给予它以肯定性的能量，直到最后它成为客观的现实。人类拥有想象力是我们人类比其他物种优秀的根本原因。因为有想象力，我们才能创造发明，发现新的事物定理。如果没有想象力我们人类将不会有任何发展与进步。爱因斯坦之所以能发现相对论，就是因为他能经常保持童真的想象力。牛顿能从苹果落地，而想象到万有引力这一个科学的重大发现也是因为有了想象力。

训练 10-11　故事接龙

活动目的：通过续接故事情节的方式，练习自由想象的能力。

活动时间：20 分钟。

活动方法：教师指定安排全部学生接龙的顺序。教师起个故事的头，然后由第一位学生把故事接下去说，每人说二至三句故事情节。然后按照事先指定的顺序一直接下去。任何人都可以自行决定把故事结束，或者让故事继续发展下去。如果有人把故事结束，就由下一位学生另外随便说个故事头，然后继续接下去。

注意事项：这个活动的趣味性很高，故事的演变也经常会非常曲折离奇，令人惊奇连连。然而，不同的学生对于这个活动的难易度感受差异很大，尤其是在活动开始时。有些人可能觉得很简单，有些学生则觉得很难接。由于这个活动的主要目的是要练习自由想象的能力，因此教师要鼓励学生只管大胆说自己想说的情节，任何情节都可以，不要管后面会如何发展，不要管接得好不好。

（三）提升设计和动手的能力

一位在德国学习的中国留学生曾经写信给国内的某家报纸，呼吁要注意培养中国学生的动手能力。他在学习过程中发现中国学生很会用脑，智商也是高的，这是外国人普遍承认的，但中国学生的动手能力普遍比较差，这是由长期受到不注意手脑并用的传统教育方法造成的。诺贝尔奖获得者华裔科学家丁肇中教授说："在中国部分人中存在着不愿动手的落后思想。"我国的中学生在参加国际中学生奥林匹克物理竞赛时，取得的笔试成绩总是优异的，但实验能力却比别国的学生差多了。设计和动手是要把想象变成现实，是创新过程中的重要环节，设计和动手能力不是一朝一夕就能提高的，需要一个积累的过程，要不断地想、不断地动。

训练 10-12　强迫组合设计新产品

活动目的：把看起来完全不相干的两种物品加以组合，设计出一个新的产品，从而达到训练设计能力的目的。

道具准备：纸、笔。

活动时间：20 分钟。

活动方法：教师发给每位学生一张纸条，请学生在纸条上写一个物品名称。教师从这些纸条中随机抽两张（例如，椅子、眼镜），教师先示范如何结合这两个物品，设计数个新产品，例如：

（1）一种造型像一副眼镜的椅子，椅子的座位就是镜片的部分，椅子的脚就是眼镜架子。

（2）一种小小的"眼镜椅"，可以放在桌上，作为放置眼镜的架子。

（3）一种折叠式的椅子。具有类似眼镜的结构，可以像收眼镜一般折叠起来。

教师再度随机抽两张纸条，请学生把这两个物品结合起来，看看能不能产生一些新产品的构思，学生把构思写在纸上或简单画在纸上。每位学生至少想出两种以上的创意。教师抽一些学生起来分享，也可以鼓励学生自愿起来分享自己想到的构想。教师再抽两个物品，再做一次。依照同样方式反复练习几次。

注意事项： 这个活动的前提是，教师要能先示范如何产生新产品的构想，因而激发学生的设计潜力。刚开始时，学生可能不知如何下手，教师可以给予如下的提示：

（1）你可以设计一种产品，具有"甲物品"的功能，但是具有"乙物品"的结构。
（2）你可以设计一种产品，具有"甲物品"的结构，但是具有"乙物品"的功能。
（3）你可以设计一种产品，兼具"甲物品"和"乙物品"的功能。
（4）你可以设计一种产品，兼具"甲物品"和"乙物品"的结构。

训练 10-13　有限材料的应用

活动目的： 运用一些原材料进行设计、加工，最后制作出实物，从而达到提高设计和动手能力的目的。

道具准备： 纸杯、吸管、硬纸板、橡皮筋、透明胶带。

活动时间： 30 分钟。

活动方法： 教师把全班学生分组，每组约五人。教师发给每组学生下列材料：纸杯两个、吸管五支、硬纸板一片、橡皮筋十条、一卷透明胶带。请各组学生在 20 分钟内运用这些材料组合成具有某种功能的物品或设计成造型艺术品。最后请各组同学分享自己的成品。

本章提要

1. 创新（innovation）能力是一个人（或群体）通过创新活动、创新行为而获得创新成果的能力，是一个人在创新活动中所具有的提出问题、分析问题和解决问题这三种能力的总和。创新能力主要由创新思维、创新个性品质、创新技能和方法三部分构成。

2. 创新思维是不受现成的、常规的思路的约束，寻求对问题的全新的、独特性的解答和方法的思维过程，是产生新思想、新概念的思维，它是创新能力的核心因素。发散思维（divergent thinking）是创新思维的最主要的部分，具有：流畅性（fluency）、灵活性（flexibility）、独创性（originality）三个主要特点。

3. 创新所需的个性品质包括：（1）保持热情、不言放弃；（2）充满好奇；（3）敢于挑战权威。

4. 创新所需的技能和方法包括：（1）观察力；（2）想象力；（3）设计和动手的能力。

5. 影响大学生创新的思维方式主要有：（1）习惯性思维方式；（2）直线型思维方式；（3）权威型思维方式；（4）从众型思维方式；（5）自我中心型思维方式等。

复习思考题

1. 你了解什么是创新能力吗？你的创新能力如何？
2. 你认为自身存在哪些影响自己创新的思维方式？请举例说明。
3. 可以通过哪些创新训练方法提升一个人的创新能力？

拓展训练

一、必练

1. 你认为本章最重要的知识点和实践策略有：

_____

_____

_____

_____

_____ 。

2. 通过本次课程的学习，我发现自己在创新方面的长处是： _____

_____ 。

存在的不足是： _____

_____ 。

3. 通过本节课的学习，请你针对创新方面的某一个问题，设计一个训练方案。

_____

_____

_____

_____

_____

_____ 。

二、选练

1. 姓名大会串

设计理念：通过文字组合的练习融入水平思考、比喻和想象、重组与结合、延后判断等创新能力的训练方法，提高参与者的创新意识和创新能力。

活动形式：团体练习或个人练习。

活动过程：

（1）教师把学生分成每三人一组，每组同学共同构思与讨论，运用班上同学的名字来编一个故事。故事中必须使用到全班每一位同学的名字，而且必须用正确的名字，不可以用同音字。故事中可以不需要使用姓，但是如果需要，也可以把姓用进去。

（2）教师可以建议如下的创作过程，也可以让学生采用自己的方法：先把全班姓名都写下来，然后针对每一个姓名，做自由联想，造一些可能的句子。然后寻找这些句子之间可能的关联，然后逐一把这些句子用在故事之中，每使用一个名字，就划掉一个名字，直到用完所有名字，并完成故事。当然，在组合的过程中，要根据上下文不断调整句子的用词遣句。

（3）各组学生完成创作之后，由各组推派一人报告分享自己组的作品。

补充说明：

（1）这个活动如果使用全班同学的姓名可能要花很多时间，难度也比较高。因此，可以改成只使用一部分学生的名字。教师可以把全班学生分成约三组，每组约十位学生。每组同学每人独立创作一个故事，每个故事只要包含同组内十位学生的名字就可以。

（2）这个活动也可以改成个人进行，每位学生创作一个故事。

2. 创新能力测试

大家一定想了解自己的创新能力究竟如何。我们可以通过一些测试来对自己的创新能力水平进行一个相对客观的测量。请按照要求完成下面的测试。

测试要求：根据本人的实际情况或对下列句子中所陈述观点的态度，选择相应的字母。非常符合或高度赞同选 A；符合或同意选 B；中间态度或说不准、不知道选 C；不符合或反对选 D；非常不符合或坚决反对选 E。答案没有对错之分，只需要根据你自己的实际情况回答即可。

测试时间：10 分钟。

测试内容：

（1）解决问题时，我有把握认为自己是按正确步骤工作的。

（2）如果无望得到回答，提出问题就是浪费时间。

（3）有条不紊地逐步进行是解决问题的最好方法。

（4）我有时在集体内发表一些令人扫兴的意见。

（5）我花费较多时间考虑别人对自己的看法。

（6）我认为自己会对人类作出特殊贡献。

（7）做自己认为正确的事比努力争取别人赞同更重要。

（8）看上去做事无把握、缺乏自信心的人得不到我的尊重。

（9）我能长时间地埋头钻研一个难题而不管别的事。

（10）我偶尔对某个问题变得过于热心。

（11）我常在不具体做什么事时想出好的主意。

（12）解决问题过程中，我总是凭直觉去干。

（13）分析问题时我干得较快，而综合所获信息时干得较慢。

（14）我有收集的嗜好。

（15）幻想为我执行重要的计划提供动力。

（16）如果在两种职业中选择，我愿当秘书，不愿当推销员。

（17）和职业、社会地位大致相同的人在一起，我会相处得好些。

（18）我有高度的审美力。

（19）直觉不是解决问题的可靠向导。

（20）与其热衷于向别人介绍新思想，不如致力于拿出新思想。

（21）我往往回避自己不如别人的场合。

（22）在估价信息时，它的来源比它的内容更重要。

（23）我喜欢遵循"先工作后享乐"规则的人。

（24）自尊比受别人尊重更重要。

（25）追求尽善尽美的人是不明智的。

（26）我喜欢能从中影响他人的工作。

（27）有序化是自然与社会的理想法则。

（28）喜欢胡思乱想的人是不实际的。

（29）即使是没有效用的新想法，我也愿意去想。

（30）当某个解决问题的方法行不通时，我就迅速改变思路。

（31）我不愿提出显得无知的问题。

（32）我可以为了从事某种令人羡慕的职业而改变自己的爱好。

（33）问题无法解决往往是因为问题本身有错误。

（34）我经常能预感到解决问题的办法。

（35）分析失败是浪费时间。

（36）思路清晰时不必要借用隐喻和类比。

（37）我欣赏反对自己的人的妙主意，并希望他为此取得成功。

（38）隐约感受到了一个有意义的问题，我就愿着手去解决它。

（39）我常常忘掉人名、地名、街道名等小事。

（40）勤奋是成功的基础。

（41）被别人看成集体中的好成员是很重要的。

（42）我知道怎样控制自己的内心活动。

（43）我是个可靠而责任心强的人。

（44）我反对干事情无把握、不可预见。

（45）我宁愿和集体共同努力而不愿意单枪匹马地干。

（46）许多人不成功的原因在于对事情过于认真。

（47）我常被要解决的问题所困扰，却又无法撒手不管。

（48）为了达到自己设置的理想目标，我可以放弃部分眼前利益。

（49）假如我是大学教授，我喜欢教动手性强的实验，不喜欢教高深的理论问题。

（50）我时常为悬而未决的生命之谜所吸引。

参考答案：

题	A	B	C	D	E	题	A	B	C	D	E
(1)	−2	−1	0	+1	+2	(26)	−2	−1	0	+1	+2
(2)	−2	−1	0	+1	+2	(27)	−2	−1	0	+1	+2
(3)	−2	−1	0	+1	+2	(28)	−2	−1	0	+1	+2
(4)	+2	+1	0	−1	−2	(29)	+2	+1	0	−1	−2
(5)	−2	−1	0	+1	+2	(30)	+2	+1	0	−1	−2
(6)	+2	+1	0	−1	−2	(31)	−2	−1	0	+1	+2
(7)	+2	+1	0	−1	−2	(32)	−2	−1	0	+1	+2
(8)	−2	−1	0	+1	+2	(33)	+2	+1	0	−1	−2
(9)	+2	+1	0	−1	−2	(34)	+2	+1	0	−1	−2
(10)	+2	+1	0	−1	−2	(35)	−2	−1	0	+1	+2
(11)	+2	+1	0	−1	−2	(36)	−2	−1	0	+1	+2
(12)	+2	+1	0	−1	−2	(37)	+2	+1	0	−1	−2
(13)	−2	−1	0	+1	+2	(38)	+2	+1	0	−1	−2
(14)	−2	−1	0	+1	+2	(39)	+2	+1	0	−1	−2
(15)	+2	+1	0	−1	−2	(40)	+2	+1	0	−1	−2
(16)	−2	−1	0	+1	+2	(41)	−2	−1	0	+1	+2
(17)	−2	−1	0	+1	+2	(42)	−2	−1	0	+1	+2
(18)	+2	+1	0	−1	−2	(43)	−2	−1	0	+1	+2
(19)	−2	−1	0	+1	+2	(44)	−2	−1	0	+1	+2
(20)	+2	+1	0	−1	−2	(45)	−2	−1	0	+1	+2
(21)	−2	−1	0	+1	+2	(46)	+2	+1	0	−1	−2
(22)	−2	−1	0	+1	+2	(47)	+2	+1	0	−1	−2
(23)	−2	−1	0	+1	+2	(48)	+2	+1	0	−1	−2
(24)	+2	+1	0	−1	−2	(49)	−2	−1	0	+1	+2
(25)	−2	−1	0	+1	+2	(50)	+2	+1	0	−1	−2

测试结果评价：每题得分情况如上表所示。根据本人答案选择情况得分并累计总分。总分与创新能力关系如下。

    80～100分   创新能力很强
    60～79分   创新能力较强
    40～59分   创新能力一般
    20～39分   创新能力较弱
    −100～19分   创新能力极弱

推荐阅读

1. 米哈里·希斯赞特米哈伊著，黄珏苹译：《创造力：心流与创新心理学》。浙江人民出版社 2015 年出版。本书是"心流之父"、积极心理学大师希斯赞特米哈伊历时 30 年潜心研究的经典之作。他访谈了包括 14 位诺贝尔奖得主在内的 91 名创新者，分析他们的人格特征，以及他们在创新过程中的"心流"体验，总结出创造力产生的运作方式，提出了令每个人的生活变得丰富而充盈的实用建议。作者认为创造力并不是凭空产生，它来自构成系统的三个要素之间的互动。这三个要素分别是：包含符号规则的文化、给某个领域带来创新的人，以及该领域中被认可、能证实创新的专家。对于创造力的观点、产品或发现，这三者都必不可少。一个人看起来很有个人"创造力"并不能成为决定他是否有创造力的条件，重要的是他创造的新奇事物是否被一个领域所接纳，这也许是机会、毅力或天地地利相结合的结果。富有创造力的人之间彼此千差万别，但他们有一点是相同的：他们都非常喜欢自己做的事情。他们通过从事费力、有风险且困难的活动扩展自己的能力，从中体会到"心流"（flow）。

2. 约翰·梅迪纳著，杨光、冯立岩译：《让大脑自由：释放天赋的 12 条定律》。浙江人民出版社 2015 年出版。为什么在智商相若的情况下，有的人出类拔萃，有的人却寂寂无名？男人和女人的大脑思考机制有何不同？睡眠和压力对人脑有着怎样的影响？是大脑的差异决定了每个人的独特性吗？约翰·梅迪纳教授归纳出 12 条大脑定律，用专业的态度和幽默的文笔告诉你，在职场、家庭、学校中，你的大脑如何工作，如何让大脑更好地为你工作。本书的观点和论据都是基于约翰·梅迪纳教授多年来的专业研究成果。作为西雅图太平洋大学脑应用研究中心主任，约翰·梅迪纳教授在长期研究的基础上，深入浅出地阐释了大脑的工作机理，并为读者提供了如何更高效地利用大脑，进而释放大脑潜力的具体方法，翻开本书将为你开启一段充满惊喜的旅程。

参考文献

[1] 乔纳·莱勒著. 华小小编，简学、邓雷群译. 想象：创造力的艺术与科学 [M]. 杭州：浙江人民出版社，2014.

[2] 米哈里·希斯赞特米哈伊著，黄珏苹译. 创造力：心流与创新心理学 [M]. 杭州：浙江人民出版社，2015.

[3] 饶见维. 创造思考训练 [M]. 南京：南京大学出版社，2007.

[4] 夏昌祥，鲁克成. 点燃创新之火（创造力开发读本）[M]. 北京：科学出版社，2005.

[5] 谢卫民，李日. 职校生创造力开发 [M]. 北京：清华大学出版社，2007.

[6] 千高原. 创新就这几招 [M]. 北京：中国纺织出版社，2003.

[7] 余伟. 创新思维训练 [M]. 北京：新世界出版社，2006.

[8] 梁良良. 创新能力培养与应用教程 [M]. 北京：航空工业出版社，2004.

[9] 李嘉曾. 创造学与创造力训练 [M]. 江苏：江苏人民出版社，2002.

第十一章　生命价值提升训练

一粒种子，破土而出，它并不在乎自己会是一棵小草，还是一棵参天大树，它想做的，它能做的就是——努力长大。

古往今来，人们一直在探讨生命的意义。生命意义对心理健康有积极的作用。因为对生命认识的缺乏，导致许多伤害生命、漠视生命的情况出现，其中大学生自杀尤其受到关注。本章主要探讨与生命相关的一些观点，生命教育及实施途径，以及心理危机干预系统的构建。

尊重生命、尊重他人也尊重自己的生命，是生命进程中的伴随物，也是心理健康的一个条件。

——弗洛姆

学习与行为目标

1. 了解生命意义，感悟生命的重要。
2. 欣赏生命，感恩生活，提升对生命价值认识。
3. 通过团体训练，记录生命轨迹，加深对生命的理解。

第一节　生命价值概述

2015 年 12 月 30 日晚，某大学一名大一男学生小冉（化名）从学校教学楼五楼跳楼自杀。他是班长，还加入了各种社团，外向热情，最后留下了长文以这种方式结束了生命。2016 年 6 月 10 日，刚参加完高考的小斯（化名），18 岁，在 QQ 空间留下诸多轻生的言语后，选择了跳江自杀。

每一年我们都会从媒体上看到类似的新闻，数量也许是几个或几十个，对于 13 亿人口而言，似乎真是很少很少，但对于失去孩子的家庭，对于这个孩子本身而言，失去的就是百分之百。在如此美好的年纪，他们轻易地选择放弃自己的生命，为这些鲜活生命的离去感到惋惜的同时，社会也出现更多关于珍惜生命、感恩生活的讨论。生命属于人的只有一次（奥斯特洛夫斯基）。生命之路上有鲜花、掌声，也有荆棘和烦恼，正是因为有了他们，我们的生活才会多姿多彩，才会有丰富、美好的人生体验。我们欢笑，我们流泪，我们奔跑、跳跃，我们歌唱，这都是因为生命而生。我们对生命能做的最好的事就是珍惜它。我们每个人无法决定生命的长度，但我们可以掌握生命的宽度，生命一次，美丽一次。

一、了解生命

1. 什么是生命

《不列颠百科全书》列举了五种关于生命的定义：（1）生理学定义，即把生命定义为具有进食、代谢、排泄、呼吸、运动、生长、生殖和反应性等功能的系统。（2）新陈代谢定义，认为生命系统与外界经常交换物质但不改变自身的性质。（3）生物化学：认为生命系统包括储藏遗传信息的核酸和调节代谢的酶蛋白。（4）遗传意义，生命是通过基因复制、突变和自然选择而进化的系统。（5）热力学认为生命是一个开放的系统，它通过能量流动和物质循环而不断增加内部秩序。无论是哪种定义，其主要指的是生物学意义上的生命，即自然生命。实际上，人的生命是自然生命和价值生命的统一体，"自然生命是价值生命的载体，价值生命是自然生命的灵魂，舍弃二者中的任何一个，生命都是不完整的。"

作为意义治疗与存在主义分析的创始人，弗兰克（Viktor E. Ftankl，1905—1997）视生命为一连串身为人终生必须回答的课题，人对于这些课题，必须加以抉择并负起责任。在心理学上，人的生命成长是指人从出生到成熟，直至衰老和生命最后阶段的生命全程（life-span）的发展过程。包括婴幼儿、儿童、少年、青年、中年、老年六个不同的生命发展阶段。

无论是哪种角度定义的生命，对于我们而言，我们都应该怀着敬畏态度去面对它。对于自然生命，我们应该尊重、关爱和珍惜；对于价值生命，则应在充分理解生命意义的基础上，通过各种努力提升我们的价值生命，使我们的生命更富有价值和意义，为社会进步做出贡献。

2. 生命意义

每个人从出生的那一刻开始，生命便进入了倒计时。智者善于利用生命创造出无限的生命价值；而平庸的人，则将它荒废。人生的意义、目的何在？人的价值与功能为何？人为什么要活着？生与死有何差别？……这一连串对人生的疑问、困惑是自从有人类以来就长期存在着。

对于生命的意义，心理学家也给出了自己的看法，比如罗洛·梅（Rollo May，1909—1994），认为生命的本质和意义，指一个人的自我追寻之路，这个过程是动态的，不断成长的，自我创造的。

弗兰克认为生命始终存有一份意义与目标，每个人直到咽下最后一口气之前，都有一份生命的课业要去从事及完成，"能够负责才是人类存在最重要的本质，也只有通过负责，才能完成答复生命的使命。"（谢曼瑛，潘靖英。《生命意义与价值之探研》）弗兰克认为人生的意义是展现在回应现实生活中随处所预见的状况，并且寻找与实践自己所独一无二的生活使命，进而借此让自我经历其终极意义。弗兰克认为人存在于世上所遭受到的痛苦、罪恶感与死亡，是影响人们追求更深层生命意义的三因素，个人的存在中缺乏意义与对自身目标的认同感时，会产生空虚的感受，主要表现是对生活的无聊厌烦感。他认为人类的基本动力是去发现生命中的意义和目标。

弗兰克对生命的看法，归纳起来主要有以下七点。

（1）每一个人都是独特的，他的生命无法重复，也不可被取代。

（2）人是存在的。人是以一种动态的形式存在的，因为人存在的每个当下呈现的是做决定的机会，这牵涉到做决定的自由与相对而来的责任，事实上，责任包含对事情回应的能力，即对事情所采取的态度。

（3）人是自我引导的。

（4）人是由肉体、心理、灵性所组成的实体。

（5）人是动态的。人并不是处于平衡稳定的状态，人重视从现状中不断努力朝向理想应该的状态。

（6）人可以将自己从现在当下的环境中疏离，理解自身承受苦难的原因。

（7）人只有在超越自身时才能理解自己。

存在主义论者认为人生并非空无，相反地，人生存有（being）就是最大的意义所在。存在主义者认为人生有六大命题。

（1）自我有觉察的能力：人可以自省和做决定，因为每个人都具有觉察的能力，越能觉察自己，越能增加自由之相对责任。

（2）自由与责任并存：人生是自由的，但并不是逃避或为所欲为，自由与责任相随。

（3）独特性与群集性并有：人生的存在就是独一无二的独特性，但人在保有自己的独特性时，仍需与他人及自然界来往。

（4）意义之追求：人生有寻求人生意义与目的的自然倾向，同时我们也在寻求个人的完整性。不过人生的意义不在于人本身，而存在追求过程中，是个人发展与创造出来的。

（5）焦虑是人生的一部分：只要是人就不可避免焦虑，但它可以刺激成长，也是体验和重建人生的信号，所以我们要面对、忍受和接纳焦虑。

（6）死亡与不存在的觉察：人有生即有死，死亡是不能避免的。也因为人会死亡、不存在，人生才有价值，所以积极面对死亡，会使人生变得丰富，体验人生的有限，就是人生意义的所在。

由这样的观点来看，人生并无固定模式与答案，人生是一种历程，所以要去觉察、去尝试、去体验，毕竟生命是有限的。

3．生命意义与心理健康

按照马斯洛的需要层次来解释，当人们的较低需要层次获得满足之后，有可能体验生命的价值和高峰经验。马斯洛对自我实现者的研究直接启发了后来人们关于生命意义的研究。而存在主义心理学则指出，生命压力之下，人们之所以会产生各种心理问题，是因为他们没有找到生命的意义。

从二十世纪七八十年代开始，国内外一些学者尝试从生命意义的角度探讨与心理健康的相关问题，许多研究报告指出生命意义能够持续地预测心理健康；"生命意义实现感程度"是心理健康的标准之一；中国台湾学者何英奇在弗兰克尔意义治疗理论的基础上以心理健康为效标考察了"生命态度剖面图量表"的预测效度，并指出"生命态度剖面图"六个分量表分数大体上皆能预测"积极性心理健康"，我国学者李虹也研究了大学生自我超越生命意义对压力和健康关系的调节作用。心理学的一些其他研究也已证明：生命意义对心理健康有积极影响；缺乏对生命意义的理解与心理问题有正相关；对生命意义的探索和情绪健康有正相关；对生命意义的认识能够减缓消极生活事件对忧郁的影响。

二、认识死亡

印度诗人泰戈尔在《飞鸟集》中写到"生如夏花之绚烂 死如秋叶之静美"，优美而含蓄诗句的表达出了作者的对于生、死的认识：活着，就要灿烂、奔放，要像夏天盛开的花那样绚烂旺盛，活得有意义、有价值，而不要浑浑噩噩地过日子；面临死亡，面对生命向着自然返归，要静穆、恬然地让生命逝去，不必轰轰烈烈，像秋叶般悄然足已，不要感到悲哀和畏惧。歌手朴树写了一首歌曲《生如夏花》，从音乐的角度探索对生命意义的思考。

在现代汉语词典中，"向死而生"的释义是明白了生与死的关系，才能勇敢地面对死亡，积极地生活。泰戈尔的诗许多人喜欢，"向死而生"这个词也经常出现在我们的谈话中，朴树的歌曲更是许多大学生的最爱，这些作品对人生生死的探求，带给我们什么样的思考呢？大学生怎样看待人生？什么又是死亡呢？

对于死亡，人类似乎表现出更多的是恐惧和焦虑，这种感觉与生俱来。多数人惧怕死亡，甚至害怕与死亡相关的事物。比如在我们的传统中，人们都不喜欢数字"4"，因为它与"死"读音相近，在车牌或手机号码中，人们会刻意避开这个数字。其实，死亡并不可怕，因为每个人注定是要去面对死亡的。死亡就如同人生伴侣一般，从我们生下来的那一刻开始它就一直和我们在一起，我们也就开始走向死亡的路途。人们惧怕死亡的原因在于不了解死亡。因此，正确认识死亡现象是非常必要的。

死亡不仅盘踞在人们的精神活动中，也是诸多学科诸如生物学、生理学、医学、心理学、政治学、法学乃至现代物理学、环境科学、社会心理学等均涉及的问题。在牛津词典中，"死亡就是生命的终结"；在生物学意义上，死亡是生命活动的终止，机体感受能力的消失。当前我国临床上通常把患者呼吸、心跳停止，瞳孔散大而固定，所有生理基本反射消失，心电波平直作为死亡的判定标准。在社会学意义上，死亡指人类有意义生命的消失，没有思想、没有感觉，生命个体一旦丧失自我意识，也就无法进入社会角色。哲学所探讨的死亡主要包括三种：一是肉体死亡，二是精神死亡，三是自我否定之死亡。

总结以上各种定义，死亡就是因为各种原因导致的生命终结，包括因为疾病、衰老等原因的正常死亡，以及因为意外事故、自然灾害或他杀或自杀造成的非正常死亡，与之伴随的是个体各种功能的停止，包括生理、社会功能等。

三、认识自杀

近年来，大学生轻视生命、伤害生命的事件逐渐增多：迫害动物，伤害朋友、同学甚至师长，自杀等。其中，大学生自杀情况尤其引起人们的关注。

1. 大学生自杀现状

《大不列颠百科全书》将自杀定义为"有意或者故意伤害自己生命的行动"；Kaplan等认为"自杀是有意的自我伤害导致的死亡"；美国心理学家什尼德曼，埃德温（Shneidman，Edwin. S.）被称为"美国自杀学之父"，他将自杀定义为"自己引起，根据自己的意愿使生命终结的行为"，另有学者将自杀定义为"有意的自我毁灭，其行动有多种多样的痛苦，且把这种行动看做是解决某种问题的最好办法"；我们可以这样界定：自杀，就是人采用各种手段主动结束自己生命的行为。

据资料统计，在西方发达国家的大学生自杀率大约为万分之四到五。在美国，自杀在大学生死亡原因中排第三位，在英国，每三个死亡的大学生中就有一个是自杀；在日本，自杀高居大学生死亡原因的第一位。

国家教委一份对全国12.6万大学生的抽样调查报告表明，中国大学生的心理卫生问题比率为20.33%，不仅严重影响学业，也是导致自杀的主要原因。2008年广州一位政协委员提交了关注大学生自杀的讨论议案，其中他引用了最近一份对广州部分高校大学生的调查结果：10.71%的大学生表示当遭遇挫折时想到用结束生命的方式来解决，28.6%的大学生"偶尔有"或"经常有"自杀念头（比例高于国内其他报告），5.79%的大学生认为死亡是解决一切痛苦的办法。某高校一位学生也对大学生自杀状况展开调查，他在北京四所高校中用问卷进行了抽样调查。调查结果显示：26%的大学生曾经有过自杀念头。

2007年10月8日，中国教育报报道"我国2002年大学生自杀案为27起，2004年为68起，2005年为116起，2006年上升到130起。"大学生自杀现象正在不断恶化。

据有关部门统计，我国大学生自杀的比例并没有美国大学生自杀的比例高，而且在整个社会中，大学生也并不是自杀的主要群体，但大学生自杀给人们带来的反思是最深刻的，对社会的影响也是最大的。据统计，一例自杀至少对6人造成严重的不良心理影响；学校处理自杀时间平均时间为17天，给他人造成的心理伤害持续时间从6个月到10年不等。更严重的是自杀也会"传染"。一项对国内16所高校学生自杀状况的研究结果显示，目前我国大学生自杀存在着一个明显的特征——"自杀传染"，仅2007年春季，北京地区大学生自杀人数超过20人。大学生自杀明显存在着一个"链式效应"，有自杀倾向的学生得知他人自杀后容易效仿。

2. 自杀原因分析

一个个鲜活的生命就这样离开了，这些触目惊心的学生自杀案例促使人们不断反思：他们为何会选择这种极端方式来结束自己的生命？是什么原因导致了他们做出这种选择？了解与认识自杀将有利于大学生心理健康的顺利发展。

1）个体发展角度。

从发展的角度看，大学生生理发展日趋成熟，外表已经接近或和成人一样，在心理上会体验到更多情绪变化，在社会关系上表现出明显变化但心理调节或承受能力还达不到成人水平。日本心理学家依田新指出："青年处于儿童和成人之间的中间世界，所以内心动摇大，情绪的紧张程度一般较高，对很小的刺激也容易引起强烈的情绪反应：一时陷入被打败似的悲痛里，一时又由于有希望而昂首挺胸；一时又由于失意而俯首顿足。情绪如此不稳定，是青年期心理的一个特征。"在WHO驻华代表Cristobal Tunon博士眼里，"青少年好比蝴蝶，他们经历着从毛毛虫到蝴蝶之间的层层蜕变。这种蜕变充满潜能，但又很脆弱。"

2）多种因素作用结果。

大学生自杀事件的发生有极其复杂的原因，有些看似是由于恋爱受挫、就业不顺、考试失败、环境不适、人际交往障碍等某一原因所致，而事实并非如此简单。研究者采用心理学的事后心理剖析方法研究，从检查自杀者生前的各种记录以及与知情人事后交谈回顾得到，上述原因不过是导火索而已，最终选择自杀有更深层次的复杂原因，自杀事件是个人因素、家庭情况、社会因素等内外各种因素交互作用的结果。

（1）个人因素。

大学生的个人因素是自杀行为发生的关键。这些个人因素包括精神健康因素、身体健康因素、个性特征、对于死亡的错误认识等多个方面。精神健康疾病，特别是抑郁症，是与自杀关系最为密切的精神疾病，得了抑郁症就会有苦闷、不安、焦躁、绝望等抑郁症状，以致身体状况不佳，精神活动抑制，并出现自杀意念和行为。据国家精神卫生相关部门的调查统计，我国大学生抑郁症的发病率较高，不同程度的抑郁症患者占大学生总人数20%以上。由于抑郁症具有一定的隐蔽性和复发性，抑郁症在医学上不容易被检出，不少抑郁症容易被当成一般的情绪问题或躯体不适而得不到及时的治疗。

自杀的大学生具有趋同的个性特征，都不同程度地表现有脆弱、自卑、孤僻、怀疑、悲观等个性特征。有的学生会因为自己的各种因素，如生理因素（个子矮小、过于肥胖）、学习因素、家庭因素等过度自卑，对外在事物反应过度，以致心理失衡、自暴自弃。另一特征是挫折耐受力差，心理承受能力差，当理想与现实发生冲突，遇到挫折时，容易垂头丧气，自我否定。研究同时显示自杀者解决问题的能力差，不能从不同的角度思考问题，寻找解决问题的方法，而且对他人容易挑剔和不满。对于死亡的错误认识也是导致自杀的重要原因。

（2）家庭原因。

家庭对一个人个性、生活习惯、行为方式有着重要的影响。家庭贫困、父母离异、家庭关系长期不和缺少关爱等因素会造成一个人从小自卑、逆反、嫉妒、内向等个性特点，当遇到负性生活事件时，这些个性特点会导致个体思考问题偏执或缺少解决问题的方式方法，从而采用极端行为。

（3）社会因素。

大学生的自杀行为与社会大环境的影响也密不可分。21世纪，我们国家的改革进入深水区，各种社会矛盾冲突显现，正处于人生观、价值观形成期的大学生很容易出现困惑。种种消极思想影响着大学生，如学得好不如嫁得好，学得好不如生得好，各种社会不公平等。社会压力增大，社会各类矛盾充斥着现实和网络世界，使得涉世不深的大学生们人生观变得混乱、功利、消极，理想信念缺失，社会责任感淡漠，过于强调物质利益。大学生就业压力日益严峻，在遇到困难时，心理承受能力低，容易产生无助绝望的想法，甚至丧失了生活的信心，选择走向绝路。而网络媒体为了吸引眼球，提高点击率，在报道自杀事件等负面消息时，缺少正确的引导、反思和警醒，造成部分大学生的效仿。这些都对大学生自杀行为的出现有重要影响。

（4）生活负性事件。

根据研究发现，以上分析的大学生个人因素、家庭情况、社会因素等内外各种因素导致了其具有一定的自杀心理倾向。当心理倾向遇到重大的生活负性事件，比如，恋爱失败、就业受挫、隐私被泄露、学习压力过大、成绩不理想、人际关系冲突、遭到不公对待时，就容易引发自杀意念，最终发生自杀行为。此时，这些生活负性事件就成为了自杀行为发生的直接导火索。

四、加强生命教育，感恩美好生活

历史上有许多伟人都经历了种种磨难或人生的不幸，如司马迁、海伦·凯勒、贝多芬等，他们凭借着对生命的执著追求，对生命意义的深刻理解，用超人的毅力，谱写出了一篇篇动人的生命乐章，同时，也教会了我们如何善待人生，如何领悟生命的真谛。而在我们的身边也不乏多身处逆境、却仍默默前行的人。

在《初中语文自读课本第二册》中有一篇文章名为《欣赏生命》，其作者是一个命运多舛之人，在求知欲最强时赶上停课闹革命，再往后她插队下乡。偏偏祸不单行，探家时不幸与火车轮结下了生死缘。历生死，经磨难，身致残，心也寒，她成了残疾人。但就是在这样的情况下，作者没有放弃自己，没有放弃对生活的热爱，用自己的努力赋予生命别样的意义，"死神同每一个人签约，没有人可以违约。但结局一样，过程却可以截然不同。我想要说的是，由于我对于生命的爱以及对生命越来越接近本质的认识，我的生命会变得单纯明净。在学会奋斗的同时，我也得到了享受和欣赏生命的自然和美丽"，"拥有并懂得珍惜，这就是快乐美丽的人生了"。

我们知道，人类的一切活动都是在这样的一个前提下进行的：人的肉体是人的生命存在。人一旦失去生命，人的一切创造和享受价值的活动都将停止，因此，人的生命存在是人创造价值和享受价值的前提。从历史的角度看，生命的价值还在于它是人类得以进化和延续的载体。每个人都会死，但人类生命之流却绵延不绝，是因为在每一个个体的生命中保存着人类的基因，寄托着人类的希望。婴儿不会劳动，不能为社会创造物质财富，但谁能说婴儿没有价值？婴儿的贡献就在于延续了人类，是人类的未来。它所具有的价值就是生命的价值，种类繁衍的价值。而生命对于每个人来说只有一次，人一旦失去生命就什么也谈不上了。人的生命转瞬即逝，人生之路不能重走，浪费生命就是放弃了创造价值的机会，更是放弃人生的责任。

生命是一个艰难的过程，需要付出更多努力，需要更强劲、坚韧的力量。正因如此，生命才会这样缤纷美丽。每一个生命都是在面对或优越、顺利，或平坦、曲折的情境中，不断调整、适应、成长，不断学习，逐渐成熟，实现生命的价值。在这一过程中理解生命，知晓生命教育是非常重要的。对大学生进行生命教育，其目的是帮助大学生了解自然生命，理解生命的珍贵和不易，学会尊重生命、关爱和善待生命，同时，更要帮助大学生们明白生命价值的重要性，通过自我完善，获取生命的意义，建立健康向上的人生观，树立正确的价值观，以积极的态度面对生活，面对生存和死亡，在此过程中得到生命的真谛。

1. 什么是生命教育

生命教育有广义与狭义两种：狭义的生命教育指的是对生命本身的关注，包括个人与他人的生命，进而扩展到一切自然生命。广义的生命教育是一种全人的教育，它不仅包括对生命的关注，而且包括对生存能力的培养和生命价值的提升。生命教育这一理念的出现也是时代的产物，1964 年，日本学者谷口雅春鉴于唯物教育盛行，导致亲子与师生关系的决裂，出版了《生命的实相》一书，首先呼吁生命教育的重要性。他认为实施生命教育之后，能有效克服唯物教育所产生的缺失，因而带动日本社会的变化。1968 年，美国著名的演讲者、作家与人生导师杰·唐纳·化特承袭印度瑜伽大师雪莉·雪莉·阿南达·摹提吉的精神，首次明确提出生命教育的思想，并在美国加州创办了"阿南达村"，阿南达学校倡导和实践生命教育的思想。近年来，日本、英国、中国台湾、中国香港等国家地区竭力倡导生命教育：日本在 1989 年的新《教学大纲》中，明确提出了定位于敬畏人的生命与尊重人的精神这一理念的教育目标。中国台湾教育行政部门也设立了"生命教育委员会"。

在中国，原国家教委副主任柳斌曾明确指出"心理健康是青少年走向现代化，走向世界，走向未来建功立业的重要条件，而健康的心理形成需要精心、周到的培养和教育，必须把培养健康的心理素质作为更加重要的任务。"2005 年 6 月 18 日，他在了解"关爱生命万里行"活动的基础上又进一步提出倡导以关注青少年心理健康特别是自杀心理为核心的生命教育。我国南京心理危机干预中心和北京心理危机干预中心的成立说明关注青少年自杀问题，干预和防治青少年自杀成为一个学术性工程。

2. 生命教育的实施

生命教育是一种多层次的的教育。它教会人们珍视生命、保护生命，引导人们尊重生命、学会感恩、学会宽容，帮助人们认识生命本质，理解生命意义，提升生命价值。其主要任务是帮助学生适应和处理以下几个重要的关系：个人与自我、个人与他人、个人与环境、个人与社会的关系。生命教育的实施主要依靠家庭、社会、学校的共同努力来实现。学校可以依据实际情况，通过宣传教育活动、开设相关课程、组织相关活动来进行。主要可以从以下几方面来开展生命教育。

（1）生存意识教育。

也就是珍惜生命教育，这是生命教育的基础，只有生命存在，才能有发展和质量的问题。生命对于每个人来说都只有一次，失去就不可复得，要引导学生充分肯定和尊重生命，认识到任何伤害自己和他人生命的行为，都是对人的价值、人的生命的亵渎和践踏。

（2）发展意识强化。

人类的发展与成长并非一帆风顺，人有生必有死。而每一个个体的成长之路都没有例外，正如一首歌写的那样"不经历风雨怎么见彩虹"，挫折和磨难会让成功带给我们更强烈的喜悦和幸福感，通过锻炼我们的意志，通过对生活艰辛的体味，通过对死亡的了解，知道生命的有限性，在有限的生命能够创造出无限的价值，实现生命的追求。

（3）感恩教育。

感恩教育是生命情感教育中的一个重要方面。感恩的最重要方面，就是对生命的感恩。只有对生命心怀感激之情，才能真正懂得珍爱生命、欣赏生命、尊重生命、发展生命，才会从关爱生命的视角看待生活，用爱心去回报生命。中国本是一个具有良好感恩传统的国家，古人用"滴水之恩当涌泉相报"来表达感恩对于人成长的重要作用，但随着社会的发展，各种与感恩传统相违背的事情不断出现，不少大学生缺乏感恩的情感，没有社会责任感和使命感，凡事以个人为中心，缺乏集体观念和同情心，自私自利，甚至轻易放弃自己的生命等。感恩教育成为当前生命教育的重要方面。

（4）提升生命质量教育。

这是生命教育的最高层次。当前，有相当一部分大学生因缺乏生活目标，学习没有动力，整日虚度时光，或沉迷于网络游戏，或整天无所事事，浑浑噩噩，使生命质量严重下降。因此提升生命质量是大学生生命教育中重要的环节。通过生命教育，帮助大学生树立人生理想，制定切实可行的生活目标，满怀激情和热情投入学习和生活。

五、建立心理危机干预系统，加强预防教育

1. 心理危机干预

心理学家卡普兰（G. CaPlan）1964 年首次发表心理危机干预理论，他认为当一个人面对困难情境，而他当前处理问题的能力或支持系统不能够应对当前情境时，这个人就会产

生暂时的心理困扰，这就是心理危机。心理危机干预是指针对处于心理危机状态的个人及时给予适当的心理援助，使之尽快摆脱困难，其目的如下。

（1）防止过激行为，如自杀、自伤或攻击行为等。

（2）促进交流与沟通，鼓励当事者充分表达自己的思想和情感，鼓励其自信心和正确的自我评价，提供适当建议，促使问题解决。

（3）提供适当医疗帮助，处理昏厥、情感休克或激惹状态。

2. 心理危机干预系统

施耐德曼发现，自杀者产生自杀企图的时间较短暂，采取积极的干预措施是会有效的。蔺桂瑞所提出的"高校心理健康教育工作体系"里，校长、院系领导、辅导员、任课教师、学生干部、宿舍长以及学生个体都被纳入到了这个体系中，各高校可以根据自己的实际状况，建立适应本校校情的工作机构和危机应对机制，但大体都包括以下几个部分：

（1）构建三级心理危机预警及干预中心。三级机构是指心理危机预警及干预的领导机构，执行机构和信息提供机构。各级机构既要分工明确、各司其职，又要明确归属、理顺关系。

（2）构建心理危机预警的三种渠道。一是通过建立大学生心理档案，获取学生的心理危机信息。二是要求三级中心定期提供学生的心理危机信息。三是二级中心要通过各种形式的活动主动获取信息。

（3）构建心理危机干预的三项措施。结合危机干预理论和高校心理健康教育实践，我们认为，可以构建心理危机干预的三层措施：预防性干预（主要由三级中心和二级中心共同完成）；咨询治疗性干预（主要由二级中心来完成）；应急干预（主要由一级中心来完成）。

（4）突出心理危机干预的"四个结合"。一是要突出课堂教育与课外活动相结合。二是个体咨询与团体辅导相结合。三是心理普查与医院拟诊相结合。四是普及教育与自我教育相结合。

第二节 提升生命价值认识的训练方法

"人生最可悲的并非失去四肢，而是没有生存希望及目标！真正改变命运的，并不是我们的机遇，而是我们的态度。"

——尼克·胡哲

尼克·胡哲，1982年在澳大利亚降生，当发现他没有四肢，只在左侧臀部下面有个带着两个脚指头的小"脚"时，所有人惊呆了，母亲甚至在他四个多月时，才敢抱他。他所能利用的身体部位，只有一个长着两根脚趾的小脚，被他妹妹戏称为"小鸡腿"，因为尼克家的宠物狗曾经误以为那个是鸡腿，想要吃掉它。通过努力，他对游泳、冲浪、玩电脑、踢足球、打高尔夫球、高台跳水情有独钟；他通过奋斗获得了会计和财务策划双学士学位。著书、演说、财务管理，他无所不能。他应该是一个被同情的人，被照顾的人，但他却成为激励人们成材的人。他用自己亲身经历激励他人，给他人以勇气，给他人以希望。2005年，他被授予"澳大利亚年度青年"荣誉称号。现在他每年平均飞行近150次，穿梭于全世界各国进行励志演说。

法国学者史怀泽说："当一个人把植物和动物的生命看得与他的生命同样重要的时候，他才是一个真正有道德的人。"每一个人的生命都是一个极其偶然的存在。这个存在在茫茫的宇宙中，与漫漫的历史长河相比，就像电光那样短暂易逝。我们更应该怀敬畏之心对待生命的存在，珍惜它、热爱它。让人的一生具有价值，意义。

一、认识生命、尊重生命

通过练习，体验生命的来之不易，感受生命的独特与珍贵，学会珍惜生命。

训练 11-1　认识生命

设计理念：尊重生命从对生命的了解开始，通过对生命诞生过程的学习，体验生命的伟大与珍贵。

活动目的：了解生命是如何形成的，感受生命的独特与珍贵。

道具准备：白纸、笔、生命诞生资料（如：瑞典摄影师伦纳特·尼尔森（Lennart Nilsson）拍摄的胎儿在子宫中发育的图片）、音乐。

活动时间：30分钟。

活动程序：

（1）请全体成员用舒服的姿势坐在椅子上，闭上双眼，播放音乐。按照老师的指导语开始冥想。

冥想指导语：

大家尽可能舒服地坐在椅子上，一边听着音乐，一边做个深呼吸。感谢自己今天来到这里，感谢自己有能力呼吸，感谢自己活着。感谢自己决定用这段时光丰富自己。现在让时光倒流，你现在是一粒种子，在妈妈的体内开始生长。一天天地，你慢慢地长大。一点一点地，你变成了小婴儿的形状。你的眼睛长出来了，你的小手小脚开始踢妈妈了，你能听见爸爸妈妈的声音了。你的成长中包含着他们期望和祝福，他们期待你的到来，希望能陪你一起成长，希望你是快乐、幸福、健康，能爱自己，也能爱别人。此刻，想象一下你即将从母亲的子宫里分娩出来的情形，这就是被称为人类诞生的动人奇迹。再回顾一下你能够坐起来、行走、奔跑、说话和创造各种各样东西的时刻——幻想、艺术、赋予自己新的可能性。人体内那个精巧的生物钟带领你走过发展的各个阶段，直到你完全长大成人。

现在，请你注视自己，想象你的生命是多么不易。看着自己，想想你的出生承载着多少人的期待和希望？看着自己，想象你从一粒种子到一个拥有四肢，有自己的思想，会跑会跳的你是怎样的一个过程？

现在，让我们回到这里，让你的身体慢慢放松，放松。在我倒数到1时，请你睁开双眼：10、9、8、……1。

（2）冥想结束后，请成员分享在此过程中的感受，并写下来。

（3）展示图片资料，让同学们更为直观地了解生命诞生的过程。

（4）请成员们分享看完图片后，印象最深刻的部分，以及感受是什么。

训练 11-2 负重体验

设计理念： 再次感受生命的来之不易。

活动目的： 体验母亲怀孕的辛苦，感知生命的可贵。

道具准备： 沙袋、绳子。

活动时间： 30分钟。

活动程序：

（1）学生按6人为单位分组，将事先准备好的沙袋每组分3个，每组6人按"石头、剪刀、布"决出胜负，获胜的三人将沙袋绑在自己的肚子上，扮演孕妇，输的三人协助获胜的三人完成任务。

（2）教师要求扮演孕妇的同学做下蹲的动作，做的过程中注意提示学生保护"宝宝"。

（3）增加沙袋的重量，每组另外三名同学将书本、钥匙、笔等物品放到地上，教师要求扮演孕妇的同学将地上的物品捡起来，在拣物品的过程中注意观察学生是否有意识保护"宝宝"。

（4）要求扮演孕妇的同学脱鞋、穿鞋。

（5）交换角色，每组另外三人再次扮演孕妇。

（6）小组成员集中，每人说出自己扮演孕妇有什么感受？有哪些想法？

（7）小组分享刚刚"怀孕"的体会，至少说出两种母亲怀孕时的辛苦，表达此刻想对母亲说的话。

（8）请同学代表向全体同学分享，说出自己的感受和想法。

训练 11-3 独特的我

设计理念： 通过寻找自身的独一无二的特点，感知生命的独特性。

活动目的： 体验每个生命都是唯一的，珍贵的，体会生命的独特之处。

道具准备： 印泥、白纸。

活动时间： 30分钟。

活动程序：

（1）首先让学生分6人一组收集指纹，运用各种手段观察探究指纹的情况；用准备的印泥，将指纹印在白纸上。

（2）请同学们认真观察形形色色的指纹，然后让学生来说说各组观察到的情况：指纹的大小、形状；螺纹的形状、螺纹的疏密、螺纹的弯曲度等方面的差异。

（3）观察完指纹后，请同学们在小组中分享自己的发现和看法。

（4）请同学们在五分钟之内寻找在自己身上，自己与其他人相比属于自己独特的方面，并写在纸上。

（5）各小组分享自己组所找到的独特之处，并看看小组之间是否存在差异。

（6）老师在黑板上写一个字，请各小组派人在黑板上模仿老师的字。

（7）对每个克隆的字进行讨论，是否相像？原因是什么？

（8）小组分享，领导者总结：世界上的生命是丰富多彩的；任何生命都有自己的独特之处，每种生命的存在都有其不可替代的作用：人类有自己的独特性；动物有动物的独特性；微生物有其独特性……。正因为如此，我们的世界才会变得异常精彩。通过克隆，学生感受到每个人所写的字都具有自己的风格，尽管极力去模仿他人，但依然带有自己的特性。字如其人，人如其面，各不相同，人与人之间的不同还存在于性格、兴趣、爱好、特长、能力等内在方面。因此，我们每个人都是独特的。

二、思考生命

通过练习，反思自己对生命的认知，深刻体会生命的意义和价值，感受生命的独特与珍贵，学会珍惜生命。

训练 11-4 我的生命线

设计理念：生命的价值不只体现在生命的长度，更重要是生命的广度和深度，而生命的主人是我们自己，无论长短，我们的生命线都是由我们自己来画的。

活动目的：通过画生命线，思考自己的过去和将来，感受如何提升生命价值。

道具准备：白纸、红、彩笔、音乐。

活动时间：30分钟。

活动程序：

（1）请将白纸横放，在白纸上写下"XXX的生命线"。

（2）在纸的中部，从左至右画一道长长的横线。然后给这条线加上一个箭头，让它成为一条有方向的线，如下图所示。

（3）请你按照你为自己规定的生命长度，找到你目前所在的那个点。

（4）请在你的标志的左边，即代表着过去岁月的那部分，把对你有着重大影响的事件用笔标出来。注意，如果你觉得是件快乐的事，你就用鲜艳的笔来写，并要写在生命线的上方。如果你觉得快乐非凡，你就把这件事的位置写得更高些。如果你觉得是不快乐的事，你就用暗淡颜色的笔，写在生命线的下方，越痛苦的事情，越在生命线的相应下方很深的地方。

（5）你要看一看，数一数，在影响你的重大事件中，位于横线之上的部分多，还是位于横线之下的部分多？上升和陷落的幅度怎样？

生命结束

_____的生命线

0

（6）下面我们进入将来时。在你的坐标线上，把你这一生想干的事，比如挣多少钱、职业生涯、个人情趣等都标出来。如果有可能尽量把时间注明。根据它们带给你的快乐和期待的程度，标在线的上方。如果它是你的挚爱，就请用鲜艳的笔墨，高高地填写在你的生命线最上方。当然，在将来的生涯中，还有挫折和困难，比如职场或事业方面可能出现的挫折、失业等，也请你用黑笔将它们在生命线的下方大略勾勒出来，这样我们的生命线才称得上完整。

（7） 你要看看你亲手写下的这些事件，是位于线的上半部分较多还是下半部分较多？也就是说，是快乐的时候比较多，还是痛苦的时候比较多？

（8） 如果你的生命线上所标示的事件，大部分都在水平线以下，那么，是否可以考虑调整一下自己看世界的眼光？你对未来的估计是不是太幽暗了一些？如果是，你对你的情况是否满意？

（9） 如果你的所有事件都标在了水平线之上，也并非就是一味值得恭贺的事情。承认自己的局限，承认人生是波澜起伏的过程，接纳自己的悲哀和沮丧，都是正常生活的一部分，犹如黄连和甘草，都是医病的良药。

（10） 小组成员分享。

（11） 团体领导者总结：以前的事已经发生过了，哪怕是再可怕的事件，已过去。你不可改变它，能够改变的是我们看待它的角度。一个人的成熟度，在于这个人治愈自己创伤的程度。过去是重要的，但它再重要，也没有你的此刻重要。活在当下，把握现在。

训练 11-5　生命的思考

设计理念：通过"生命调查表"思考自己在生活中的经历，找到生活的重点。

活动目的：让当事人回顾自己生命中主要发生过的事与其生活的重点，在此生命计划的系列中，让当事人脱离对过去或未来的幻想，活在当下。

道具准备：纸、笔、"生命调查表"、音乐。

活动时间：40 分钟。

活动程序：

（1） 将小组分成四人一组。明确组内分工，其中一人扮演焦点人物，另一位记录焦点人物对此调查表的回答，其他两位负责澄清问题。4 人轮流扮演不同的角色。

（2） 发给每人一张表，提出的问题可根据情况增减。每小组决定焦点人物次序，但以不妨碍活动的进行为原则。

（3） 每位当事人最多给 5 分钟的"焦点人物"时间。采用问和答的方式，将焦点任务的回答记录，然后将资料交回"焦点人物"本人。4 人轮流做焦点人物。

（4） 结束后小组中讨论和分享。有哪些是你想从此刻开始要好好做的？指导者要注意避免由于教导人物所发表的言论而引起争论。

附：生命调查表

（1） 在你一生当中最快乐的是哪一年（或哪一时间）？

（2） 你对做什么事最拿手？

（3） 说出一个你一生中的转折点？

（4） 你一生中最低潮的时候是什么时候？

（5） 你有没有在某一事件中表现出极大的勇气？

（6） 你有没有一段时间非常悲伤？是否不只一个时期？

（7） 说出你做的不好但仍然必须做下去的事？

（8） 哪些是你很想停止不做的事？

（9） 哪些是你很想好好再做下去的事？

（10） 说说你曾经历过的巅峰体验。

（11）　说说你期待的巅峰体验。

（12）　你有没有极力建立起来的价值体系？

（13）　说出一个你丧失的一生中很重要的机会。

训练 11-6　假如生命还有三天

设计理念：通过活动，体验生命的短暂，学会珍惜生命。

活动目的：让学生明白我们的生命是短暂的，时间是有限的。从现在开始就去做自己想做的事吧，不要给自己的人生留下太多遗憾。

道具准备：纸、笔。

活动时间：20 分钟。

活动程序：

（1）　给每位学生发一张纸，每人在纸上写出假如生命只有三天大家会去做的事情。

（2）　然后依次向右传，请其他学生写下他们对这位学生的鼓励或建议。直到这张纸最后落到主人的手里。

（3）　每位学生仔细阅读他人写给自己的内心话。

（4）　请学生们大声念出自己"三天生命的规划"，并对他人表示深深的感谢。

（5）　小组分享。

（6）　团体领导者总结：其实每个人都有遗憾，也都想去挽回，只是因为一些原因没有去做，与其等到那个时候，不如现在就去做。如果我们把每一天都当做生命的最后一天来过，那我们的生命一定更加精彩。

训练 11-7　延伸的生命价值

设计理念：通过活动，体验生命价值的意义。

活动目的：生命价值取决于生命本身，而不因外界的变化而改变。

道具准备：人民币 300 元，一张白纸。

活动时间：15 分钟。

活动程序：

（1）　教师进行角色扮演。假设今天刚捡到了 300 元钱，下面问大家：老师刚才捡到 300 元，下面我们进行角色扮演。假如这 300 元是在座所有同学丢的，那么我打算把捡到的钱还给你们，想要回的请举手，统计人数，并问原因。

（2）　在我把钱还给你们之前请允许我做一件事情（把钱揉成一团）问：想要回的请举手？

（3）　接着老师把钱扔在地上踩。再问：想要回的请举手？

（4）　这 300 元钱已被弄脏，并且很不尊敬地还给你，你为什么要回这钱？学生自由回答（说明这 300 元价值没变）。

（5）　团体领导者总结：其实人的生命价值就像这 300 元一样，不管你怎样对待他，价值是不变，关键是看你如何发挥其价值的。

三、感恩生命

因为生命的存在，我们才有机会与不同的人相遇，才会在工作、生活中体验到人性的美好，成功的喜悦。生命的存在是一切价值的前提。珍爱生命当从感恩开始。

训练 11-8　人生选择题——生命之重

设计理念：通过纸笔联系，让学生思考生命中最重要的东西是什么。学会感恩和珍惜。

活动目的：让学生思考对于自己生命中最重要的东西，懂得珍惜和感恩身边的人。

道具准备：纸、笔、手语视频《感恩的心》。

活动时间：30分钟。

活动程序：

（1）给每位学生发一张纸，每人用笔在纸上写上对自己比较重要的20个人的身份，比如父母，男朋友，姐姐，老师，朋友等。

（2）然后将20个身份舍弃10个，再舍弃5个，再舍弃3个，再舍弃一个。

（3）引导大家思考对于自己生命中最重要的东西。

（4）请同学回答自己的选择及理由。

（5）然后，由领导者用电脑播放并引导参加活动的成员唱手语歌《感恩的心》。

（6）团体领导者总结：我们要学会感悟生命的最高境界在于感激和感恩。每一个活着的生命本身就是一种幸福，学会感恩生活。感谢我们的父母给予我们生命；感谢我们朋友给予我们快乐；感谢我们的老师给予我们知识。

训练 11-9　生命有你更美好

设计理念：通过纸笔练习，让学生发现生命中值得感恩的人和事，体验生命的美好。

活动目的：感受自己周围其他人和事的重要性。

道具准备：纸、笔。

活动时间：20分钟。

活动程序：

（1）请小组同学回忆在以前的什么时候，什么人曾经帮助过你？对你有何影响？并把它们写下来。

（2）请小组同学回忆，在以前的什么时候，你曾经帮助过哪些人？对你有何影响？请把他们写下来。

（3）小组分享，当你得到别人的帮助时，你有什么感受？你帮助别人后，你的感受是什么？

训练 11-10　三个感谢

设计理念：通过每日练习，让学生体验生活中值得感谢的事，学会感恩生活。

活动目的：感受日常生活中感恩的人与事，珍爱生活，感恩生命。

道具准备：纸、笔。

活动时间：15 分钟。

活动程序：

（1）小组成员请思考，从昨天到今天这个时候，你经历的人和事中，写出三个感谢的事件。

（2）请小组成员下课后，每天在睡觉前写出三个感谢；一周后在课堂上分享。

（3）小组成员分享这三个感谢带给你何种影响和感受？

本章提要

1. 人的生命成长是指人从出生到成熟，直至衰老和生命最后阶段的生命全程（life-span）的发展过程。

2. 生命意义对心理健康有积极影响。

3. 自杀，就是人采用各种手段主动结束自己生命的行为。大学生自杀往往是多种因素的综合作用结果，自杀这种极端方式并不是解决问题的最佳方式。

4. 生命教育（life education）它教会人们珍视生命、保护生命，引导人们尊重生命、学会感恩、学会宽容。

5. 心理危机干预是指针对处于心理危机状态的个人及时给予适当的心理援助，使之尽快摆脱困难，积极的干预措施对自杀企图是会有效的。

复习思考题

1. 什么是生命？

2. 本章中所介绍存在主义认为人生的六大命题是什么？

3. "画说生命"。请你尝试用绘画与文字结合的方式，围绕大学生生命历程中的"感动"、"美好"、"挫折"、"成长"等关键词，以图（四格图）文相结合的方式解读生命，思考感悟生命形态，彰显生命价值。

4. 每一年，我们都会看到很多因为洪水、地震等自然灾害带来的灾难，在灾难面前，人们表现出顽强的生命意愿和与灾难抗争的坚强决心，请收集整理体现"珍爱生命"、"感恩"的事例与同学们分享，并谈谈你的收获。

拓展训练

一、必练

心理测验：自杀风险评估检核表（中国台北仁济疗养院新庄分院心理卫生科　谢文杰）

自杀风险评估检核表

指导语	下列个体为一个人企图自杀时的可能性反应。倘若你身旁的个案疑似为自杀的高危险人群时，请依照题目的指示，在题后以"∨"号表示符合的状况。
项目	感到强烈的无望/绝望
	自尊非常低
	感到哀愁与忧郁，并且对喜爱的活动兴趣丧失
	酒类或药物的使用量比以往多
	近期有经历失落事件或与重要的他人分离
	饮食、饮酒或睡眠情况出现戏剧性的转变
	变得非常喜怒无常
	突然变得沉静
	言谈过程中透露出自杀的想法
	对于死亡有预期性想法
	在课业或工作上的能力表现不如以前
	从朋友群聚中退缩下来
	从过去的经常性活动中退缩下去
	不重视自身外表
	精神集中感到困难
	出现身体症状，如，头痛或者倦怠
	强烈地出现罪恶感或羞耻感
	出现暴力、敌对或反叛的行为（尤其是年轻人最常有此反应）
	近期是否曾因接受精神科住院治疗后出院
附记	当您所打"∨"的愈多时，您就越有理由考虑被评估为正受到自杀的威胁，请给予妥善的专业处置。

二、选练

请参考下面的"死亡意愿书"，设计一份自己的死亡意愿书。

死亡意愿书（the living will）

给我的家人、我的医师、我的律师及所有关心我的人：

死亡就如同出生、成长、成熟、老化一样真实——这是生命必然的结果，若死亡时刻来临，而我不能再为己身之未来做任何决定时，本文件就是我意愿的一种表达，这是我在心智健全时签署的。

当我无法自严重的身体或心理残障中复原时，我希望能安然死去，切勿借助药物、人为方式或者"英雄式的处置"来维持我的生命。当我苦于疼痛时，希望各位能持怜悯之心给我止痛剂，即使会缩短我残余的生命亦然。

这份自白书是深思熟虑后才签署的，它乃根据我强烈的意愿和信念。渴望我所表达的意愿，能在法律所允许的限度内得以实现。虽然截至目前，法律尚未有强制权，但我希望看到我意愿书的人，能持道德勇气执行之。

日期：＿＿＿＿＿＿＿＿　　　　　署名者：＿＿＿＿＿＿＿＿

见证人：＿＿＿＿＿＿＿

见证人：＿＿＿＿＿＿＿

此份请求的副本已交付：＿＿＿＿＿＿＿＿

推荐阅读

1. ［美］米奇·阿尔博姆，吴洪译：《相约星期二》。上海译文出版社 2008 年 1 月出版。该书的主人公莫里是一位年逾七旬，身患绝症的社会学心理教授，1994 年，当他知道自己即将因病离开这个世界的时候，他与自己的学生，美国著名专栏作家米奇·阿尔博姆相约，每个星期二给学生上最后一门课，课程的名字是人生，课程的内容是这位社会学教授对人生宝贵的思考，课程总共上了十四周，最后一堂是老人的葬礼。老人谢世后，学生把听课笔记整理出版，定名为《相约星期二》。书中涉及有关世界与死亡，家庭与感情，金钱与永恒的爱等人生永远的话题。作家余秋雨在此书中译本的序言中说："他把课堂留下了，课堂越变越大，现在延伸到了中国。我向过路的朋友们大声招呼：来，值得进去听听。"如果大家想知道生命的意义，看这本书很有意义。该书的故事后来又被拍成同名电影。

2. 《阿甘正传》（Forrest Gump），是一部根据同名小说改编的美国电影，小说作者温斯顿·格卢姆（Winston Groom）。电影荣获 1994 年度奥斯卡最佳影片奖、奥斯卡最佳男主角奖、奥斯卡最佳导演奖等 6 项大奖。影片像是一部人生寓言，在影片中，阿甘的智商尽管并不高，但他的身上却具有这个社会已经远离许久的诚实、守信、勇敢、真诚等美德，阿甘的经历正是代表了我们每个人的纯真年代。影片中阿甘在不停地跑，跑过孩子的追赶，跑过橄榄球，跑过死亡，跑过全美国。跑给他带来的巨大的荣誉，战争英雄，明星球员。在影片中，跑，不只是一种运动，更是一种精神，面对命运，他从没担心过自己的智商只有 75，他所做的，所关注的，只是做他能做到的最好的事。

3. 利奥·巴斯卡利亚著，任溶溶译：《一片叶子落下来：关于生命的故事》。南海出版社 2014 年 4 月出版。这是一则关于生命的童话。作品以一片叶子经历四季的故事，来展现生命的历程，阐述生命存在的价值。简单亲切的文字，意味深长的寓意，清新简洁的画面，无不令人感动，给人慰藉……

参考文献

［1］　Dennis Coon（美），郑钢等译. 心理学导论——思想与行为的认识之路（第 13 版）. 北京：中国轻工业出版社，2014.

　　[2]　Kirsh，S.（美），Duffy，K. G.（美），Atwater，E.（美）著，何凌南等译. 心理学改变生活 [M]. 机械工业出版社，2015.

　　[3]　樊富珉. 团体心理咨询 [M]. 北京：高等教育出版社，2006.

　　[4]　弗兰克（Viktor E. Ftankl，1905—1997）（德）. 无意义生活之病苦：当今心理疗法 [M]. 三联书店，1991.

　　[5]　李文霞，任占国，赵传兵. 大学生心理健康教育 [M]. 北京师范大学出版社，2013.

　　[6]　谭华玉. 大学生心理健康教育-基于积极心理学角度 [M]. 人民邮电出版社，2016.

　　[7]　徐惟诚. 大不列颠百科全书（国际中文版）[M]. 中国大百科全书出版社，2002.

　　[8]　杨敏毅，鞠瑞利. 学校团体心理游戏教程与案例 [M]. 上海：上海科学普及出版社，2006.

　　[9]　文书锋，胡邓，俞国良. 大学生心理健康通识（第 2 版）[M]. 中国人民大学出版社，2013.

　　[10] 蔡亚平. 高校生命教育的现实需求与实施路径 [J]. 教育探索，2011（11）：28-29.

　　[11] 刘耀，况利，艾明，牛亚娟，费立鹏. 生活事件、社会支持及生命质量与大学生自杀未遂的关系 [J]. 第三军医大学学报，2014（6）：1138-1141.

　　[12] 石艳华. 大学生自杀意念的影响因素及干预策略 [J]. 学校党建与思想教育，2013（7）：64-65.

　　[13] 田琪，汪晓敏，章荣华，陈卫平，祝一虹，朱婉儿. 杭州市青少年自杀问题现况调查 [J]. 中国心理卫生杂志，2012（3）：231-236.

　　[14] 徐洁，常美玲. 大学生生命价值观研究的现状、问题及方向 [J]. 中国青年研究，2011（11）：11-15.

　　[15] 赵泽华. "欣赏生命". 转自 http://blog.sina.com.cn/s/blog_4abcaf950100076y.html.

第十二章　幸福感受能力训练

放飞心灵，你将收获快乐。生命有时虽然黯淡，但只要心中有月，眼中有星，心灵就会感受到一抹光亮。给生活一个微笑，你将收获满满一篮子的快乐与幸福！

关于幸福感的话题，从未像今天这样备受关注。在纸笔的年代，人们收到的书信、贺卡和明信片上面，"祝你幸福快乐"是最常见的祝辞。在飞信、微信的年代，"幸福"的字眼更是频繁出现。近些年来以幸福冠名的电影、电视剧热播，哈佛大学的《幸福课》同样广受欢迎，其影响力早已超越大学课堂，成为世界范围内的"淘课族"追捧的心灵教程。现代化给人类带来的一个重要成就无疑是物质生活条件的不断改善和生活质量的日益提高。然而，现代化又是一个充满悖论的进程，与客观福祉的提高形成对比的是，主观幸福并没有呈现相应程度的上升，这无疑构成了现代化的一种困境。这是为什么呢？本章和你一起揭示幸福的秘码。探讨幸福的内涵，人们为什么感受不到幸福？如何才能提升幸福感呢？

只要你有一件合理的事去做，你的生活就会显得特别美好。

—— 爱因斯坦

一个人有了远大的理想，就是在最艰苦困难的时候，也会感到幸福。

——徐特立

学习与行为目标

1. 了解幸福内涵、幸福的属性及本质。
2. 认识到人们为什么经常感受不到幸福的原因。
3. 学会提升个人的幸福感。

第一节　幸福概述

历史学之父希罗多德在《历史》中讲了一个故事：从人类懂得思考起，就一直在询问幸福的谜题，但至今仍无人能够解答。不过在美国哈佛大学一间神秘的小屋里，却隐藏着人们寻找幸福的藏宝图。记录了一个名叫"格兰特幸福公式"的实验。这是历史上耗时最长，也许还是最昂贵的心理和社会学实验。它完整记录了268名哈佛大学男性学生的人生轨迹，从来到哈佛，到参加二战服兵役、结婚、离婚、事业升迁或失败，直到如今退休，这些学生定期接受医学检查，进行心理测试，回答调查问卷，还接受访谈。这一切，只是为了寻找幸福人生的公式。

最近，已经82岁高龄的格兰特总结了50年的研究，并写成《成功的经历：格兰特研究中的男人》一书。他认为自己已经找到预测幸福（心理和身体上）的7大因素。除了成熟的心理防御机制外，其他因素包括：教育、稳定的婚姻、不吸烟、不酗酒、适当运动、健康的体重。随着参与格兰特实验的哈佛学生一个个离开人世，幸福公式实验即将画上句号，但那些泛黄纸张上的记录却会永远保存。透过那些，似乎能看到这些"天之骄子"是如何生活的，我们也可以领悟到，获得幸福的关键不在于遵循某些标准或者避免某些问题，而在于保持着一种谦卑而认真的态度，去面对人生的痛苦和希望。

一、幸福的内涵

（一）幸福的定义

根据目前已查阅的文献资料来看"幸福"，旧谓福运、福气。《左传、成公二年》"请收合余烬，背城借一，敝邑之幸，亦云从也。"《汉书·高帝纪下》"愿大王以幸天下。"颜师古注："福喜之事，皆称为幸。"辞海缩印本89年版，第607页福佑也，古称富贵寿考等齐备为福。《老子》："福兮祸之所伏。"《韩非子》卷六："全寿富贵之谓福"。由"幸"、"福"两字合成的"幸福"词，最早出现在《新唐书·李蔚等传赞》："至宪宗世，遂迎佛骨於凤翔，内之宫中。韩愈指言其弊，帝怒，窜愈濒死，宪亦弗获天年。幸福而祸，无亦左乎！"清魏源《默觚下·治篇》："不幸福，斯无祸；不患得，斯无失"。自此"幸福"一词便为后人沿用。

幸福是人类一种既古老又永远恒新的追寻目标。关于幸福的理解，在人生理论上很复杂也很多元。据载，单是罗马禄时代就有200多种关于幸福的互相矛盾的定义。一切时代的思想家们都作过探究并得出自己的结论。其实人生幸福的探究未必只是思想家们的事，也是每一个现实生活中的人所必须明白的问题。幸福似乎成了一个谜，一万个人有一万种答案。因为幸福是自己的感觉。就像世界上没有两片完全相同的树叶，世界上没有两个完全相同的人，也不会有两个完全相同的感觉，那么世界有多大，人有多少，幸福就会有多少种。

就哲学视野而言，综合各家有关"幸福"概念定义的基本观点，大致有下述三类：一是建立在自然人性论基础上的趋乐避苦的人生幸福观。自然人性论者所追求的"幸福"，是他们意识中的现实感官幸福。自然人性论肯定人在自然属性方面的需要，把感性快乐和幸福统一起来，有助于清除禁欲主义的束缚。在理论深层上，肯定人们物质生活需求的满足是道德和幸福的基础。然而"趋乐避苦"感性幸福原则在强调肉体快乐的时候，混同了人的本性与动物的本性。二是建立在理性主义人性论基础上的理智幸福观。古代以苏格拉底、柏拉图、斯葛特学派等为代表，而近代以笛卡儿、康德、黑格尔等人为代表。他们认为人生目的和幸福在于按理性命令行事，而感官的享受和快乐只会玷污理性，荒废人生。应当看到，理性主义人性论的幸福观中，含有一种人性自我觉醒中的升华，含有对人类理想生活的有益引导，对于今天也仍不失其益。三是建立在社会人性论基础上的德性幸福观。社会人性论主张人的本质在于其社会性，人生的价值及其幸福在于人们通过人生活动而满足社会和他人需要的积极作用。只有把个人的利益幸福和他人、公众的利益幸福结合起来的生活，才是既符合人的本性，又符合道德的幸福的生活。

以Seligman和Csikzentmihalyi的2000年1月《积极心理学导论》为标志，愈来愈多的心理学工作者们开始涉足此领域的研究，矛头直指向过去近一个世纪中占主导地位的消极心理学模式，逐渐形成一场积极心理学运动。作为中国幸福科学（积极心理学）的学术带头人，清华大学心理学系主任、中国国际积极心理学大会执行主席彭凯平指出"很长时间人们对幸福的理解仅仅局限为一种个人的体验，但幸福更多的是一种社会、文化、家庭的整体体验，"；Eunkook Mark Suh（韩国延世大学教授）："众所皆知，一个快乐的秘密就是你能够把你的快乐表达出来，渲染在周围，你就会变得更快乐。"香港城市大学心理学教授岳晓东："我对幸福的理解很简单，幸福是养成一个积极心理的习惯，是你对自己心态的不断修炼。有的人有的时候做事情追求尽善尽美，总是看自己不开心的方面，多过自己开心的方面。日积月累最后得出一个结论，活着没劲。所以我们要养成一个积极的心态习惯。"；著名文化人徐景安："中国现在已经成为全球第二大经济体，已经到了一个新的转折点。进一步深化改革需要新的理念。我的主张是幸福最大化，要建立一个幸福的中国。把幸福放在第一位，现在众人关注的民生问题、公共服务问题、贫富差距问题就有望迎刃而解。幸福中国不但要求改变评价目标，还要改变评价的主体，不能只让政府评价政府，也要让老百姓自己来评价。同时，幸福最大化的目标的落实依赖于社会行为的改变，我们不妨从创造一个幸福的社区、幸福的家庭、幸福的企业开始，逐步改变我们的整个社会。"

纵观中外学者对幸福的不同诠释，即表明幸福概念的多义性，也反映出人们对"幸福"内涵界定尚欠统一严密的论证基础，以及对"幸福"本质认识的不确定性。但"幸福"概念的多义性，又是"幸福"本质的一种表现。

据此，本书将幸福界定为：指人们无忧无虑、随心所欲地体验自己理想的精神生活和物质生活时，获得满足的心理感受。这个定义包含了四个基本的观点：有幸福感的人，在思想和心态上必然是无忧无虑；有幸福感的人，不是受约束和被迫做事，而是自由、自愿地做自己感兴趣的事；有幸福感的人，必然享受着自己理想的精神生活和物质生活；有幸福感的人，必然会获得满足感。

（二）幸福的属性及本质

1. 幸福的基本属性

幸福的本质隐藏于复杂的幸福现象之中，幸福具有四个方面的基本属性：（1）相对性。比较的对象不同，对幸福的感受就不同。从新闻中我们经常看到那么多的空难、海啸、战争、地震夺去了一个个鲜活的生命，很多活着的人感到自己有福气，表现出幸福的相对性。（2）绝对性。还有一些幸福是大家公认的幸福，比如说升官发财、住大房子、长工资、娶媳妇、获金牌等表现出幸福的绝对性。（3）短暂性。幸福的感觉不一定是持久的，有可能是短暂的。幸福感会随着思想状况、物质状况、身体状况以及环境状况的改变而改变。一个人正在为自己中了彩票、买上了自己心仪的汽车和大房子高兴，体检报告出来了，患了绝症，幸福感转眼就化作成悲痛感。（4）持久性。有信仰、有追求，做自己热爱的事业，这种过程会产生持久的幸福感。如"神十上天"。"神十"发射，举世瞩目，荣光的背后，有多少人在默默奉献？仅在太原卫星发射中心，就有600名科技人员为之流汗。他们没有三位航天员有名，但他们的幸福感丝毫不比他们低。

2. 幸福的本质属性

幸福本质是幸福区别于其他现象的根本特质，亦即幸福的内部联系。幸福是人们对自己理想的生活感到满足的一种主观感觉，是自然而然地发自内心的感受，而非客观的标准。自己是否幸福不是由他人来评判；反之，你也不能评判他人是否幸福。既然是主观感觉，就会因人而异，世上没有两个人的条件完全一样，但两个人都有可能获得幸福感。在现实生活中，富人也不一定有幸福感，平民也不一定没有幸福感。因此，幸福是通过幸福感表现出来的，这也是我们经常说将幸福理解成幸福感的缘故。

（三）幸福感产生的心理机制

正是由于幸福感的复杂性和不确定性，人们探讨幸福感产生机制的研究也是很深入的，右脑的生理机制、社会比较心理机制种种，相关内容可以作为课下研读的内容，本节课我们只是用一些图例，来说明幸福感产生的心理基础。

　　一是外部与内部的关系。我们选择的参照系不同，同样也会影响着人们对事物的判断。如这张在心理学知觉中的一张经典图片（图 12-1）：大家看看中心圆一样大吗？学过心理学的人会说，一样大，可我们看见的其实就不一样大对吗？又比如这张图片（图 12-2）：你首先看到的是六支花瓶；然后也可能会是六对人脸，再细看，这六对人脸还不一样，有严肃的，有开怀大笑的，有接吻的，有微笑的。总之，神态不一，你的心情不一样选择也会不一样的。如果你是在热恋中的年轻人，你会选第四对，我们可能就会选第 2 对，还有喜欢喝酒的男同学可能会选择酒杯之类的。

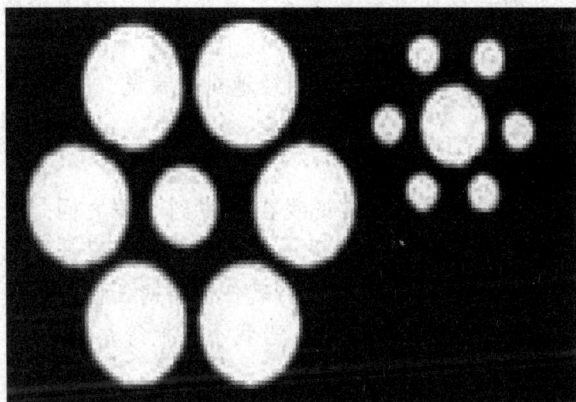

图 12-1　知觉选择图　　　　　　　　　　　图 12-2　双向选择图

　　二是主观与客观的关系。幸福感是主观对客观的反映，幸福感的主观指标要受到客观因素的制约。如我们人类照镜子时会发现，正常的平面镜子会真实反映我们的原型，但在凸凹不平的哈哈镜前，我们经常会走形；当然，我们在不同的心态下的选择也有可能不同，这就如同唐玄宗天宝十五年（756）七月，安史叛军攻陷长安，肃宗在灵武即位，改元至德。杜甫在投奔灵武途中，被叛军俘至长安，次年（至德二年）写出"感时花溅泪，恨别鸟惊心。"花鸟本为娱人之物，但因感时恨别，却使诗人见了反而堕泪惊心。所以，幸福的心理机制可以从主观与客观、外部与内部反应出来。

二、幸福研究的理论基础

　　随着人们生活水平的不断提高，幸福研究日益成为学术界关注的一个焦点问题。然而，幸福成为一个热点问题源于 20 世纪积极心理学的兴起,本章着重介绍积极心理学的产生和主要观点。

　　积极心理学（Positive Psychology），中国大陆翻译为"积极心理学"，中国台湾翻译为"正向心理学"，中国香港翻译为"正面心理学"，它倡导心理学研究积极取向，关注人类积极的心理品质，强调人的价值与人文关怀，以一种全新的姿态诠释心理学。2004 年初出版的《现代心理学史》第八版中，美国心理学史家舒尔兹把积极心理学称为当代心理学的最新进展之一。

专栏 12-1　积极心理学的诞生故事

你可能不会想到，正在改变人类生活的"积极心理学"竟起源于一个父亲和他五岁女儿的一次交谈。那一天不仅让他从过去五十年阴暗的气氛中走出来，整个世界也开始向着探寻如何获得幸福的生活迈进……

父亲在自己屋前的花园里割草，他的小女儿尼奇在一边玩着。这位父亲是一个做事很认真、很专注的人，即使在他割草的时候也是如此。他的女儿则显得天真活泼，她在父亲的身边又唱又跳，还不时地把父亲割下的草抛向天空。父亲对女儿尼奇的行为不耐烦了，于是对着尼奇大声地训斥了一声。

尼奇一声不响地走开了，可不久她又回到花园，并且一本正经地对父亲说："爸爸，我想和你谈谈。"

"可以呀，尼奇。"爸爸回答说。

"爸爸，你还记得我在过 5 岁生日之前的情况吗？你常说我在 3 岁到 5 岁之间是一个经常爱抱怨和哭诉的人，那时的我经常要对许多事抱怨和哭诉，也不管这些事是要紧的还是无关紧要的。但当我过了 5 岁的生日后，我就下决心不再就任何事对任何人抱怨和哭诉了，这是我长这么大做过的最难的一件事。不过我发现，当我不再抱怨和哭诉时，你也会停止对我吼叫和训斥。"

女儿尼奇的这番话使这位父亲非常吃惊，他没想到自己小小的女儿居然明白如此深奥的道理——停止抱怨，积极生活。他开始自我反省——反省自己对女儿、对生活、对职业的态度和行为，并得出如下的结论：首先，他觉得抚养孩子并不是一味地呵斥和纠正孩子的不当行为，而是要理解孩子的心，要多与孩子交流孩子本身具有的积极力量，并对孩子的这种积极的力量进行培养和鼓励，唯有如此，孩子才能真正克服自己的缺点，并取得进步。其次，他发现自己的生活方式有待改进，因为他总是生活在消极的阴影里，总是用消极的方式去对待他人的缺点和不足，他总是抱怨生活的不幸与不公，抱怨、挑剔他人的不足，因而让他的生活很不开心，也许换一种积极的方式去对待生活、对待他人，自己的生活状态会有所改善。再次，女儿尼奇的这番话还使他对自己从事的职业产生了新的认识。这位父亲是一位知名的心理学家，在这之前，他与大多数的心理学家一样，关注的是人类消极的心理——心理疾病的原因和治疗方案等，但是，作为一位父亲，他应当去发现子女的积极力量和品质，相信子女们具有自我成长的动力和能力，那么，作为一名心理学家，是否也应当去挖掘和发现人类积极的心理品质和力量呢？于是，他开始转变自己研究的方向，尝试着研究人类心理中积极的方面，并取得了卓越的成就。

这位父亲就是美国心理学会前主席塞里格曼。正是女儿尼奇的一番话，塞里格曼开始构想发起一场新的心理学运动——一种关注人的积极力量和积极潜力的心理学运动：积极心理学运动。1996 年塞里格曼担任美国心理学会主席以后，便开始利用他的影响到处呼吁开展积极心理学运动，并把创建积极心理学看作自己在美国心理学会主席任期中最重要的使命之一。2000 年，塞里格曼与契克岑特米哈伊在《美国心理学家》（American Psychologist）上发表《积极心理学导论》一文，标志着积极心理学的诞生。

积极心理学的主要观点：积极心理学是心理学史上具有革命意义的学科，其研究对象是普通人的心理活动，针对大部分人的心理状况来指导人们如何追求幸福生活的学科。积极心理学认为，心理学不仅仅应对损伤、缺陷和伤害进行研究，它也应对力量和优秀品质进行研究；治疗不仅仅是对损伤、缺陷的修复和弥补，也是对人类自身所拥有的潜能、力量的发掘；心理学不仅仅是关于疾病或健康的科学，它也是关于工作、教育、爱、成长和娱乐的科学。具体就研究对象而言，积极心理学的研究分为三个层面，在主观的层面上是研究积极的主观体验：幸福感和满足（对过去）、希望和乐观主义（对未来），以及快乐和幸福流（对现在），包括它们的生理机制以及获得的途径；在个人的层面上，是研究积极的个人特质：爱的能力、工作的能力、勇气、人际交往技巧、对美的感受力、毅力、宽容、创造性、关注未来、灵性、天赋和智慧，目前这方面的研究集中于这些品质的根源和效果上；在群体的层面上，研究公民美德，和使个体成为具有责任感、利他主义、有礼貌、宽容和有职业道德的公民的社会组织，包括健康的家庭、关系良好的社区、有效能的学校、有社会责任感的媒体等。

三、幸福的现状分析

（一）人们为什么感受不到幸福

毋庸置疑，随着社会的发展，物质生活好了，人们的幸福感却并未随之上升，相反普遍有一种幸福感的缺失。可谓"吃嘛嘛不香"，还有一种所谓的"阿司匹林"的现象，无论多大的好事，人们很快就高兴不起来了。哈佛幸福公开课居然成为哈佛大学最受学生们欢迎的课程，甚至超过了经济学，国内 2012 年十大流行语排行中："正能量"位居第一，你幸福吗？位居第二。我们随便打开电视，以幸福命名的电影、电视剧比比皆是，什么《幸福来敲门》、《幸福像花儿一样》。可见人们缺乏幸福感，渴望幸福感。

国内外关于幸福感指数的研究已不是局部了，而且有铺天盖地之势。幸福感指数排名随处可见，请大家看一组数据，虽然不能说是绝对权威，但还是能从一个侧面反映现实的：美国哥伦比亚大学地球研究的经济学家在联合国会议中发布了这份报告：其中引用了盖洛普世界民意调查结果，即 2005 至 2009 年间 155 个国家及地区数千名受访者的幸福指数：丹麦排名第 1，美国排名第 14，中国排名第 125。这是为什么呢？

我们可以从下面的公式中找到答案：$不幸福 = \dfrac{负面影响}{承受能力}$

从公式中，我们发现：负面影响与不幸福成正相关；承受能力与不幸福成负相关。

我们先看分子：

负面影响的因素可以从宏观数据和微观现实两个方面，发现我们的现实：

（1）宏观数据。同学们如果经常看新闻联播，可能会注意到我们中国在刚刚过去的十年里，GDP 增长了 1.5 倍，紧次于美国，位居全球第二。显然高速增长的数字背后一定是高强度的工作。

有一个规律：特别富裕和特别贫穷的国家，人们的幸福感未必低，因为人们要么贪图安乐，要么穷开心；倒是发展中的国家，人们的幸福感反而低。这种现象在我们生活中随处可见，比如退休的人和学前儿童现在普遍开心，正在求学的同学和我们这些上班一族反而不开心对吗？

所以，幸福感的高低其实也是进步中的问题，是发展中的问题。

比如，我们观察一下时针、分针和秒针的频率，我们看秒针动 60 下，分针才动一下，分针动了 60 下，时针才动一下。但这三者之间是联动的关系。如果我们打个比方，把时针比喻为我们的国家，时针是我们的学校，秒针是我们广大的联大师生员工。如果我们广大的员工都在动，我们的学校就会发展，我们每所学校发展了，那我们的国家也就发展了。

（2）微观现实。请我们再看现在的身边：我们的同学是不是承受着学业、就业、经济的压力？我们的海归博士是不是承受着"海归"及"海待"的囧态？我们好容易找到了工作，职场是不是经常面临着末位淘汰？我们成年了，马上面临着工作、婚恋、房贷、买车、养老的问题。总之，压力增大，必然幸福感下降。

再来看分母：承受能力。我们说承受能力首先与生活阅历有关。改革开放之前，我们的物质生活极度匮乏，很多学生坐在漏雨的教室里读书，入学后还要承担家庭的负担，下了课要自己烧火做饭，甚至没有足够的纸笔可以尽情演算。尽管我们不希望现在的孩子生活在如此简陋的环境之中，但我们不得不承认艰苦的学习条件也铸就了他们钢铁般的意志。过度保护只会降低人们的承受能力。这也是我们经常感叹现在的孩子为什么没有承受力的缘故之一吧？

当然，承受力也与个人其他的方面相关，如遗传、气质、个性等，也与自己有意识的训练相关。当然我们也比较鼓励一些正能量的传递：像单位经常举办一些娱乐节目，我们做一些笑脸放松操之类的。对同学们自觉增进承受力还是很有好处的。

总之，我们一方面面临着幸福感降低的现实，一方面又充满着对幸福感的期待。电视剧《刘老根》中有一句耐人寻味的台词，说是"高官不如高薪，高薪不如高寿，高寿不如高兴。"此言：高兴才是人生的最高境界。过节时我们被信息包围着，你可以做一个小统计，你收到最多的一定是，祝你天天开心！

（二）如何提升我们的幸福感

同样我们可以给大家便于记住的公式：$幸福 = \dfrac{满足程度}{欲望}$。欲望与幸福感成反比，满足与幸福感成正比。

1. 保持适度的欲望

大凡思维正常的人，都有欲望。一个人连欲望都没有了，就会对什么事情都不感兴趣，缺少热情、缺少投入、缺少追求，那生活将是多么的苍白。问题的关键在于，人们如何把握住自己的欲望尺度，如何做到别为富不仁，不让欲望泛滥成灾，才是可取之举。

欲望适度则为利，欲望过度则为害。明智的人对富有顺其自然，能让欲望的潮水有涨有落，从不越位；愚昧的人，对富有带有很强的野性，总想让欲望的潮水只涨不落，从不清醒。这两种心态的人都要在生活之树上采摘果实，最终有度者可能尝到多一些成功的甘甜，越位者则会尝到某些难咽的苦涩。

2. 升高个体满足感

满足感是人类等生命体内在大脑中枢所反映出的精神感受。它是一种可以令人感到获得愉悦、幸福、满足的强烈积极感受。它来源于欲望获得后的奖赏。简单说就是，个体通过自我满足达到某种精神或物质层面的需求后，大脑所给予下来的类似奖赏的终极美好感受。可以说它就是欲望的终点目的地。一个欲望的完成反馈一个满足感，它可以是附加产品，但也可以成为最终极的追求产品。

满足感既然是一种心理感受，就必然会根据个体需求程度种类的不同而不同。来自哈佛大学的积极心理学专家泰勒・本・沙哈尔（Tal Ben-shahar）指出：我们太忙碌，总想着用最少的时间，完成最多的事情，从而忽视了体会快乐。因此，我们应该学会知足，不断升高个体的满足感。

第二节　幸福感提升训练方法

积极心理学倡导者塞利格曼（Martin E. P. Seligman，1942- ）和同事们将第一组小鼠放在一个盛满不透明液体的池里，池里有座小岛，但淹没在液体下面，小鼠们看不见。小鼠们拼命游泳，直到发现并游到小岛上。将第二组小鼠也放在不透明液体池里，但池里没有小岛，小鼠们拼命游泳直到筋疲力尽。经过 N 次实验后，把两组小鼠放在同一个池里，没有小岛。结果，第一组小鼠满怀着找到小岛的希望，坚持游泳的时间是第二组的两倍（形成"习得性乐观"），而第二组小鼠很快就放弃了努力（形成"习得性无助"）。

塞利格曼的实验说明乐观是可以通过学习获得的。这一结论同样也可以适用于人类（顾群，2009）。而乐观的品质有助于提升个体的幸福感。本节将以积极心理学的理念贯穿始终，提升个体的幸福感。

一、保持希望感

希望（hope）是个体对于一事的渴求与坚持，并且设法去达到目标的行动过程。在漫长的岁月里，希望被认为是追求人类之善，并常与宗教信仰联系在一起。直到 21 世纪，希望被赋予了新的含义，从与宗教相联系的模糊概念转变成具体且积极的一种心理机制，逐渐成为积极心理学者们关注的一大议题（Snyder，2000）。

希望是积极心理学的研究热点之一，它是指将来的积极体验，与乐观相似。Snyder认为，希望是一种目标导向的思维，它包含个人对自己有能力找到达到目标的有效途径的认知与信念（路径思维）和个人对自己激发沿着既定目标前进的必要动机的认知及信念（动力思维）（陈海贤，陈洁，2008）。通俗来讲，希望的三个构成要素分别为：目标；实现目标的方法；推动实现目标的动力（何敏贤，积极心理学本土治疗工作坊，北京，2010 年 8 月）。

目标、路径思维和动力思维是希望的三个重要概念。目标是希望的方向和终点。为了达到目标，个体必须意识到他们有能力找到实现既定目标的有效路径，包括实际有效的路径以及对找到路径能力的感知，这个过程被称为路径思维，如"我肯定能找到解决问题的办法"这类内部语言即是路径思维的表现。希望理论中的动机激发成分就是动力思维，它反映出个体启动并沿着路径不断开拓进取的心理能量，以及对这种能量的感知与信念，具体的表现有"我能做到"、"我一定要坚持下去"等内部语言（Snyder & Lopez，2002）。希望是目标、动力思维和路径思维的有机结合。

对个体有价值的目标是希望的出发点。动力思维推动着个体寻找更多有效的方法来追求自己的目标，同时，通过有效方法所得到的阶段性反馈会进一步激发个体的动机。在目标追寻的过程中，动力思维和路径思维相辅相成、相互促进。假如个体只有很高的动力思维而路径思维欠缺，不断遭受的挫折和失败会很快让目标追寻的过程停滞不前。反之，即使个体有实现目标的方法，但是没有坚持的强烈的动力，同样达不到目的（陈海贤，陈洁，2008）。因此，路径思维寻找实现目标的有效方法，动力思维提供目标追寻需要的精神力量。对于希望的获得，三者环环相扣，缺一不可。高希望感的人通常是多个目标并存、每一个目标有多种方法去实现。

希望是生活中应用领域最广泛的一个概念，它对每一个人来说都非常重要，不管你是需要应对灾难、疾病等危机事件，还是需要提高学习成绩、改善人际关系、提高运动水平。当你身处顺境时，或许看不到希望的重要性，一旦身处逆境，希望的价值就显露无疑。

训练 12-1　在黄光中获得力量

设计理念：推动实现目标的动力是希望的三个要素之一。

活动目的：通过冥想获得力量感。

活动时间：20 分钟。

道具准备：一个不受打扰的场地。

活动方法：请按下列指导语进行。

请找一个舒服的位置坐下或躺下，全身放松。感觉一下，周围是否很宁静？现在将你的注意力集中在呼吸上，深吸一口气，再呼出，感觉是否轻松？再深吸一口气，是不是更加放松？更加放松？你舒服得可以微笑起来。继续保持这么舒服的节奏，每吸一口气，就更加平静。

现在想象一下，在你的眉心中间有一点微微的黄光，这黄光很柔和，很温暖，使你感觉很舒服。这黄光好像太阳刚出来时那种光芒，不会刺眼，有种暖洋洋的感觉。现在，眉心这点黄光慢慢地一直蔓延到眉毛两边，使你双眼周围被这柔和的黄光浸润着，眼皮感觉很重，很舒服。这黄光一直蔓延向你的鼻子、你的脸、你的嘴，整个面部都很放松，平时咬紧的牙关现在也放松下来了，整个头部笼罩着如此舒服的黄光，整个人好像戴了一个光环一样，很轻松、很自然。

这黄光从你的头部经过颈部，流到你的肩膀，使你整个肩膀都感觉到很舒服。你肩膀上的重担都溶解了，卸掉了，肩膀就好像被人做了按摩一样，完全放松了。这种放松的感觉传到你的双手，传到你的手指。不开心的事情都被这些黄光溶解了，从指间流走了。

现在黄光又流向你的身体里面，流向你的心脏，使你的心脏感觉很温暖，好像一股暖流滋润着你身体里面的细胞。每个细胞都觉得很开心，很喜悦，他们在开心地舞蹈、轻松愉快地舞蹈，而且，它们每一个都笑了起来。这黄光随着血管流到其他的器官那儿，流到你的肺部，使肺部的每个细胞变得清晰可见，很精神，有一种很轻松的感觉。现在这种舒服的感觉，连同这黄光，再继续流向你的胃部，流向其他器官，流过一个地方，都把那里洗干净，同时给那个地方增添一些能量。

黄光代表了力量，这一充满力量的黄光，现在流向你的臀部，你的双腿，经过你的膝盖，流到小腿，再到脚底。每一个细胞都好像在跳跃，在飞翔。现在从头到脚，每一个地方都充满了这柔和、温暖、代表了力量的黄光。整个人完全舒服了，你可以好好享受这情境，身体每一个部分都被这种黄光的能量包围着。你可以继续不断保留这些能量，请你记住这种如此舒服的感觉，请把注意力再放在你的呼吸上。吸气、呼气，每次呼吸都如此顺畅，如此舒服（陈丽云，樊富珉，梁佩如等，2009）。

注意事项： 练习过程中如有任何不适请停下来。

创新建议： 指导语可以自己录音，然后听录音来做。

训练 12-2 希望故事

设计理念： 要获得希望，目标、方法和动力三要素，缺一不可；高希望感的人通常是多个目标并存、每一个目标有多种方法去实现。多项研究表明通过阅读、讨论希望故事的练习就可提高青少年的希望水平（Snyder，Shorey，et al.，2002）。

活动目的： 熟悉希望的三要素并能够有意识地运用。

活动时间： 30分钟。

道具准备： 练习纸、笔。

活动方法： 请先阅读下列故事片段，了解什么是目标、方法和动力。然后在练习纸上，以给定的图案为基础，完成一幅图画。并就图画的内容讲述一个希望故事，要求故事中具备目标、方法和动力三个要素。

"小王希望自己的成绩能保持在全班前三名之内。为了达到这个目标，小王在课上专心聆听老师的讲课，遇到不明白的地方，他会主动举手发问，尽管有些同学因为他问的问题太多而取笑他，他依然勇于发问，希望能彻底明白课堂的内容……"

"他决定晚上暂停收看喜爱的电视节目，暂时停止玩喜欢的网络游戏，每天晚饭后立即回房间温习功课。……每当他看到墙上自勉的文字，便又重新振作，继续温习功课。"

"……经过两个多月的努力，他对自己的学习进度表示满意，同时，有信心在即将到来的期末考试中取得好成绩。"

＿＿＿：目标；　＿＿＿：方法；　＿＿＿：动力

（请以图 12-3 中曲线为基础，完成一幅图画，然后就图画内容讲述希望故事）

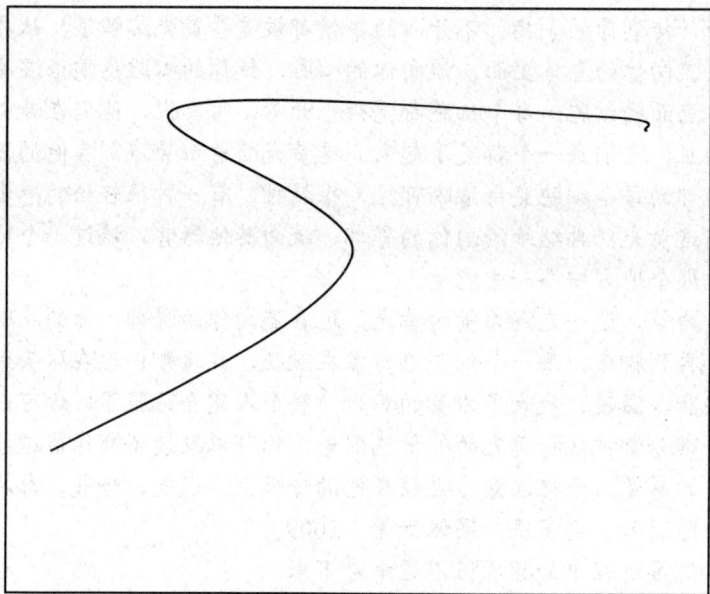

图 12-3　希望故事练习纸示意图

注意事项：画图练习的目的不在于展示你的绘画技巧，所以不必在意你完成的图画好看与否。讲述故事的时候，注意目标、方法和动力三要素要齐全。

创新建议：练习纸上的初始图片可以是任意几何图案。

二、保持感恩心

感恩（gratitude）作为一种积极情感成为积极心理学重要的研究对象之一。这里讲的感恩不完全等同于日常生活或宗教领域里的感恩。积极心理学研究的感恩有特定的含义。感恩是需要付出努力来创造和保持的状态（Emmons，2007）。一般来说，感恩需要有如下三个构成要素：个体认为有一些"好事"发生在自己身上；个体意识到这些"好事"的发生不全都是自己的功劳；以适当的方式表达感激（何敏贤，积极心理学本土治疗工作坊，北京，2010 年 8 月）。适当的感激方式表达对我们来说可能是一个需要考虑的问题，因为大多数情况下中国人习惯的是"大恩不言谢"、"心存感激"或者以"投桃报李"的方式来表示，而不是正式地直接向对方表达感激。

感恩可以帮助个体在遭遇生活中的不幸时度过艰难的日子，克服负面情绪，帮助个体远离心理疾患的侵袭。Fredrickson 等人（2003）在美国 911 事件后展开的一项调查显示，在那个特殊时期，在人们表达最多的情感中，感恩排在第二位，第一位的是怜悯。在这个危机时刻，感恩可以作为应对压力，帮助个体在创伤后成长的重要干预手段。一系列研究表明，感恩可以帮助个体应对生命中突然遇到的无妄之灾，帮助个体面对生死攸关的疾患，也可以帮助个体度过挚爱亲朋亡故的悲伤时刻（Bono，Emmons & McCullough，2004）。

感恩作为一种积极情感体现了个体对人生抱有的态度，即将人生视为命运所给予自己的一种馈赠（Bono et al.，2004）。对积极情感的体验可以帮助个体拓宽自己的注意力和认知的范围，不会仅仅局限于负面的经验。经常地经历和表达感恩的情感可以帮助个体从自我和人际交往两个方面建立充足的资源，应对日常压力和心理疾患。

感恩这种积极情感体验使我们对他人满怀善意。而现实情况似乎是感受、表达感恩的机会很少。想想你的父母、朋友、师长、教练、队友、同学等，能否创造一些机会感受、表达你对他们的感激之情，并借以获得感恩给自己带来的巨大力量和无穷动力。

训练 12-3　表达感激

设计理念：积极的情感体验与生命意义感高度相关（King，Hicks，Krull & Del Gaiso，2006）；当感激成为一种习惯，我们会更多地珍惜生活中的美好，而不会把他们当成理所当然的。

活动目的：构建快乐的有意义的生活，增加积极的情感体验。

活动时间：15 分钟。

道具准备：笔记本、笔。

活动方法：每晚入睡前，写下五件让你值得感激的事。这些事可大可小，从一顿饭到与好友的一次畅谈，从学习到生活。

注意事项：如果每天都记录的话，你可能会发现有些事情会被重复地列出，这很好。重要的是，为了让你每次回忆的情感体验保持新鲜，请在把他们写下来的同时，要想象每件事当时的体验和感受。此外，Lyubomirsky & Sheldon（2005）的研究显示，每周一次的感恩练习或许比每周三次或者更多对改善幸福感水平更有效。为此，当你感到完成这个练习有压力的时候，可适当减少练习的频率，但最少不低于每周一次。

创新建议：不一定记在笔记本上，还可记在 QQ 空间、个人博客等媒体上。此外，如果可以的话，可以跟家人或好友一起做，可以口头表达，共同表示对生活的感激，增加亲密感。

训练 12-4　感恩的心

设计理念：增强个体感恩的习惯，提升个体的幸福感。

活动目的：回顾自己的经历，检视生命中的重要他人，增加感恩体验。

活动时间：15 分钟。

道具准备：练习纸、笔。

活动方法：回顾自己生命里的重要他人，如父母、老师、朋友等，回答"我欣赏你（们）……"和"我要感谢你（们），因为……"两个问题，并填入表格。

人物	我欣赏你（们）……	我要感谢你（们），因为……

完成之后，有什么感受？

你决定用哪些方式表达感谢呢？

注意事项： 认真回顾自身经历，同时回想与重要他人的美好生活片段。

创新建议： 可以作为改善人际关系的练习。

三、保持乐观态度

乐观（optimism）是指个体对自己的外显行为和周围所存在的客观事物能产生一种积极体验。塞利格曼认为，当个体在面临失败和挫折时，不是将其归咎于外部力量就是归咎于自己。塞利格曼将归因风格分为"乐观型归因风格"和"悲观型归因风格"。"乐观型归因风格"的人会认为失败和挫折是暂时的、是特定性的情景事件、是由外部原因引起的，而且这种失败和挫折只限于此时此地；而"悲观型解释风格"的人则会把失败和挫折归咎于长期的或永久的因素、归咎于自己，并认为这种失败和挫折会影响到自己所做的其他事情。

塞利格曼等人认为，乐观主要还是后天形成的一种人格特质，它虽然在不同的人身上存在着不同的表现方式，但大部分人都可以通过学习而形成"习得性乐观"。而一个人一旦形成了乐观人格特质，那他常常就会把生活环境中所面临的困难归因于外在的因素，在任何环境条件下他都会朝好的结果去努力。

训练 12-5　学习乐观

设计理念： 乐观是可以通过学习获得的。有意识地去多感觉有希望的事件或生活经历，会更易于成为乐观的人（顾群，2009）。一个人一旦通过学习而形成了乐观的人格特质，他常常就会把生活环境中面临的困难归因于外在的因素，在任何环境条件下他都会朝好的结果去努力。

活动目的： 构建快乐的有意义的生活，增加积极的情感体验。

活动时间： 15分钟。

道具准备： 日记本、笔。

活动方法： 用写日记的方式记录每天让你感到开心、欣慰、满足、高兴、愉悦等积极体验的事件以及让你产生美好回忆的事件。不一定要轰轰烈烈，即便是一个问候的短信，一个友善的微笑，只要是让你感觉良好的事件或经历，都详细记录下来。

注意事项：这个练习的频率不要太高，也不要过低。每周1~3次就好。

创新建议：不一定记录在日记本上，QQ空间、个人博客等媒体均可。

训练 12-6 天无绝人之路

设计理念：乐观的一个操作性定义是对未来抱有积极的想法。

活动目的：学习乐观。

活动时间：8分钟。

道具准备：练习纸、笔。

活动方法：完成下列句子。

在我的生命中：

曾经关上的最重要的一道门是：_____；

但因此而为我开启的另一道是：_____。

曾经因为走霉运而关上的一道门是：_____；

但因此而为我开启的另一道是：_____。

曾经因为被人背叛而关上的一道门是：_____；

但因此而为我开启的另一道是：_____。

注意事项：认真回顾自己的经历，如实回答练习要求的内容。

创新建议：可设计其他挫折情境来练习。

四、保持勇气

勇气（courage）一直是人们歌颂的美德之一。亚里士多德认为勇气介于极端的胆小和鲁莽之间；斯多葛学派的哲学家认为勇气是面对生活中的困难仍然保持正直。《礼记·中庸》载"子曰：知、仁、勇，天下之达德也"。《老子》载"慈故能勇，俭故能广"。随着积极心理学的发展，勇气也成为了心理学家研究的内容，也是个体非常重要的积极品质。

训练 12-7 勇气训练

设计理念：勇气使人们能直面挫折，而不是逃避。

活动目的：提升勇气水平。

活动时间：需视具体情境而定。

道具准备：无。

活动方法：这个练习不需要你进行空手道、跆拳道或者其他户外探险训练。你只需要从冒一些小风险开始，这些练习不仅可以在日常学习、生活情景中进行，也可以在工作情景中进行。这些练习将帮助你接触你的恐惧。如，你可以走向和你同住一个社区，但只见过几次面的邻居，跟他聊天；你可以尝试在团体中提一个听起来愚蠢的问题；你可以尝试做一种让你感到笨拙或不擅长的体力活动……

注意事项：一周做六次这种冒险，当你感到快到焦虑边缘的时候，继续做那些令你惊慌的事，然后鼓励自己。这个练习的目标不是消除你的恐惧，而是要在你感到恐惧的情况下，照样能行动。

五、保持宽恕的态度

宽恕（forgiveness）是停止对某人或某事原有的仇恨，而且不再想去惩罚或报复。Mauger 等人（1992）在其研究中首先将宽恕分为两种，即宽恕他人与自我宽恕。

宽恕别人可分为两个层次：一是别人得罪你，你忘记这件不开心的事，但仍有可能随时被这件事困扰；二是别人得罪你，你将原本的憎恨转化成积极的意义，达到真正的宽恕，这样会得到真正的快乐。一如《饶恕果真如此轻易》（霍玉莲，香港：突破出版社，1994）中所说，当我们打破了一面镜子，我们可以对着碎片不断埋怨自己，也可以把碎片扫走，消极地忘记曾经打破的镜子。然而，为什么我们不可把这些碎片镶嵌成一幅玻璃画，以至于可以装饰和欣赏？把镜子转化成比原来更美的东西！这不是更积极的处理方法吗？

自我宽恕也可以分为两个层次：Enright 等人（1996）认为，自我宽恕的"自我"可以是作为冒犯者（冒犯自我，冒犯他人）的自我，也可以是作为受害者的自我。在此基础上，Hall 等人（2005）指出，个体对于某些创伤性事件、情景的自责，如亲人自杀，自己并无过错（受害者），却深深自责，也可以从自我宽恕中获益，他更强调对消极情感的克服而不是错事。

在心理治疗领域，宽恕作为一种疗法帮助人们面对愤怒、重拾希望、积极地建设新生活和贡献社会。宽恕可以使个体平缓愤怒、减轻痛苦、摆脱恐惧，还可以使个体增加希望、提高自尊，保持平和的心境；宽恕有助于建立和维护与他人良好人际关系，改善和恢复已经破裂的人际关系；宽恕有助于个体做出亲社会行为，减少攻击行为（李兆良，2009）。宽恕可以提供更高水平的社会和情绪支持，有助于促进身体健康和提高社会适应能力（McEwen，1998）。McCullough 等人（2001）研究表明，在压力应对的过程中，宽恕疗法可以降低消极的行为动机和增强积极的行为动机。消极的动机包括寻仇和报复，积极的动机包括自我完善和重生。通过放松、改变观点、活在当下帮助个体走出愤怒、后悔等负面情绪后，个体愿意宽恕的程度会提高，焦虑和忧郁程度会降低。同时，自信心会增强，对未来的希望亦会提升。当然，真正的宽恕不是表面的姿态，也不等于逆来顺受和委曲求全，而是一种主动选择。

训练 12-8　爱与宽恕

设计理念：个体想象他人宽恕自己，也能提高自我宽恕水平（祁焦霞，陈少华，2009）。

活动目的：通过冥想，增强自我宽恕的能力。

活动时间：15 分钟。

道具准备：不受打扰的场地。

活动方法：请按下列指导语进行。

　　许多不开心或焦虑的情绪都来自我们对别人的不满、埋怨甚至愤怒。如果希望摆脱这些负面的情绪困扰，获得平和、愉快的生活，我们就要尝试有所改变；学习爱与宽恕就是保持良好情绪的一个重要方法。这次冥想练习，就是帮助你尝试去宽恕、谅解自己，也宽恕、谅解他人。

　　请合上双眼，使自己放松下来。深吸一口气，吸入的空气使你觉得自己很平静。再试一下，深呼吸，继续按这个自然的节奏呼吸，现在你想象一下，眼前有一圈淡淡的蓝光包围着，这种蓝，如湖水般，令人感到心旷神怡、胸襟宽广，很舒畅。蓝色代表平和、宽恕，我们可以用蓝光帮助我们进行宽恕。

　　想象一下，你自己被这层蓝光包围着，你将右手放在大腿上，手心向上，你会看见有一股蓝光慢慢由右手心发射出来，你开始进行一个宽恕练习。现在你想一想自己的样子，你觉得自己是怎样的呢？你正如其他人一样，有优点，也有缺点，有时也会犯错误，有时达不到自己的要求。现在你要学习喜欢自己、爱自己，因为健康的人都是爱惜自己的。

　　平时我们很多时候都忽略了自己美好的一面，现在请你回想一下自己小时候的样子，回想自己两三岁的时候，那个小孩子模样。你天真烂漫，很令人喜欢和疼惜，你小时候也曾犯错，但别人会原谅你，你也不会对自己有过分严谨的要求，但是，今天的你可能对自己要求很多，现在就请你放低这些要求，我们做事，最重要的是尽了力，结果完全不掌握在我们自己手上。我们更不需要理会别人的看法及别人加诸我们身上的标准。可能你曾做过一些令自己不开心的事，令你感到后悔的事，但今天你已经变回一个两三岁的小孩。这一刻，你右手手心发出的蓝光，照耀在你眼前的小孩子身上，你的手源源不断地射出蓝光，一股代表平和、代表宽恕的蓝光，一直照耀在这个小孩子身上。你在宽恕这个小朋友，无论他犯了什么错误，无论他以往做得够不够好，你都用心无条件地宽恕他（陈丽云，樊富珉，梁佩如等，2009）。

　　注意事项：练习过程中如有任何不适请停下来。

　　创新建议：指导语可以自己录音，然后听录音来做。可用作自我接纳的联系。

训练 12-9　宽恕冥想

　　设计理念：冥想可以帮助处理过去事件对现在造成的冲击。

　　活动目的：通过冥想帮助放下对他人的怨恨。

　　活动时间：15分钟。

　　道具准备：一个不受打扰的场地。

　　活动方法：请按下列指导语进行。

　　请你闭上眼睛，放松身体的每一部分，放松头部，放松手和脚。身体很舒服，很放松。我静静地躺着，觉得很舒服，周围很宁静，我回到了我的人生路上，我看见了自己认识的不同的人，有些使我很快乐，有些使我不快乐。

　　我碰见了_____（令我生气或愤怒的人），他曾经使我快乐，也曾经使我不快乐。他取走了我的自信、快乐，他不负责任。我知道我对他有憎恨的感觉，这憎恨、愤怒的感觉使我很不舒服。我知道只有宽恕释放，才能使我重新面对生活。宽恕不是为了他，不是为了任何人，是为了我自己。为了自己能活得更好，更快乐，我愿意宽恕他。

放下对他的愤怒和仇恨，让自己轻松。愤怒、憎恨使我们很沉重，我愿意放下这重担。放下，放下……我放下了我的愤怒，我从宽恕中得到力量，我掌握自己的感觉、情绪。我感到轻松、舒畅。我回到这个房间，感觉着自己的力量（陈丽云，樊富珉，梁佩如等，2009）。

注意事项：练习过程中如有任何不适请停下来。

创新建议：指导语可以自己录音，然后听录音来做。可用作改善人际关系的练习。

本章提要

1. "幸福"（happiness）指人们无忧无虑、随心所欲地体验自己理想的精神生活和物质生活时，获得满足的心理感受。这个定义包含了四个基本的观点：有幸福感的人，在思想和心态上必然是无忧无虑；有幸福感的人，不是受约束和被迫做事，而是自由、自愿地做自己感兴趣的事；有幸福感的人，必然享受着自己理想的精神生活和物质生活；有幸福感的人，必然会获得满足感。

2. 幸福具有四个方面的基本属性：即相对性、绝对性、短暂性、持久性。

复习思考题

1. 什么叫幸福？
2. 为什么人们常常感受不到幸福？
3. 结合个人的经历，谈谈如何提升个人的幸福感？

拓展训练

一、必练

1. 你认为本章最重要的知识点和实践策略有：

（1）_____

（2）_____

（3）_____

（4）_____

（5）_____

（6）_____

（7）_____

（8）_____

2. 通过本节课学习，我发现自己的长处是：_____。

存在的不足是 _____。

3. 通过本节课学习，请你针对某一个问题，设计一个训练方案。

_____

_____

_____

_____

_____

_____

_____

_____

_____

_____

_____

二、选练

享受美好的一天

这个练习将带领你体验如何享受生活。如果你决定要做这个练习，请按照下面的步骤和要求逐一实施。

首先，选择一项未来一周内你要从事的活动。这项活动需要满足以下几个条件：第一，这项活动一定是非常个人化的，也就是你自己非常想做的一件事，而不是别人要求你去做的；第二，这件事不会对他人造成伤害；第三，如果参加本次活动的人数在两个或两个以上，要把握一个准则，那就是参加活动的每个人都能够享受这次活动，都能够从本次活动中获得积极的体验。

其次，按照下列模板制定活动计划。

享受美好的一天活动计划

在未来一周内，你计划做此练习的时间段：

_____

_____

具体内容：

_____

_____

可能遇到的困难：

_____

_____

解决方法：

_____

_____

再次，活动的过程中能够全身心地投入，拒绝心不在焉地去做。同时，积极关注活动过程中的美好体验。

最后，活动结束后请撰写一份活动经历，回顾这次活动的美好经历。一周以后，请参加本次活动的成员聚会一次，通过分享各自撰写的活动体验，一起看一看活动过程中的照片或视频等方式，共同回顾本次活动的美好体验。如果是你自己去做的这个练习，也请你在一周后，翻看一下自己的活动体验、照片或视频，来回顾本次活动的美好体验，体验幸福的感觉。

推荐阅读

1. ［美］马丁·塞利格曼：《真实的幸福》。万卷出版公司 2010 年 7 月出版。过去的心理学多半是关心心理与精神疾病，忽略了生命的快乐和意义，塞利格曼博士希望校正这种不平衡，帮助我们追求真实的幸福与美好的人生。本书告诉我们，为何我们会有幸福感？谁会有很多的幸福感？如何能在生活中建立持久的幸福感？本书包含众多的测试，帮助你深入了解自己的幸福感以及自己突出的优势，最终实现幸福、有意义的人生。

2. ［美］马丁·塞利格曼著，赵昱鲲译：《持续的幸福》。浙江人民出版社 2012 年出版。这本书中，塞利格曼具体阐释了构建幸福的具体方法。他提出实现幸福人生应具有 5 个元素（PERMA），即，要有积极的情绪（positive emotion）、要投入（engagement）、要有良好的人际关系（relationships）、做的事要有意义和目的（meaning and purpose）、要有成就感（accomplishment）。

3. 推荐电视剧《幸福从天而降》。江天蓝（刘涛饰）和刘展鹏（涂松岩饰）经历了近 10 年的争吵后，婚姻终于走到了尽头，两人本打算老死不相往来，却因为女儿刘茉莉的抚养权问题不得不频频接触。离婚后，展鹏与新同事杜敏秋渐渐产生了感情。而做了 10 年家庭主妇的天蓝则不得不开始找工作，最终成为邻居韩向东的钟点工，作为厨师的韩向东对天蓝的厨艺非常赞赏，让天蓝成为他的厨房助理，这让天蓝找到了生活目标，而且也让他们渐生好感.天蓝的妹妹江天晴爱上了大自己 10 岁的郑邺，不顾家人反对闪婚，婚后却因为年龄差距而产生了种种问题，其中和郑邺的姐姐郑邢的矛盾尤为严重。天蓝用自己的经历告诫天晴，终于让天晴打消了离婚的念头。离婚后的天蓝和展鹏都感悟到，婚姻要学会体谅，并各自开始了他们新的生活。

参考文献

[1] ［美］马丁·塞利格曼. 认识自己，接纳自己［M］. 万卷出版公司，2010.

[2] ［美］马丁·塞利格曼著，洪兰译. 活出最乐观的自己［M］. 万卷出版公司，2010.

[3] ［美］马丁·塞利格曼. 教出乐观的孩子［M］. 浙江人民出版社，2013.

[4] ［美］埃伦·兰格. 专念：积极心理学的力量［M］. 浙江人民出版社，2012.

[5] ［美］索尼娅·柳博米尔斯基. 幸福的神话［M］. 浙江人民出版社，2013.

[6] ［美］弗雷德里克森著，王珝译. 积极情绪的力量［M］. 中国人民大学出版社，2012.

[7] ［美］埃德·迪纳，罗伯特·迪纳. 改变人身的快乐实验［M］. 中国人民大学出版社，2010.

[8] ［美］肖恩·埃科尔. 快乐竞争力［M］. 中国人民大学出版社，2012.

附录Ⅰ 团体辅导方案

心灵启航

——大学生自我探索成长团体

团体介绍

1. 团体名称

心灵启航——大学生自我探索成长团体

2. 团体性质

从任务性质看，该团体属于发展性团体；从结构化程度看，该团体属于结构式团体；从成员类型看，该团体属于同质性团体；从团体开放程度看，该团体属于封闭式团体；从针对团体对象看，该团体属于大学生团体。

3. 团体目标

整体目标：通过团体活动、小组讨论、分享，达到认识自己、肯定自己、接受自己，促进自我成长，提升心理的成熟水平。

具体目标：本团体希望帮助感到迷茫的大一新生认识自我，通过为队员营造一个真诚、尊重和温暖的小组气氛，引导他们回顾过去的经历，思考自己的性格、价值观、优缺点、情绪的自我控制和人生目标等内容，以及和小组其他成员的沟通、探讨，使组员认识自己、了解自己、自我接纳、肯定自己、增强自我尊重与自信，不但深入地了解自己的个性，而且学会欣赏自己的长处，勇敢面对自己的短处。帮助组员澄清自己的价值观，增强自我方向感。在探索自身的同时思考当前自己的需求，规划未来的人生道路。

4. 活动设计的理论依据

4.1 自我理论

罗杰斯深信人最基本的生存动机就是全面发展自己的潜能，以使自己成长并实现自己。人有能力去发现自己心理上的适应不良，也可以通过改变自己来寻求心理健康。人的负面情绪的出现是由于人在爱与被爱、安全感和归属感等基本需要上受了挫折，得不到满足而发生的。罗杰斯认为，只要人与人之间无条件地、真诚地尊重、关怀，个体就能调节自己的经验朝向自我实现，使自我更趋向于理想自我，使自我更完善，更成熟。

4.2 埃里克森的心理发展观

埃里克森认为个人在出生之后依靠与环境的接触和互动而发展成长，人的一生是一个连续不断的人格发展过程。在发展过程中，个人的自我成长需要在社会环境的限制下会产生一些"发展危机"。在不同的年龄阶段会产生不同性质的发展危机。埃里克森将人生全程按照危机性质的不同划分为八个时期。

12～18 岁的年轻人处于青年期，处于心理社会期的第五个时期，主要面临的问题和困惑是自我同一性，同一性混乱具体表现为自我认识偏差、自卑、人际关系不良等一系列迷失性的问题。因此，这一阶段的主要任务就是要建立同一性，即帮助青少年认识自我、了解自我、思考自身角色和责任，以及与周围环境的关系，确立自己正确的位置和发展方向。从成长的迷失中走出，调整自我，坦然面对未来。

4.3 人际需要的三维理论

舒茨提出人际需要三维理论，认为三种基本的人际需要决定了个体在人际交往中用的行为，以及如何描述、解释和预测他人行为。三种基本需要的形成与个体的早期成长经验密切相关。

① 包容需要：个体想要与人接触、交往、隶属于某个群体，与他人建立并维持一种满意的相互关系的需要。

② 支配需要：个体控制别人或被别人控制的需要，是个体在权力关系上与他人建立或维持满意人际关系的需要。

③ 情感需要：个体爱别人或被别人爱的需要，是个体在人际交往中建立并维持与他人亲密的情感联系的需要。

4.4 海德尔的平衡理论

海德尔的平衡结构理论，即为"P—O—X"模式。在此 P 代表一个知觉主体，O 代表另一个知觉主体，X 代表知觉对象。海德尔认为，P、O、X 这 3 种成分的相互作用可以组成一个认知场。对于知觉者来说，这个认知场有时是平衡的、稳定的，有时是不平衡、不稳定的。任何两种成分之间的"＋"号表示他们之间的关系是肯定的正关系，而"－"号则表示他们之间具有否定的负关系。平衡的情况是令人愉悦的，在非平衡的状态中，知觉者感到紧张和压力，从而产生了恢复平衡的力量。恢复认知结构平衡的途径之一就是知觉者改变对知觉对象的态度，如 P 改变对 X 的态度，从而改善与另一个知觉主体 O 的关系。从海德尔理论来看，人际关系改善的动力就在于人们有恢复认知结构平衡的需求。这种理论常被用来解释人际关系的变化情况。

因此，进行有关自我探索的团体心理辅导是必要，此主题的心理辅导有利于大学生的心理成长，自我同一性的建立，有利于个人未来的发展。

团体活动计划

心灵启航　单元 1 快乐相识幸福相交

团体阶段	团体心理辅导创始阶段
单元目标	介绍团体活动的情况，彼此认识，团队建立，形成小组，形成团队的基本规则，明确小组中的责任分工，初步认识自我。
活动时间	年　月　日
具体活动内容	（1）领导者引言，致欢迎词。 （2）大风吹。 活动目标：活跃氛围，促使成员尽快投入活动中去，打乱座位，为随机分小组做准备。 活动时间：约 15 分钟。 具体操作：（1）将坐垫围成一圈（坐垫数目要比人数少一个）。（2）除了当鬼的人以外，其余的人分别坐在不同的坐垫上。每块坐垫限坐一人。（3）做鬼的人站在中央，他可以随意说大小风吹。如果他说大风吹，他说有 X 的人必须起来换位置。如果说小风吹，则是相反，没有 X 的人起来换位置。换位置时不能持续两人互换或坐回原位。没抢到位置的人则是新鬼。（4）做鬼三次的人则算输，需接受处罚。 （3）分组。 请同学们从 1～5 连续报数，报同样数字的人结为一组。 （4）建组。 小组建立（选组长、组名、组徽、组歌、组规，全体组员上台汇报） 活动目标：形成小组，初步建立团队，为后面的自我探索活动做准备。 活动时间：约 1～1.5 小时。 活动材料：每组一张 A4 纸，每组两张草稿纸，每组一盒彩色铅笔，每组三根签字笔。 具体操作： ① 小组内成员再次进行自我介绍，加强组员间的熟悉程度。 ② 选出小组组长。

（续表）

	③ 在组长的带领下，小组成员进行协商，为小组取一个组名，写在 A4 纸上。 ④ 在组长的带领下，小组成员进行协商，设计组徽，组歌，制定小组的组规，并整理后写在 A4 纸上（每位成员签上自己的名字）。 ⑤ 在组长的带领下，小组成员确定自己的个人目标。 ⑥ 全体组员上台，介绍组名，组员，组徽的意义，共唱组歌，宣读组规，自己的个人目标。
	（5）自我介绍。 活动目标：加深彼此之间的了解，增进每组相互间的认识，并了解理智层面上的自我概念。 活动时间：约 20 分钟。 具体操作： 以小组为单位，用第三人称描述自己是个怎样的人，在组内做交流分享。
	（6）别人眼中的自己。 活动目标：从别人的视角来认识自己。 活动时间：约 20 分钟。 具体操作： 以班级为单位，每人背后贴张纸然后相互在其他人背后的纸上写下自己对他印象最深的特点，而后以组为单位进行交流分享。
	（7）动物意象引导。 活动目标：应用意象对话技术引导活动者去探索潜意识原始认知层面的自我概念。 活动时间：约 60 分钟。 具体操作：以班级为单位进行意象对话引导，并作交流和分享。
	（8）后续内容铺垫。 活动目标：引出第二天的内容。 活动时间：约 60 分钟。 活动材料：一根一米左右的棍子。 具体操作： ① 每人伸出两食指托住棍子由教室一头走到另一头，过程中手不能离开棍子，棍子不能掉，各组比赛棍子掉了直接记为失败。 ② 小组成员背靠背臂挽臂坐在地上然后一起站起来，人数从两人到全体逐渐增加。
分享	总结全天活动过程、交流经验、分享感受。

心灵启航 单元 2 七彩情绪交织幸福篇章

团体阶段	团体心理辅导第二步，体验幸福感，学会调整情绪，并建立初步人际关系。
单元目标	针对团体辅导目标进入主题，进行自我探索，学会控制情绪，调节情绪，并明白正确的情绪梳理方法。通过表演的方式来进一步了解自己，深入探索。
活动时间	年　月　日
活动引导语	在上次的团体活动中，我们初步认识到了自己的闪光点。在今天的团体活动中我们将进行情绪的调节管理，因为情绪在生活中都是十分重要的。
具体活动内容	（1）青蛙跳水。 活动目的：活跃团体气氛，带动团队参与者的参与热情。 活动时间：大约 20 分钟。 具体规则： ① 全体团体参与者围成一个圆圈而坐。 ② 从引导者开始，依次进行。 ③ 引导者说"一只青蛙跳下来"，第一名参与者半蹲并说"咚"，旁边的一名参与者接"两只青蛙跳下来"，再旁边两名半蹲并说"咚"；以此类推。 （2）采摘情绪蘑菇。 活动时间：约 30 分钟。 活动材料：蘑菇纸，笔。 具体操作： ① 事先领导者制作了彩色蘑菇的图片若干个，贴在咨询室墙壁上。在每一个蘑菇上，都写着表示成员情绪的词语，如高兴、愤怒、伤心、激动、沮丧、幸福、平静等。 ② 请成员采摘符合自己这一周里情绪状态的蘑菇，然后回到座位上。伴随着《采蘑菇的小姑娘》的乐曲声，成员采摘情绪蘑菇。说说自己为什么要采这几朵蘑菇？最近这一周里发生了什么事情，才使你有了这些情绪？ （3）冥想。 活动目标：促进组员了解自己在日常生活中，善于表达的情绪，和不善于表达的情绪，关注自己的情绪，深入自我探索。 活动时间：约 50 分钟。 活动材料：纸，笔。 具体操作： 发给成员每人一张卡片，要求成员完成下列句子。 ① 最近让我感觉高兴的事情是_____。当时我的心情是_____，现在想起这些事，我的心情是_____。

② 最近让我感觉不高兴的事情是_____。当时我的心情是_____，现在想起这些事，我的心情是_____。

③ 每当心情好的时候，我会觉得_____。

④ 每当心情糟的时候，我会觉得_____。

⑤ 我的心情总是_____。

（4）你演我猜。

活动时间：约 40 分钟。

活动材料：情绪卡片。

具体操作：每一个成员随机抽取一张情绪形容词卡片，并且表现出来，由其他组员猜这种情绪是什么，扮演者不能说话，由领导者判断是否正确。

（5）幸福拍手歌。

活动目标：热身，调动成员的热情。

活动时间：约 20 分钟。

具体操作：全体成员围成一圈，伴随音乐，在领导者的带领下共同演唱《幸福拍手歌》。要求：大声歌唱，并且要配合歌词，做出相应的肢体动作。

（6）心情创造。

活动目标：根据心情进行衣物创作。

活动时间：约 40 分钟。

具体操作：给每个组发若干报纸，每个小组成员根据自己的心情进行创作，剪裁代表自己心情的图形，团体合作进行衣物制作。

（7）志趣相投。

活动目标：在成员中找到共同的事物，提升自我幸福感。

活动时间：约 30 分钟。

具体操作：

① 给每个成员发放一张"志趣相投"卡片，样式如下：

喜欢蓝色	喜欢踢足球	心直口快	爱广交朋友	喜欢旅游
会一种乐器	性格开朗	不喜欢说话	从不传闲话	爱看军事杂志
喜欢吃肉	喜欢打篮球	爱看名著	喜欢独处	喜欢上网
喜欢小制作	喜欢画画	喜欢唱歌	爱看电视剧	爱看 NBA 比赛
放学先写作业	喜欢外语	爱写作	喜欢跳舞	喜欢轮滑
宅男	腐女	无节操	爱学习	热爱生活

（续表）

	② 请成员先圈出最符合自己主要特征的哪一项。 ③ 让学生拿着卡片随便走动，去寻找符合自己志趣的同学，请那个同学在符合要求的格子里面签名（可能每个人有数项符合，但只在最符合自己的那个格子里签名）。 ④ 根据领导者发出的信号，请相同志趣的同学聚在一起聊几句，相互熟悉一下。
	（8）明天会更好。 活动目标：调动积极情绪，在开心的歌声中收尾。 活动时间：约 5 分钟。 具体操作：成员随着音乐一起唱《明天会更好》。
	（9）领导者总结。 活动目标：总结过程，促进团队成员的深入思考，自我探索。 活动时间：约 20 分钟。 具体操作： ① 领导者总结本次团体活动，学会控制情绪，初步建立人际关系。 ② 同学分享感受，表达对同组成员的信任及活动期间的心理活动。

心灵启航　单元 3　打开心门清风自来

团体阶段	团体心理辅导深层阶段，体验幸福感，学会调整情绪，建立人际关系。
单元目标	针对团体辅导目标进入主题，进行自我探索，学会处理人际关系，通过表演的方式来进一步了解自己，深入探索。
活动时间	年　月　日
具体活动内容	（1）轻柔体操。 活动目标：放松练习，活跃氛围，缓解紧张情绪。 活动时间：15 分钟。 具体操作： 全体成员站立，由领导者带头给大家示范一个放松动作，成员们跟着一起做三遍。再由其他成员依次给大家示范一个动作，所有成员跟着一起做。
	（2）连环自我介绍。 活动目标：加深成员之间的彼此了解。 活动时间：15 分钟。 具体操作： 由团体成员中的一名开始向大家介绍自己的姓名、班级、爱好和性格特征；按顺时针方向轮流介绍，但介绍者一定要重复说出之前所有作了自我介绍的成员们的信息。

（续表）

（3）无家可归。

活动目标：感受团队，体验人际交往的重要性。

活动时间：30 分钟。

具体操作：

① 全体成员站立，手拉手围成一圈。

② 领导者说出一个数字，成员们必须马上围成同样人数的圈。

③ 没有组成圈的同学表演节目，谈体会。

④ 总结活动过程、交流经验、分享感受。

（4）真真假假。

活动目标：加深成员之间的彼此了解，让成员学会认识他人。

活动时间：30 分钟。

具体操作：小组内猜，全班一起猜。

① 分给每人 1 张纸及 1 支笔，各人分别在每张纸上写下四句有关自己的句子，其中 3 句是真的，一句是假的。

② 写完后轮流讲出自己的句子。让别人猜猜哪一句是假的。

③ 总结活动过程、交流经验、分享感受。

（5）搬运工。

活动目标：培养团队成员之间的合作意识。

活动时间：40 分钟。

具体操作：

每个小组准备 3～4 个气球，每组派出两个人背对背夹气球，计时，最快的组获胜，时间最长组受罚。

（6）我记住了 ta（10：10—11：00）。

活动目标：总结第一印象的影响因素。

活动时间：50 分钟。

具体操作：

① 第一单元的活动即将结束，请每位成员把印象最深刻的成员名字写在卡片上，并注明原因。

② 将结果公布，看谁是给人留下最深刻印象的人，分析原因，总结影响第一印象的各种因素。

③ 总结活动过程、交流经验、分享感受。

（续表）

（7）兔子舞。

活动目标：进行热身游戏，使参加者开放自己，投入团体之中。营造一个轻松愉快的气氛进行后面的团体活动。

活动时间：15 分钟。

具体操作：全体围成一圈，向左转，手搭在前面人的肩膀上，在背景音乐的伴奏下跳兔子舞，然后向后转，再跳。

（8）旁若无人。

活动目标：考验组员的分析力、观察力、最终带出旁若无人的坏处。

活动时间：30 分钟。

具体操作：

组长说"两个人在你面前讲暗语，对你视若无睹，你感觉如何？"

① 两人一组，秘密地在房中选一件物品作为讨论目标。在众人面前讨论时，不可提示物件名称。其他组员听后尝试寻找出答案。

② 轮流讨论竞猜。

③ 完结时，组长要指出旁若无人的沟通方式，是令别人难受的。

（9）肢体猜词。

活动目标：通过非言语表达，掌握对方表达的信息；认真体会男女之间的差异；表达出对彼此的认识和误解。

活动时间：45 分钟。

具体操作：

① 把成员分组，进行男女搭配。

② 首先小组中的一位展示一些肢体动作，同时另一位在一旁模仿，尽量不走样，然后交换位置，以同样的方式进行。

③ 完成后，讲述出对方要表达的信息。

④ 进行讨论，并分享自己的感受。

（10）地雷阵。

活动目标：使成员在活动中建立及加强对伙伴的信任感。

活动时间：60 分钟。

具体操作：

由不同小组摆放障碍物，本小组用乐器来表示左右，小组内派出一个人蒙眼听声音行走，穿过障碍物，到达目的地，如果碰到障碍物加时间，时间最短者获胜；反之，受惩罚。

（续表）

	（11）把心留住。 活动目标：送去每一位成员的祝福与心愿，让全体成员感受到团体的温暖。 活动时间：30 分钟。 具体操作： ① 活动前准备心形卡片数张。 ② 领导者向成员介绍游戏规则。 ③ 成员们相互在卡片上写下祝福。 ④ 领导者就该游戏进行总结。

心灵之旅 单元 4 你和我，心连心共成长

团体阶段	团体心理辅导结束阶段
单元目标	针对信任目标进入主题，小组成员进一步深入了解，加强彼此之间的合作，建立并增强小组成员间的信任感，使成员之间放下防御，信任他人，促进成员能够自由坦率地彼此交流。
活动时间	年 月 日
活动引导语	我们的团队已经形成，我们之间也有了深入的了解。今天，我们将一起踏上寻宝之路，一起去深入地探索自我，寻找属于自己的宝藏。
具体活动内容	（1）成长三部曲。 活动目标：活跃氛围，促使成员尽快投入活动中。让大家体验自己是想要成长和自我发展的。 活动时间：约 20 分钟。 具体操作：蹲着表示是鸡蛋，经过两对两的剪刀石头布，赢的就得到进一步的成长变为小鸡，小鸡再跟小鸡猜拳，赢的便成长为大鸡，输了的又变回小鸡，大鸡再跟大鸡一起猜拳，赢的就成长过程结束，功德圆满了，可以退出竞争了，输了的再变回小鸡。 游戏结束后小组内分享感受，集体分享感受。 （2）镜中人。 活动目标：培训团体的默契，增进成员的互信基础，培训成员对他人的了解。通过观察他人的模仿，来看到自己的表情，说话时的状态，对自己有所认识。 活动时间：约 30 分钟。 具体操作：组内成员两人一组，一个自由做动作，做表情，另一个人模仿，轮流模仿两分钟后互换角色，不可说话，用心体会对方用意。结束后相互交流，看看自己对他人的理解是否准确。仍然两人一组，一人说话，一人照原话重复叙述，两分钟后互换角色。结束后两人交流思想，在组内交流感受，在团队中交流感受。

（3）盲人之旅。

活动目标：通过助人与受助的体验，增加对他人的信任与接纳。

活动时间：约 40 分钟。

活动材料：指导者事先要选择好盲行路线，最好道路不是坦途，有阻碍，如上楼、下坡、拐弯，室内室外结合。准备 15 个眼罩。

具体操作：团体成员两人一组，一位做盲人，一位做帮助盲人的人，盲人蒙上眼睛，原地转 3 圈，暂时失去方向感，然后在帮助人的搀扶下，沿着指导者选定的路线，带领"盲人"绕室内外活动。其间不能讲话，只能用手势、动作帮助"盲人"体验各种感觉。活动结束后两人坐下交流当"盲人"的感觉，与帮助别人的感觉，并在团体内交流。然后互换角色，再来一遍，再互相交流。交流讨论集中在以下几个方面：对于"盲人"，你看不见后是什么感觉，并在团体内交流。然后互换角色，再来一遍，再互相交流。交流讨论集中在以下几个方面：对于"盲人"，你看不见后是什么感觉？使你想起什么？你对你的伙伴的帮助是否满意，为什么？你对自己或他人有什么新发现？对于助人者，你怎样理解你的伙伴？你是怎样想方设法帮助他的？这使你想起什么？

（4）无敌风火轮。

活动目的：本活动主要为培养学员团结一致，密切合作，克服困难的团队精神；培养计划、组织、协调能力；培养服从指挥、一丝不苟的工作态度；增强队员间的相互信任和理解。

活动时间：50 分钟左右。

活动材料：报纸、胶带。

场地要求：一片空旷的大场地。

具体操作：每一组利用报纸和胶带制作一个可以容纳全体团队成员的封闭式大圆环，将圆环立起来，全队成员站到圆环上边走边滚动大圆环。

（5）领导者总结。

活动目标：总结过程，促进团队成员的深入思考，自我探索。

活动时间：约 20 分钟。

具体操作：

① 领导者总结本次团体活动。

② 同学分享自己的感受，表达对同组成员的信任及活动期间的心理活动。

（6）一元几角。

活动目标：进行热身游戏，使参加者开放自己，投入团体之中。营造一个轻松愉快的气氛进行后面的团体活动。

活动时间：约 20 分钟。

具体操作：

① 男组员价值是 1 元，女组员是 5 角。

② 主持人说出一个数目，男女组员依数目自由组合。

③ 每次尽快说不同的数目，组员要迅速成组。

④ 不能形成正确组的就为输。

（7）戴高帽。

活动目标：学习发现别人身上的优点并欣赏，促进相互肯定和接纳。

活动时间：约 30 分钟。

活动材料：每组一顶帽子。

具体操作：小组围圈坐下，请一位成员戴好帽子，顺时针方向转，其他成员轮流说出他的优点及欣赏之处。然后被称赞的成员说出哪些优点是自己以前觉察的，哪些是不知道的。每位成员都有机会戴一次高帽被表扬。必须说优点，态度要真诚，努力去发现他人的长处，不能毫无根据地吹捧，因为这样反而会伤害别人。参加者要注意体验被人称赞时的感受如何，思考怎样用心去发现他人的长处，怎样做一个乐于欣赏他人的人。小组内分享感受，在团队中分享感受。

（8）信任被摔。

活动目标：培养团体间的高度信任；提高组员的人际沟通能力；引导组员换位思考，让他们认识到责任与信任是相互的。

活动时间：约 70 分钟。

活动材料：高台。

具体操作：每个队员都要笔直地从 1.6 米的平台上向后倒下，而其他队员则伸出双手保护他。每个人都希望可以和他人相互信任，否则就会缺乏安全感。要获得他人的信任，就要先做个值得他人信任的人。对别人猜疑的人，是难以获得别人的信任的。这个游戏能使队员在活动中建立及加强对伙伴的信任感及责任感。

（9）领导者总结。

活动目标：总结过程，促进团队成员的深入思考，自我探索。

活动时间：约 20 分钟。

具体操作：

① 领导者总结本次团体活动。

② 同学分享自己的感受，表达对同组成员的信任及活动期间的心理活动。

附件：

"心灵启航——大学生自我探索团体"契约书

_____

　　我愿意参加自___年___月___日至___月___日期间由_____带领的"心灵启航——大学生自我探索团体"，保证积极参与所有活动，遵守以下团体契约。

1. 准时参加每次团体训练，不迟到，不无故缺席。

2. 如果遇到个人无法控制的意外情况不能参加团体，做到事先请假。

3. 团体活动期间不开手机，保证注意力集中在团体中。

4. 全身心投入，真诚，坦率，直言不讳，真实开放自己，愿意不断成长。

5. 坦诚对待团体中的每一位成员，互相尊重，学会倾听，经验分享，相互信赖。

6. 课后承诺严格遵守保密原则，尊重每一位成员个人的经历和隐私权。

　　　　　　　　　　　　　　　　　　队员签字：

　　　　　　　　　　　　　　　　　　领导者签字：

　　　　　　　　　　　　　　　　　　日期：　年　月　日

附录 II 个人成长报告

学会微笑

王禹涵

今天是公共选修课《大学生心理素质训练》的最后一节课，我努力克服想早点回家的念头，还是来上课了，尽管其他选修课已经比我们提前结课。

一门选修课，认识了新老师、新同学，我觉得最重要的是这门课的确让我在某些方面或多或少地有些变化了。

第一堂课。一进教室，没想到这个班只有 20 人，一开始老师就让大家做自我介绍，这使我这慢热的性格在班里显得不太适应。我不想做活动，我就想踏踏实实地坐在那儿，在底下写点儿作业，点个名然后回家。但是后来我这些消极的想法都随着课程的深入逐渐消退了。我发现班里同学很友善、很单纯，我想冲他们微笑，这样别人也能走近我。我也对课上的某些活动很感兴趣，比如"做桥"，比如"80 岁"的报纸人生，比如许许多多的要"身体接触"的考验团结合作的小游戏，我都从中感悟到很多。让我印象最深刻的还是话剧排练。从一开始消极、被动、放不开地表演，到后来能够大方自如地表演，同学的好评让我从一个习惯在台下观看的人活生生地跳到了台上。我感慨这一切如果不是课堂环境给了我适当的压力，我又怎能有这样的改变和体会呢？

在我自己的印象里，我始终认为自己不是个开朗的人，我想别人也是这样看我的吧。今天课上看了大家给我的评价，我很吃惊，"活泼的"、"爱笑的"、"开心的"、"可爱的"……我都没有意识到自己的变化。

我想微笑真的很重要，微笑是我们共同的桥梁。我都不敢想象以前自己是怎样经常面无表情地直视朝我走过来的同学或陌生人。那时候心情不好更不爱笑。现在我觉得当一个人心情不好的时候，笑一笑能缓解我们的情绪，舒展我们的眉眼，哪怕是让人觉得你过得开心也好，谁会愿意和整天不开心的人做朋友呢？连我自己也是一样啊。

有时走到校园里，遇到同课的同学老远就和我打招呼，特别受感染，我时常觉得上了这样一门课，陶冶了我的心情，每节课都有欢笑，人活着最重要的是让自己和周围的人快乐！

这门课就要结束了，我是很怀念——怀念老师，怀念班里可爱的同学，怀念那些有意思的游戏活动，怀念我能从中获得感慨和领悟的那种感受，好多好多……我相信即使是课程结束后，未来在校园的日子里，在教室、在食堂、在操场、在街上，只要是相遇，我们还会像现在这样老远地打招呼。

在这门课就要结束的时候，其实还有很多话想说，有很多事还未做完，总归是很怀念。

感悟转变
杨稀明

今天是《大学生心理素质训练》的最后一节课了，回想一下，发现自己有些庆幸选了这门课。最初选课的时候，只是希望拿到毕业所需的学分，然而在上了几节课之后，我发现自己在心里更加希望享受这门课给我带来的乐趣。

在班里的我，老实说很少和同学交流什么，虽然在宿舍我总能和舍友打成一片，但是在班里，我是一个十足的闷葫芦。不知何时开始，也许是高中，我就养成了这种性格。在班级这个环境里，我总是有一种莫名的紧张，过多的顾虑使我少言、内向。为此，这门课上前几节的时候我很不适应，比如老师让我们互相介绍这样一个环节，对于我来说，确实是一个很大的挑战。

可是，渐渐地，我发现从心底里对这门课有了期待。我会提前猜想这节课会玩什么，下节课会做什么。我发现自己对待这门课的态度已经有了很大的转变，这是为什么呢？这是我大学生涯中最后一门课了。回想大四第一学期最后一节课时，有人在黑板上写下了"最后一课，请君珍惜"几个字，虽然课上的我大多数时候没有在听讲，是典型的不良学生，却也不免因这句话有了些小小的失望。但是在《大学生心理素质训练》这门课上，我感慨到的不是因为没有认真听讲而产生的自责和叹息，而是真正认真学习、带着对课堂的满足而毕业的快乐。在这门课中，我体会到了许多，也学习到很多。

所有练习中，我印象最深就是"撕纸人生"，这个练习使我第一次对未来有了一种类似痛苦的体验。很长的一段纸条，在老师的指导下，我看着它一点一点渐渐变短，最后只剩下手掌长度。回家想了想，从前的我，对于未来规划太过理想，总是想着未来几年干什么，然后再干什么，却从没意识到我所分配的是自己的人生，因为生活不会绝对地分出时间段，它是连续的，揉合了各种因素的，无法厘清。通过这个练习，我直观地看到了我的时间。我意识到，生活中的每件事在纸上都是一段长度，虽然短，但它不可重复。重复，就意味着我的时间也会随之浪费在同一件事上，这对于时间本就不多的我来说是不允许的。生活中每件事，都要认真将它做到最好，至少要做到让人满意的程度！认真对待每一件事，因为未必会有重来的机会！

对于生活，过去的我所认为的真理，现在看来，有些过于理想，有些则是在我思想干扰下所形成的错误的结果。在这些课程中，我一点一点地在体会、在学习，我相信我会在不远的将来找到一条真正适合我的生活道路。

过去的我，思想上是封闭的。我们小组有一个成员，他每次来都是一个人站在一边，不与人交流，在我看来，这正是以前的我。在上课的过程中，通过互动的活动，我开始试着去接受，逐渐尝试着去接触那些陌生的人和事。渐渐地，我由被动的适应向主动的接触转变，我不知从何时开始，有了希望跟大家交流的冲动，这正是这门课带给我最大的礼物。

这是我大学的最后一门课，对我来说也是最有收获、最成功的一门课，她没有像填鸭似地向我们灌输过什么，而是慢慢地、潜移默化地影响我，使我发生着改变。感谢老师的言传身教。

心灵成长之旅
董琪

怀着不断地完善自我，不断寻求身体上的健康，更追求心理健康的宗旨，本学期我选修了"大学生心理素质训练"这门课程。

刚上第一节课，老师问我们选这门课的初衷，我说想锻炼自己的说话能力、为人处世的能力、自我心态调节的能力，现在的我和以前的我不一样了。这些能力我都有了一定的提高，尤其是我的个人心态调节能力。除此之外，我其他方面的能力相应地也有了一定的提高。

在课堂上，老师会鼓励每一个人去说出自己的想法，"这只是一个实验室，没有谁对谁错"。我记得老师带我们做的一个游戏——"盲行"，我从中体会到了无论做人还是做事都应该换位思考。盲人是看不到的，要以正常人的眼光去对待，肯定会出事的。不做盲人，不知盲人的感受。老师让我们角色互换，我体会到了盲人的感受，生活中也是一样的。当与同学发生矛盾，只站在自己的角度想想人家怎么不对，那会使矛盾更激化。不妨站在对方的角度考虑一下，就会体会到别人的感受，自己就不会那么生气了，同时自己的心胸也会开阔。

老师带我们做的"举人"游戏也很有意义，培养对自己团队成员的信任感。其实在以前很多事情我都是事必躬亲，真的很累。相信别人，自己会轻松一些，像我们被举起的人一样。如果你不相信别人，你在上面的感觉是心慌、不安。但是把自己放松，那绝对是一种享受，尝到的是一种被人抬高的感觉。当时我被人举的时候有一些恐惧，但是我很后悔，为什么不把恐惧当成一种享受呢？挺遗憾的。相信别人，提升自我。

老师还让我们小组讨论，情境是同学春游遭遇石流。我是一个很懂得感恩的人，当时我就说我不会留在最后一个，因为父母对我抱以厚望。我的家境并不算好，他们供我读书不容易，我将来要在物质上和精神上回报他们。但是通过讨论，我不知所措了。每个人都有生命的权利，凭什么自己先走，那对别人来说是一种不公平。即使我们将来的理想都实现了，也会愧疚的。我重新审视了一下自己：自己这并不叫做自私，但是一切都应该服从集体。但国家有一天真的需要我牺牲，我也会去的，父母会为我感到自豪。但是每个人都应该珍惜生命，生命只有一次……

值得一提的是我的心态调节能力的变化……

最后一次"大学生心理素质训练"课程，老师让我们互赠"真心"，可以是祝愿，可以是空头礼物之类的。我在精心地用我的"真心"，认真地写祝福的话，场面很混乱，互赠结束。我把我的六颗心送了出去，但是我是"0"收获，也是现场唯一一位"0"收获的同学，很是尴尬，现在想想……老师让同学们轮流说感受，我当时真的很想逃避，也有想哭的冲动，但是后来我没有逃避，我想这是最后一次"大学生心理素质训练"课程，这是送给我的最好礼物，我为什么要逃？我既然没有收到馈赠，我就把自己的心里话说出来，我乐观地说了我的想法。大家说我比较完美，不需要别人勉励之类的话来安慰我。其实我心里真的不好受，但是我成功了，面对尴尬，我成功克服了。将来我走上社会，根本不可能一帆风顺，令我尴尬的场面很多，这只是一个热身而已，我觉得这是"大学生心理素质训练"课程送给我的最好礼物。

事后我思考一下，我觉得可能是平时跟大家沟通得少，也感觉自己是一个比较严肃的人，可能跟同学有一定的距离……但这只是一个实验室，我很自信，我是最好的，我还可以更好！

心灵成长之旅
杨 京

一念觉，转苦为乐；一念迷，乐中有苦。我想通过一个学期的"大学生心理素质训练"课程的学习，协助我们解除了心灵的盔甲、化解了心灵的阴影，同时释放我们身心的能量，转化为内心的需要。作为一名大三的学生会觉得现在的自己马上面临毕业，步入社会，人生或许又有新的一页，总会觉得自己真的长大了。整整一个学期的学习让我体会到了很多，这些知识专业课上是没有的。那是我们真正的一面，或许是另一个自己，一个活在没有压力和多方面因素制约的我们，是真正的自己。这样的自己是快乐的，是真实的，我们可以在这里轻松愉快地做游戏，可以热情大方地用最短的时间交朋友，用一颗真实滚烫的心去体验和享受团队合作带来的乐趣。我想在这里，没有任何的束缚，没有任何的压力，时间过得也是如此之快，快得有些念念不舍，快得有些不愿下课，不愿离去，我总会觉得自己有时会沉浸在这里，久久不愿离去。

和从前的自己比较起来，我会觉得现在的自己内心更加成熟了吧！会觉得现在的自己自信很多，不论是在陌生场景介绍自己或说话。我觉得这份自信来源于这门课程的学习和训练，这份自信也来自自己内心深处的一个改变。原来的自己，不爱说话，总是在躲着自己，在陌生的场合是如此地不适应、如此地难受和不自在，也总是想赶快换个环境，换个人少的地方。从第一节课，老师让我们在这里试着去介绍自己，试着大胆地介绍自己，"认识我是你的荣幸"，这句话我一直记到现在，在这之前我想可能是我没勇气或是想不到去这样介绍自己吧，也许在此之前，自己的心灵就像冰一样凝固着。我平时是一个单纯而少言寡语的男孩，我想通过第一节课的尝试和了解，让自己在这里释放自己的心灵，让自己找回那个童真爱笑的自己，找回那个原来的自己。

我想人的心灵的成长也是一个过程，一个既短暂又漫长的过程，或许就像是冰化成水，由水再变成蒸气的过程吧。从冷冷的不爱与人接触的自己，到化成水，化成气，去主动介绍自己，主动让他人知道自己。我想我也经历了这样一个过程，在这里我想我学到了把冰化成水的秘密，那就是自信。我想一个人首先就是要先学会自信，不管在任何的场合，自信是一个人最好的武器，不要去抱怨或是去怨恨，其实在这门课程中也让我认识到，每一个人的身上其实都有自身的优点和不足，我们需要他人的帮助，需要团队的合作，因为合作让我们更有效地完成任务，也让我们在合作的过程中，认识新的朋友。我们应该去窃喜，窃喜老天对每一个人都是公平的，我们都经历了辉煌与暗淡，成功的喜悦和失败的痛苦，人生不应该有过多的抱怨，相信自己，相信朋友，力量源自我们的内心。人的心灵的力量是强大的、能量是无限的。发挥我们自身的能量，相信自己，力量在心中！

成长的声音

时　鹤

我听到了成长的声音，咔嚓……咔嚓……像麦子拔节一样，清脆、悦耳。我爱上了这种声音……

在我这学期的"大学生心理素质训练"选修课上，我清脆地听到了这种声音。咔嚓……咔嚓……开始了我的成长之旅。

开始的时候我以为这门课，就像其他的选修课一样，在一个大教室里，稀稀疏疏地坐着几个人，该干什么干什么，老师在讲台上讲一些无聊的理论知识，所以那一天我和朋友就背着书包，拿着四级英语真题就去了，因为快考四级了。那天还真是折腾我们够呛，因为教室在一间较小的屋子里，教室牌还坏了，用一张纸写着门牌号，贴在了门上，还不明显，我和朋友就来来回回地找了好几趟。其实已经在门前经过，看到有几十个人围成一个圈站在那里，我还以为是哪个部在开会。后来看见门牌就将信将疑地走了进去，我才了解到这就是这门课的形式：轻松、自由。大家一起做游戏，充分释放自己的天性。在这里，没有压力，没有作业，没有考试，没有勾心斗角，一帮互不认识的同学就这样没有隔阂地玩在一起了。当然也在这门课上学到了很多知识。

第一堂课中，我学到了自我认识、自我介绍的方法，体验到了自信的魅力。其中令我印象最深刻的就是这样一个细节，老师让我们互相认识、握手，并说一句话："认识我是你的荣幸。""认识我是你的荣幸"，多么令人自豪的一句话，当时我就决定我要努力成为一个有资格和别人说这句话的人。老师让大家作自我介绍，我突然发现我就没有什么好介绍的，没有优点，缺点一大堆，这样的自己我都不想接受。了解到这些之后，我对自己说，是该学着长大了，不能只像小孩子一样只知道玩乐。我已经是大学生了，即将迈入社会的人，不能总是活在父母的宠溺中，生存的能力我是该锻炼了。这时我听到了成长的声音。

在之后的几节课中，与同学们都渐渐地熟识了。通过做各种游戏，我学会了信任、勇敢，慢慢地了解到了老师的用意，明白了"大学生心理素质训练"这门课的含义，明白了心理素质的重要性。

良好的心理素质是迈向成功的一个重要因素，学会与人沟通也是一门很重要的课程。自尊、自爱、自信是一个人心理素质的重要体现。适当地表现自己，学会倾听，都是我在这门课上学到的东西。

更重要的一点：爱自己，爱他人。没有爱，我们将寸步难行。父母的爱我们要了解，朋友的爱我们要珍惜。在这课堂中我认识了好多新朋友。课程结束了，我们将各奔东西，回到我们的生活轨道中去。但是这份友情却不会断。他们带给我的开心与快乐、感动与收获，我将永远铭记，成为我记忆中的很重要的一部分。最后，我想感谢老师教会我成长，带给我这么多欢乐。以后生活中每遇到挫折，我都会想起这些日子，这些记忆将鼓励我前行。

我想，我学会了成长。咔嚓……咔嚓……

打开心灵的窗户
赵丹丹

喜欢天空的蔚蓝，因为它让我们有愉悦的心情；喜欢大海的平静，因为它给我们无限的遐想；喜欢那一刻的感觉，因为它深深震撼着我的心灵。

第一次会心一震——我学会了开口交流

一个学期的时间好短好短，短到来不及多体会一些"大学生心理素质训练"课所传达的心灵震撼。曾经不是一个爱说话的孩子，不是心里不想，只是不知道如何开口。记得第一次课，我面对着二十张陌生的面孔，有些许的害怕，就在第一个相互认识的练习结束后，那些原本陌生的面孔忽地变得不那么陌生，在一声声的"你好"中，我们相知了。这是我第一次以这么直接、这么简单的方式交朋友吧！你好——多么简单而不失礼貌的一句话，平时又有多少人可以说出来呢？交朋友哪有那么难，一句"你好"足矣。就是从那一刻开始，我期待着打开心扉，希望不再给别人以不合群的第一印象。

问候之后，交流就那么自然而然地继续下去了。一节课后，再见面的时候，我已经可以自然而然地跟同学们打招呼了。这是我所期待的。

第二次心灵颤动——我学会了信任

在一次上课的时候，老师安排了一个练习——"盲行"。当我被蒙起眼睛的时候，我不得不去信任我的"拐杖"。虽然我不知道在一片黑暗中我身处何地，但我懂得了去信任对方，只有信任对方我才能更安全。之后，角色互换，我来扮演"拐杖"。练习结束后，我们相互交流练习的感受。在听到对方报告说在扮演"盲人"的时候也很信任自己的"拐杖"的时候，心里感觉暖暖的。被不那么熟悉的人信任，是一件多么幸福的事啊！我的心为那一刻停留过，我的心被那一刻震撼着！

第三次心灵震感——我学会了发现美丽

相互比较熟悉之后，我们都打开心扉，交流自己小时候的开心故事。小时候的回忆是美好的，这些故事可以拿来跟大家分享的时候，我们已经是朋友了吧！在课程刚开始的时候，老师安排了一项练习——"神秘礼物"，我们每个人都拿到了一张别人的名片（名片的主人不知道自己的名片在谁的手里），在整个课程的过程中，默默地观察名片主人的成长。当最后一次课揭开谜底的时候，拿到我的名片的同学报告我的成长和变化的时候，我的心跳变快了，因为被人关注的感觉是幸福的！

这门课程要结束了，以后可能不会再有这样的课程了。但是在这门课程里收获的这些感受，将会一直感染我，在我的身体里挥之不去。

我与《大学心理素质教育》
于梦飏

不知不觉中我们已经要进入大二了，短短的三个多月如白驹过隙。或许下学期乃至以后都不会再有心理课了，不会再有人探索那些隐于人们内心的花园了，不会再有仍令人心悸的感动了，罢！岁月如水，我们记下逝去的脚印去勇敢地前行，不因无知而无畏，而是要从容面对。

记得初入大学时，确实很失落，似乎已经知道了前途的暗淡，毕竟学校的牌子有时不止是炫耀的资本，还是人一生的烙印。学问、品德、能力都是氛围培养的。我看着商务学院的氛围也曾一度失落：面对父母、面对亲人、面对关心我的人，我情以难堪，在后来的学习中虽已淡然，但永远是痛。心理课上一个人生目标的评估触动了我的心弦。将来想要做什么？这个问题也曾不止一次地困扰过自己。似乎答案是什么都行，又什么都不行。深知自己很全知但又无能的我，明白未来发展的方向：全知或许是让自己充实，但是能力是未来工作生活的依仗。没有能力我知道得多却也无用。

对于人生的定位，我认为现在为时过早。未来之所以叫人期待是因为它有无限的可能。一个人如果失去了对未来的期待，就如同行尸走肉。人活着必须要有梦想，有梦想就有活下去的勇气。或许我们的社会有诸多的不公平现象，但只要我们有希望就有前进的动力，社会就是在这些纯真的又不切实际的梦想的推动下前进的。曾经有两个人在德意志一间酒馆相遇了并开始构想未来理想的社会；曾经有人在中国的朝堂之上舍弃头颅不要只为理想的君王；曾经有一群人为了建立自由民主的国家在美洲点燃独立的烽火。世界种种，不胜枚举。他们不是利益的获得者，最终为了理想牺牲，但他们是开创者。没有他们就没有我们的现在。利益、前途、地位或许很重要，但每一位以正面载入史册并让人铭记于心的人都用他们的一生证明了前者之外还有另外一种判定标准：贡献。在一个理想的社会，一个人为他人、为社会做了多少他就应当得到多少回报。但大智慧的人何求回报，回报一定会得到吗？只留下一连串不可名状之感动了。

坐在敞亮的教室里，接受着老师不断的心灵洗礼，在各种心理游戏中，不断扪心自问，明确目标又解开疑惑。人的思维多变，深不可测。现在的普通人所用的脑域占全脑不到十分之一，即使是聪明如爱因斯坦也不过开发到百分之十五，可见人的潜能无限。我们所欠缺的是不知道自己要做什么及怎么做，没有明确的目标，做事总会限于盲目。在大学生活的四年里，生活丰富多彩，我们会面临各种各样的诱惑，面对各种各样的困惑，面对各种各样的选择。我们将何去何从才能在四年后不为之悔恨终生呢？这就要求我们要树立明确的目标，建立自己的人生构想，并不断为之努力。

苏轼说："十年生死两茫茫，不思量，自难忘。千里孤坟，无处话凄凉。纵使相逢应不识，尘满面，鬓如霜。"生死之事本就是人生最难参透之事。多少人别人以为不怕死，在关键时刻他怯懦变节了；多少人别人以为很惜命，在危亡时分他挺身而出。生死的概念在每个人心中都有一杆秤，只有你自己才知道天平另一端是什么？生命有时是最宝贵的，有时又是无比脆弱的。一将功成万骨枯。艾森豪威尔的诺曼底，蒙哥马利的北非喋血，朱可夫的莫斯科保卫战，一个个辉煌背后，一亿三千万人永远地倒下了。生命如此的脆弱，但有时他又无比的坚强。面对着天灾，汶川人民没有倒下，四川人民没有倒下，中国人民没有倒下。他们用一个个用血肉铸就的感人事迹和坚毅顽强的生存意志感动了中国，感动了世界。人是很渺小的动物，但他们团结在一起却战无不胜。问题在于人与人之间的信任与认同。梦想在逝去的废墟上起飞。四川人民擦干泪水，掩埋好逝去亲人的身体，迎接无限光明的未来。在此我祝福逝者走好，生者保重。

一学期的心理课程已经结束了，但我知道这辈子每个人都有他不死不休的心灵旅程，有人徘徊，有人洒脱，有人苦恼，有人欢笑。人生给了我们一张白纸，从生到死每一步的经历都会变成点染，待到将死之时回望惆怅。当然不到下一个轮回的前一秒，我决不回头，因为我的路在前头⋯⋯

个人成长报告
——我与《大学生心理健康教育》
王　瑾

对我来说，在这门心理课上拥有了很多第一次。第一次当志愿者，第一次扮演盲人，第一次当拐棍，第一次在课堂上哭（因为感动），第一次在纸上写出我的爱情观，第一次喜欢上"分享"这个词，第一次感受到大学的班级生活可以这么的有趣等，但最为重要的第一次是李老师让我们在课堂上写的"20 个我是什么样的人"。现在打开我的《大学生心理健康教育读本》这本书，也能看见那张夹在书中的纸，而且电脑上也备了一份，因为我希望能够时刻清晰地认识自己。写在那张纸上看似简单的词语或句子，却让我清楚地了解了自己，知道自己是个成长在一个温馨家庭的孩子，知道自己是幸运的，知道自己思想谨慎，知道自己不够自信，知道自己很爱爸爸妈妈却不曾说出口等。了解到了自己的长处和不足，生活中我有努力让自己做到更好。

记得学完"厘定自我"那章后，我们宿舍开始把弗洛伊德提出的本我、超我、自我作为了口头禅。比如说，那次湘分享给我们的：她在水房门口捡到了一张水卡，本我告诉她可以用那张水卡把自己水壶打满水；超我出来说要拾金不昧；自我引导着湘用自己的水卡打满了水，把捡到的那张水卡交给了宿管老师。

还有学完"管理情绪"那章后，我认识到自己以前经常自寻烦恼，而这种烦恼可以通过主观努力完全消除。生活中，经常因为周围人的一些想法与自己不一致或他们的话被我理解错了等，我就总会处于钻牛角尖的状态，心里很烦，有时自寻烦恼到胸腔和腰部都抽得超痛（其实从高中开始自己就被医生告诫不要想太多烦心事）。

通过认识情绪和调控情绪，我就开始刻意让自己在生活中注意调节情绪。比如说，有一次我在上网更换我的 QQ 背景音乐，可是不知道自己是按了哪儿还是启动的窗口太多，突然空间的东西都打不开了，在舍友的帮助下还是没弄好。若换作是以前的我面对这种事情，肯定又是在自寻烦恼开始抱怨了。但那次我试着让自己往好的方面想，如果真是电脑方面的问题，我可以找赖伟洪同学帮忙啊，他可是班上公认的电脑高手，所以就关了电脑开始听音乐。等第二天回到宿舍，我打开电脑后，QQ 又正常了，我特开心，不仅是因为电脑没出现什么问题，而且因为自己这次终于做到了冷静地面对，可以管理好自己的情绪。

　　现在分享心理这门课深深触动到我的一件事：照顾自闭儿童。能够参加上次的志愿活动，我觉得自己很幸运。怎样照顾那个小男孩，我就不多说了，因为班上的同学都做得很棒。我想分享的是：通过这次活动让我深深感受到的父爱和母爱。记得回到巴士车上，我就倒在了静的怀里哭了，因为她像姐姐一样，从大一开始照顾我到现在（我很幸运的和她一直在一班），而我也不会觉得在她面前掉眼泪会很丢脸。哭了，是因为看到小男孩的爸爸妈妈所传递的爱，想起了我的爸爸妈妈。以前的我还抱怨为什么爸妈非得把我送这么远念书，高中时因为叛逆还有伤他们的心，但他们却从未责怪过我，还是尽力给我最好的生活环境。正如我在巴士车上所写的感受一样，我好想爸爸妈妈，但我知道他们一定也在家想我，担心着我是否一个人在外面吃得好、穿得暖，只是他们希望我可以在外面的世界多学点东西，以后可以生活得好点，所以他们不曾说出想我的话。从那天开始，我就在日记本上写下了：不要总在心里想着爸爸妈妈，要将那种情绪转化为努力学习的动力，只有不辜负他们的期望，学习上取得好成绩，才是自己现在能够做到的、最好报答他们的方式，才能回家后看到他们最灿烂的笑。学了"表达情绪"这节内容，让我意识到哭是一种表达情绪的方式，让别人看到自己掉眼泪并不是多么丢脸的事，而且哭出来有朋友分享自己的故事和感受，可以更快地解决问题。

　　我想借此机会分享自己喜欢的一句话，"生活不是要躲避风雨，而是要学会在雨中起舞"。曾经问过自己：面对如此冷酷多变的环境，我要怎样做到"雨中起舞"。心理课快要结束了，我也变得成熟起来了，能够回答自己的疑惑，那就是：无论遇到什么事情，都要试图调整自己的主观想法，让自己的心理保持一种积极的人生态度，改变自己去接受现实生活中客观存在的事情，要尽量让自己做到忍受它、接受它、喜爱它。其实知道该如何生活，该拥有怎样的人生经历，最终都是要由自己来负责的，所以自己能够做到的是用健康的心理状态，一步步认真地生活。这样的话，也许在自己年老后回想起自己这段人生旅程，会流露出欣慰的笑容。

反侵权盗版声明

电子工业出版社依法对本作品享有专有出版权。任何未经权利人书面许可，复制、销售或通过信息网络传播本作品的行为；歪曲、篡改、剽窃本作品的行为，均违反《中华人民共和国著作权法》，其行为人应承担相应的民事责任和行政责任，构成犯罪的，将被依法追究刑事责任。

为了维护市场秩序，保护权利人的合法权益，我社将依法查处和打击侵权盗版的单位和个人。欢迎社会各界人士积极举报侵权盗版行为，本社将奖励举报有功人员，并保证举报人的信息不被泄露。

举报电话：（010）88254396；（010）88258888

传　　真：（010）88254397

E-mail:　　dbqq@phei.com.cn

通信地址：北京市万寿路 173 信箱

　　　　　电子工业出版社总编办公室

邮　　编：100036